高职高专"十二五"电力技术类专业规划教材

泵与风机应用技术

主　编　刘宏丽　王洪旗

副主编　陈宝怡　靳智平

参　编　张文革　辛云岭

主　审　贾月梅

机械工业出版社

本书为高职高专"十二五"电力技术类专业规划教材。

本书主要内容包括泵与风机的基本理论、泵与风机的基本结构、泵与风机的性能分析、泵与风机的调节与运行、电厂泵与风机的应用、泵与风机的检修等。本书主要阐述了泵与风机的工作原理和理论基础,介绍了泵与风机的基本结构,对设备的性能、调节和运行进行了详细的分析,同时密切结合专业的培养要求,全面阐述泵与风机在实际应用中的基本特点,重点介绍泵与风机的设备与运行调节、检修与安装、运行维护与故障处理等知识。

本书可作为高职高专电力技术类火电厂集控运行、电厂设备运行与维护、供热通风与空调工程及相关专业的教材或教学参考书,也可供电厂运行人员及相关行业运行人员培训使用。

为方便教学,本书配有免费电子课件、习题解答及模拟试卷等,凡选用本书作为教材的学校,均可来电索取。咨询电话:010-88379758;E-mail:wangzongf@163.com。

图书在版编目(CIP)数据

泵与风机应用技术/刘宏丽,王洪旗主编. —北京:机械工业出版社,2012.8

高职高专"十二五"电力技术类专业规划教材

ISBN 978-7-111-39248-4

Ⅰ.①泵… Ⅱ.①刘…②王… Ⅲ.①泵-高等职业教育-教材②鼓风机-高等职业教育-教材 Ⅳ.①TH3②TH44

中国版本图书馆 CIP 数据核字(2012)第 170870 号

机械工业出版社(北京市百万庄大街22号 邮政编码100037)

策划编辑:于 宁 王宗锋 责任编辑:王宗锋

版式设计:霍永明 责任印制:乔 宇

北京机工印刷厂印刷(三河市南杨庄国丰装订厂装订)

2012 年 9 月第 1 版第 1 次印刷

184mm×260mm ·14.5 印张·357 千字

0 001—3 000 册

标准书号:ISBN 978-7-111-39248-4

定价:28.00 元

前　言

本书为高职高专"十二五"电力技术类专业规划教材。本书主要内容包括泵与风机的基本理论、泵与风机的基本结构、泵与风机的性能分析、泵与风机的调节与运行、电厂泵与风机的应用、泵与风机的检修等。

本书在介绍基本理论的基础之上，更加侧重对泵与风机实际应用的分析，通过泵与风机的实验分析，系统地阐述了泵与风机实际运行时所遇到的问题；同时，加入了对大型火力发电厂、集中供热等系统中泵与风机的应用分析、典型结构和运行维护等内容，做到理论联系实际，适应"工学结合"的高职高专的教学理念。

本书由太原电力高等专科学校刘宏丽和哈尔滨电力职业技术学院王洪旗任主编；河北能源职业技术学院陈宝怡和太原电力高等专科学校靳智平任副主编；参加编写的还有太原电力高等专科学校张文革和辛云岭。其中，陈宝怡编写第一章，张文革编写第二章，刘宏丽编写第三章，王洪旗编写第四章和第六章，靳智平编写第五章，辛云岭编写附录。刘宏丽负责统稿。

本书由太原理工大学贾月梅教授担任主审。

在本书的编写过程中，参考了有关兄弟院校和企业的大量文献和技术资料，并得到有关院校老师和同事的热情帮助，在此表示衷心的感谢。

由于水平有限，书中不足之处在所难免，恩请读者批评指正。

编　者

目　　录

第一章 泵与风机的基本理论

第一节 泵与风机在国民经济及火力发电厂中的地位和作用

泵与风机是将原动机提供的机械能转换成流体的机械能，以达到输送流体或造成流体循环流动等目的的机械设备。通常，把提高液体机械能的机械设备称为泵，把提高气体机械能的机械设备称为风机。

泵与风机是国民经济各个部门都广泛应用的工作介质和通用机械设备。例如，农业中的排涝、石油工业中的输油和注水、化学工业中高温腐蚀性流体的排送、矿山开采的排水、其他工业和人们日常生活中的采暖、通风、给水、排水等，都离不开泵与风机。据统计，在全国的总用电量中，约30%是泵与风机耗用的，其中泵的耗电可占到21%左右。由此可见，泵与风机在我国国民经济中的地位和作用是十分重要的。

火力发电厂更是离不开泵与风机。电能的生产就是依靠汽、气、水、油等流体介质在泵与风机同其他热力设备用管道连接组成的系统（热力系统和一些辅助生产系统）中流动，来安全、经济地实现热与功的转换，为发电机提供足够的机械能，去实现机械能向电能的转换。其中，各种类型的泵分别维持着系统中给水、凝结水、冷却水、疏水、润滑油等液体的流动，各种类型的风机则分别维持空气、烟气、含煤粉空气等气体的流动，从而使泵与风机成为系统中必不可少的重要设备，它们的运行以及流体在系统内流动的正常与否都直接影响着发电厂生产的安全性和经济性。例如：向锅炉供水的给水泵若突然发生故障，或给水管破裂发生严重泄漏，就会使锅炉缺水，甚至发生烧干锅炉而被迫停止发电的重大事故。又如一个1000MW的发电厂，一般厂用电占机组容量的7% ~ 10%，其中的70% ~80%被泵与风机耗用，即消耗电功率为49 ~80MW。而且流体在管道内流动阻力损失的增大，泵与风机的效率降低，都会使耗用功率增大。假如这些泵与风机的效率从80%降到70%，则它们将多消耗7 ~ 11.4MW的电功率。由此可见，减小流体在系统内的流动阻力损失，提高泵与风机的效率，都是降低耗用功率、减少厂用电量、降低发电成本、提高电厂经济性的关键技术问题。因此，从事电厂热力设备运行专业各工种的运行人员必须具备泵与风机知识，掌握流体在系统中的流动规律以及泵与风机等热力设备的性能特点，提高自身运行分析和操作的技能，才能确保系统及有关热力设备在安全、经济的状态下运行。

第二节 泵与风机的分类

一、常用泵与风机的分类

泵与风机用量大、应用广泛，由于其应用场合、性能参数、输送介质和使用要求不同，品种及规格繁多，结构形式多样，因而分类方法很多，一般可按下列方法分类。

（一）按工作原理分类

1. 叶片式泵与风机

叶片式泵与风机依靠工作叶轮的旋转运动，通过叶轮的叶片对流体做功来提高流体的能量实现对流体的输送。根据流体流出叶轮的方向和叶轮叶片对流体做功的原理不同，叶片式泵与风机又分为离心式、轴流式和混流式等形式。

离心式泵与风机和其他形式相比，具有效率高、性能可靠、流量均匀、易于调节等优点，特别是可以制成各种压力及流量的泵与风机以满足不同的需要，应用最为广泛。在火力发电厂中，给水泵、凝结水泵以及大多数闭式循环水系统的循环水泵等都采用离心泵；送风机、引风机等也大多用离心式风机。

轴流式泵与风机适用于大流量、低压头的情况。它们具有结构紧凑、外形尺寸小、重量轻等特点。动叶可调式轴流式风机还具有变工况性能好、工作范围大等优点，因而其应用范围正随电站单机容量的增加而扩大，大多用做大型电站的送风机、引风机以及开式循环水系统中的循环水泵。

混流式泵与风机适用于流量较大、压头较高的情况，它是一种介于轴流式与离心式之间的叶片式泵与风机。混流式泵在火力发电厂的开式循环水系统或大型热力机组的循环水系统中，常用做循环水泵；而属于混流式风机的子午加速轴流式风机主要用做锅炉引风机。

2. 容积式泵与风机

依靠工作室容积周期性变化来输送流体的泵与风机称为容积式泵与风机。根据其工作室内工作部件的运动不同，又有往复式和回转式之分。

（1）往复式泵与风机　往复式泵与风机是依靠工作部件的往复运动，间歇改变工作室容积来输送流体的机械的。根据工作部件的不同构造，往复式泵与风机又分为活塞式、柱塞式和隔膜式三种。往复式泵与风机构造比较复杂，造价较高；工作时活塞速度和工作室容积的不断变化使其产生的能头和输出的流量都不稳定。但是它们适用于输送流量较小、扬程（或高全风压）较高的各种介质（即高或低黏性、腐蚀性、易燃、易爆的各种流体）。因此，火力发电厂中，常用做锅炉加药的活塞泵、输送灰浆的柱塞泵、向一般动力源和气动控制仪表供气的空气压缩机等。

（2）回转式泵与风机　回转式泵与风机是依靠工作部件的旋转运动，使工作室容积周期性变化来输送流体的机械。根据工作部件的不同，它们又可分为齿轮泵、螺杆泵、水环式真空泵及罗茨鼓风机等。

齿轮泵结构简单，轻便紧凑，工作可靠，流量比往复泵均匀，只是运行时的噪声很大，齿轮磨损后的漏损也很大。这种泵主要适用于输送扬程较高而流量较小的高黏性流体，例如润滑油。在火力发电厂中，常用做小型汽轮机的主油泵，以及电动给水泵，锅炉送风机、引风机的润滑泵等。

螺杆泵与齿轮泵相比较，流量均匀；出口压力和效率都高，效率可达 70% ~ 80%；由于旋转部分的外形尺寸小，可以与高速原动机直联，故其流量的适用范围很广，是一种较现代化的小型大流量泵。再加上其泵内流体是在螺纹槽内沿杆轴方向移动，流动时不受搅拌，也没有脉动，所以运转平稳，噪声低，适用输送较大流量、很高压力的高黏性流体。在火力发电厂中，常用做输送润滑油、调节油以及锅炉燃料油的油泵。

水环式真空泵主要用于抽送气体，一般真空度可高达 85%，特别适合于大型水泵（如循环水泵等）起动时抽真空引水之用。在火力发电厂中，还常用做凝汽器的抽气装置和应用于负压气力除灰系统中。

罗茨鼓风机结构简单，使用维修方便，不需要内部润滑，定排量，重量轻，容积效率高，输送介质不含油；但有运行中磨损严重、噪声高、无内压缩过程、绝热效率低等缺点。其在火力发电厂中主要用做气力除灰、烟气脱硫、煤粒沸腾燃烧、离子交换器逆洗等设备或系统的送风设备。

3. 其他形式的泵与风机

不同于上述形式的泵与风机统称为其他形式的泵与风机。如喷射泵，火力发电厂中主要用做输送炉渣的高压水力喷射器、凝汽设备中的抽气器、离心式循环水泵起动抽真空装置及主油泵供油的注油器等。

（二）按产生的压力分类

1. 按泵所产生的压力分类

低压泵　$p < 2\text{MPa}$

中压泵　$2\text{MPa} \leqslant p \leqslant 6\text{MPa}$

高压泵　$p > 6\text{MPa}$

2. 按风机出口压力分类

通风机　$p \leqslant 15\text{kPa}$

鼓风机　$15\text{kPa} < p \leqslant 340\text{ kPa}$

压缩机　$p > 340\text{ kPa}$

3. 离心式风机按出口压力分类

低压离心式风机　　$p \leqslant 980\text{Pa}$

中低压离心式风机　$980\text{Pa} < p \leqslant 2941\text{Pa}$

高压离心式风机　　$2941\text{Pa} < p \leqslant 14709\text{Pa}$

4. 轴流式风机按出口压力分类

低压轴流式风机　　$p \leqslant 490\text{Pa}$

高压低轴流式风机　$490\text{Pa} < p \leqslant 4903\text{Pa}$

（三）按在生产中的用途分类

可分为给水泵、凝结水泵、循环水泵及主油泵等。

（四）离心泵的分类

本书主要对离心泵做较详细讨论。

离心泵品种很多，一般可从以下方面分类。

（1）按叶轮个数分　可分为单级泵和多级泵：一台泵内只有一个叶轮的称为单级泵，如图1-1所示；一台泵内具有两个或两个以上叶轮的称为多级泵，如图1-2所示。

（2）按吸入口数目分　可分为单吸泵和双吸泵：一个叶轮只有一个吸入口的泵称为单吸泵，如图1-1和图1-2所示；一个叶轮的两侧同时可以吸水的泵称为双吸泵，如图1-3所示。

（3）按泵轴的工作位置分　可分为卧式泵和立式泵：泵轴水平方向布置的为卧式泵，如图1-1、图1-2和图1-3所示；泵轴垂直方向布置的为立式泵，如图1-4所示。

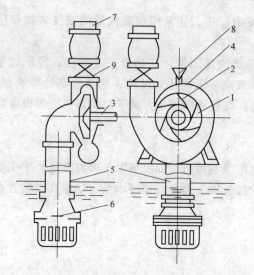

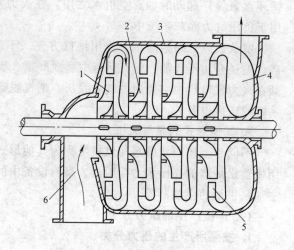

图 1-1 单级单吸离心式水泵示意图

1—叶轮 2—叶片 3—轴 4—外壳 5—吸水管

6—滤水器底阀 7—排水管 8—漏斗 9—闸板阀

图 1-2 多级单吸离心式水泵示意图

1—第一级叶轮 2—第二级叶轮 3—泵壳

4—压出室 5—导轮 6—吸入口

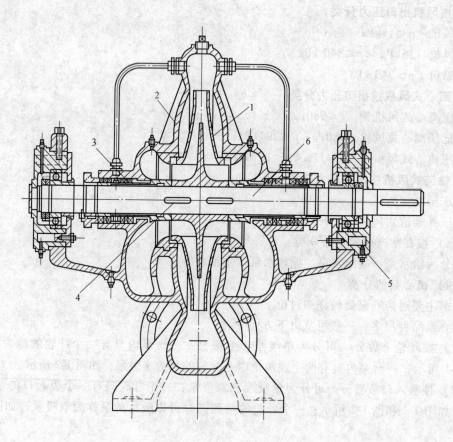

图 1-3 单级双吸水平中开式离心泵

1—叶轮 2—泵壳 3—填料密封 4—键 5—轴承体 6—轴

另外，按压水室形式可分为蜗壳式泵和导叶式泵；按泵体结合形式可分为分段式泵、中开式泵和圆筒形泵，按比转数可分为高比转数泵、中比转数泵和低比转数泵。每一台泵都可在上述各种分类中找到自己所隶属的结构类型。泵的结构形式是由几个描述该泵结构类型的术语来命名的，如卧式单级单吸蜗壳式离心泵、立式多级导叶式离心泵等。

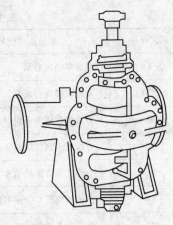

图1-4　立式单级双吸离心泵

（五）离心式风机的分类

同样，风机的种类也很多，除了按上述分类方法外，火力发电厂中主要使用离心式通风机，离心式通风机还可有以下分类方法。

（1）按风机叶轮旋转方向分　从原动机一侧看风机叶轮旋转，顺时针方向旋转的为右旋离心式通风机，逆时针方向旋转的为左旋离心式通风机。

（2）按风机进气方式分类　风机叶轮单侧进气的为单吸离心式通风机，叶轮双侧进气的为双吸离心式通风机。

（3）按风机叶轮个数分　只有一个叶轮的为单级离心式通风机，有两个叶轮的为双级离心式通风机。

二、常用泵与通风机的型号

（一）叶片式泵的型号

叶片式泵的型号由表示名称、形式的基本形式代号和表示该泵性能参数或结构特点的补充型号组成，基本形式有如下两种。

形式一

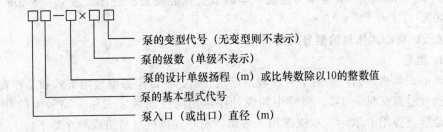

泵的变型代号（无变型则不表示）
泵的级数（单级不表示）
泵的设计单级扬程（m）或比转数除以10的整数值
泵的基本型式代号
泵入口（或出口）直径（m）

形式二

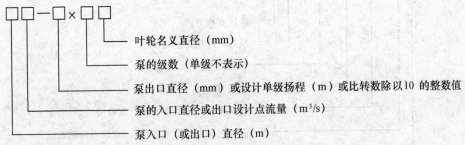

叶轮名义直径（mm）
泵的级数（单级不表示）
泵出口直径（mm）或设计单级扬程（m）或比转数除以10的整数值
泵的入口直径或出口设计点流量（m³/s）
泵入口（或出口）直径（m）

叶片式泵型号中的基本形式代号的意义见表1-1。

表 1-1　常用叶片式泵的基本形式代号

形式代号	泵的形式代号意义	形式代号	泵的形式代号意义
IS（B）	单级单吸离心泵	LDTN	立式多级筒袋形离心凝结水泵
S（Sh）	单级双吸离心泵	NW	卧式疏水泵
D	分段式多级离心泵	Y	单吸离心泵
DS	分段式多级首级双吸离心泵	YT	筒式离心油泵
DG	分段式多级锅炉给水泵	PH	单级单吸卧式离心灰渣泵
YG	卧式圆筒形双壳体多级离心泵	JC	长轴离心深井泵
DK	中开式多级离心泵	IH	单级单吸耐腐蚀离心泵
DKS	中开式多级首级双吸离心泵	HB	单级单吸悬臂蜗壳式混流泵
GQ	前置泵（离心泵）	HL	立式混流泵
DQ	多级前置泵（离心泵）	ZLB	半调节立式轴流泵
R	热水循环泵	ZWB	半调节卧式轴流泵
湘江	大型单级双吸中开式离心泵	HLWB	立式蜗壳式混流泵
沅江	大型立式单级单吸离心泵	FB	单吸卧式混流泵
NB	卧式凝结水泵	ZLQ	全调节立式轴流泵
NL	立式凝结水泵	ZWQ	全调节卧式轴流泵

例 1　DG46—30×5 的型号意义：卧式、单吸、多级、分段式锅炉给水泵，设计流量 q_V = 46m³/h，设计单级扬程 H_i = 30m，级数 i = 5。

例 2　HLB8.5—40 的型号意义：半调节立式混流泵，设计流量 q_V = 8.5m³/s，比转数 n_s ≈ 400。

（二）离心式风机的型号与规格

1. 型号

离心式风机系列产品的型号一般用形式表示，单台产品型号用形式和品种表示，电站风机用途代号意义见表 1-2。型号中的设计序号用阿拉伯数字表示。型号中的叶轮支撑方式为：悬臂支撑用 D 表示，双支撑用 F 表示。离心式风机型号组成顺序如下：

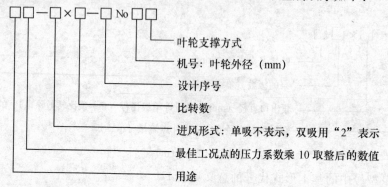

表 1-2 电站风机用途代号意义

用途代号	用途代号意义	用途代号	用途代号意义
G	锅炉送风机（含二次风机）	LY	冷一次风机
Y	引风机	RY	热一次风机
M	煤粉风机	YX	烟气再循环风机
无符号	一般通风机	MF	密封风机

例 3 Y4—2×13.2No28F 的型号意义：锅炉引风机，压力系数为 0.4，双吸，用国际单位制表示的比转数为 13.2，叶轮外径为 2800mm，叶轮支撑方式为双支撑。

2. 规格

同一种型号的风机又有不同的规格，其组成顺序为：

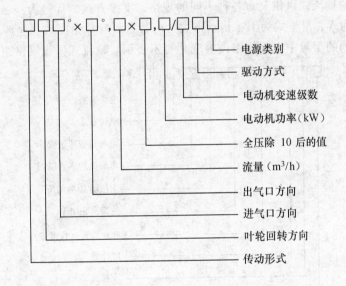

例 4 某风机的规格为"D 逆 45°×135°，450000×539，1250/8J"，该离心式风机规格意义为：联轴器直联传动，叶轮悬臂安装，逆时针旋转，进气口为 45°，出气口为 135°，流量为 450000 m³/h，全压为 5390 Pa，电动机驱动，电动机功率为 1250kW，电动机极数为 8 极，交流电源。

（三）轴流式风机的型号与规格

1. 常规型号

在轴流式风机型号中：对于叶轮吸入形式代号，单级叶轮不表示，双级叶轮用"2"表示；用途代号与离心式风机相同；轮毂比为轮毂的外径与叶轮外径之比的百分数取两位整数；对于转子位置代号，卧式用 A 表示，立式用 B 表示，产品无转子位置变化可不表示；若产品的形式中产生有重复代号或派生形式，则在设计序号前加注罗马数字表示；设计序号用阿拉伯数字表示。轴流式风机系列产品的型号组成顺序为：

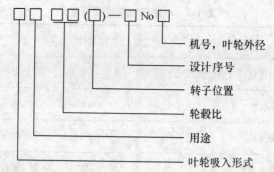

例 5 某轴流式风机的型号为 G70No28，其意义为：锅炉送风机，轮毂比为 0.7，单级叶轮，第一次设计，叶轮外径为 2800mm。

例 6 某轴流式风机的型号为 2Y65No30，其意义为：双级叶轮，锅炉引风机，轮毂比为 0.65，叶轮直径为 3000mm。

2. 规格

同一种型号的轴流式风机又有各种不同的规格，支撑方式的代号为：悬挂式为 X、固定式为 G、移动式为 Y、滑架式为 H；传动形式、叶片数、叶片角度数、电源类别无变化者皆不表示；同一系列的型号中，无规格内容变化可不表示。轴流式风机规格组成顺序为：

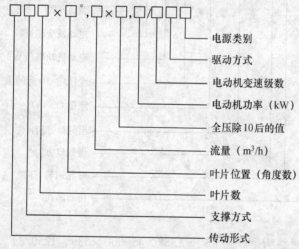

例 7 某轴流式风机规格为"DG26×32°，914400×418，1400/6"，该轴流式风机规格意义为：D 式传动，联轴器直联传动，叶轮悬臂安装，固定式支撑，叶片数为 26，叶片位置角度为32°，流量为 914400 m³/h，全压为 4180Pa，电动机功率为 1400kW，电动机极数为 6 极。

第三节　泵与风机的主要性能参数

泵与风机的工作状况和性能通常是用其工作参数来表示的，其主要工作参数有流量、扬程、转速、功率和效率等。泵与风机的主要性能指标也用这些主要工作参数来表示。

一、流量

流量是单位时间内泵与风机所输送的流体的量，它可以用体积流量 q_V 和质量流量 q_m 表示。体积流量的单位有 m^3/s、m^3/h，质量流量的单位有 kg/s、t/h。体积流量和质量流量的换算关系为

$$q_m = \rho q_V \qquad (1\text{-}1)$$

式中，ρ 为输送流体的密度（kg/m^3）。

二、扬程或全压

工程上泵习惯用扬程，是指单位重量的流体通过泵后所获得的总能量，用符号 H 表示，单位为 m。以泵轴中心线所在的水平面为基准面，泵轴线到吸水井水面之间的垂直高度，称为吸水扬程 H_x；泵轴线到排水管出口中心之间的垂直高度，称为排水扬程或排水高度 H_p。吸水扬程 H_x、排水扬程 H_p、管路中的损失扬程 H_w 和水在管路中以速度 v 流动时所需的扬程之和，称为水泵的总扬程。

工程上风机习惯用全压，是指单位体积的流体通过风机后所获得的总能量，用符号 p 表示，单位为 Pa，或 mmH_2O 柱。

全压与扬程之间的关系为

$$p = \rho g H \qquad (1\text{-}2)$$

三、功率

功率通常有轴功率和有效功率之分。轴功率是指原动机传递给泵与风机轴上的功率，用符号 N 表示，单位为 kW 或 W。在单位时间内通过泵与风机的流体所获得的功率称为有效功率，用符号 N_e 表示。

四、效率

效率指的是泵与风机的有效功率与轴功率的比值，表示输入的轴功率被流体的利用程度，其表达式为

$$\eta = \frac{N_e}{N} \times 100\% \qquad (1\text{-}3)$$

五、转速

转速是指泵与风机的叶轮每分钟的转数，用符号 n 表示，单位为 r/min。泵与风机是按一定的转速设计制造和运行使用的，当转速改变时，其他工作参数都随之而发生变化。因此，转速是影响泵与风机性能的一个重要技术指标。泵与风机铭牌上所标示的转速是指最高效率时的转速，称之为额定转速。相应标出的流量、扬程（全压）和功率等参数都是指在额定转速下运行的性能参数。

六、汽蚀余量

汽蚀余量是标志泵汽蚀性能的重要参数，用符号 Δh 表示。汽蚀余量又称净正吸上水头，是确定水泵几何安装高度的重要参数。

第四节　泵与风机的工作原理

一、离心式泵与风机的工作原理

如图1-5a所示，一盛有液体的容器在静止状态时，其液面为一水平面。若驱动该容器旋转，则液面将形成旋转抛物面，如图1-5b所示。旋转角速度越大，则旋转抛物面中心和周围的液体位差也越大，旋转角速度增大至一定值时，液体就会从容器内甩出。若将容器封闭，在近壁处接一根小管子，液体则会从小管子里向外界流出。容器内液体流出后，容器内产生真空，若通过容器底部中心处引一根管子接入大气作用的水池，则在大气压力作用下的液体会不断地被吸入容器内，这就是离心泵的工作

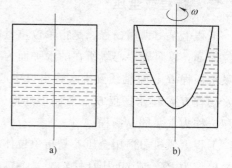

图1-5　离心泵的工作原理

原理。所不同的是，泵与风机的外壳是静止不动的，由于外壳内的叶轮由原动机带动做高速旋转，流体在高速旋转的叶轮内获得能量，被甩出叶轮，叶轮内形成真空。同时，外界的流体沿叶轮中心流入叶轮，如此连续不断地循环工作。如图1-1和图1-6所示，当离心式水泵或风机内分别充满了液体或气体时，只要原动机带动它们的叶轮旋转，叶轮中的叶片就对其中的流体做功，迫使它们旋转。旋转的流体将在惯性离心力作用下，从中心向叶轮边缘流去，其压力和流速不断增高，最后以很高的速度沿径向平面（即叶轮半径所在平面）流出叶轮进入泵壳内。如果此时开启出口阀门，流体将由压出室排出，这个过程称为压出过程。与此同时，由于叶轮中心的流体流向边缘，在叶轮中心形成了低压区，当它具有足够低的压力或具有足够的真空时，使得叶轮中心处流体的总能头低于吸水池液面（或吸入管进口外

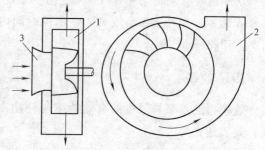

图1-6　叶片式离心式风机工作简图
1—叶轮　2—机壳　3—集流器

足够远）处的流体总能头一定数值时，流体将在这两个总能头差的作用下，经过吸入管进入叶轮，这个过程称为吸入过程。叶轮不断旋转，流体就会不断地被压出和吸入，形成了泵与风机的连续工作。

二、轴流式泵与风机的工作原理

图1-7和图1-8所示为轴流泵和轴流式通风机的结构示意图，当它们浸在流体中的叶轮受到原动机驱动而旋转时，轮内流体就相对叶片做绕流运动，根据升力定理和牛顿第三定律可知，做绕流运动的流体会对叶片作用一个升力，而叶片也会同时给流体一个与升力大小相等、方向相反的反作用力，称为推力，这个叶片推力对流体做功，使流体的能量增加，并沿轴向柱面流出叶轮，经过导叶等部件进入压出管路。与此同时，叶轮进口处的流体被吸入。只要叶轮

不断地旋转，流体就会源源不断地被压出和吸入，形成轴流式泵与风机的连续工作。

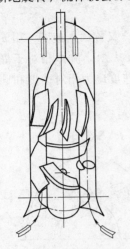

图 1-7　轴流泵结构示意图

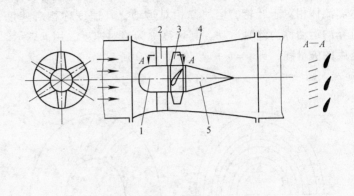

图 1-8　轴流式通风机结构示意图
1—整流罩　2—前导叶　3—叶轮　4—外筒　5—扩散筒

第五节　泵与风机的叶轮理论

一、流体在叶轮中的运动及速度三角形计算

（一）流体在叶轮中的运动及速度三角形

为研究叶轮与流体相互作用的能量转换关系，首先要了解流体在叶轮中的运动。流体在叶轮中的运动比较复杂，为使问题简化，做以下几点假设：

1）假设叶轮内的流体为定常流动。这样研究流体和叶轮之间的能量转换时，可以认为叶轮内流体运动状态不变，只需要研究叶轮进、出口的运动状态就可以了。

2）流体是不可压缩的，即密度为常数。

3）叶轮中的流体为无黏性，即理想流体。因此，可暂不考虑因黏性而产生的能量损失。水泵在工作时无任何能量损失，即原动机水泵轴的功率完全用于增加流经叶轮水的能量。

4）叶轮中叶片数为无限多且无限薄。这样可认为流体质点的运动轨迹与叶片的外形曲线相重合。因此，相对速度的方向即为叶片的切线方向。

流体在叶轮内的运动情况可以由叶轮的轴面投影图和平面投影图反映出来，这两个投影图表示了叶轮的几何形状，轴面又称子午面，它是通过轴线的平面。轴面投影是用圆弧投影法，即以轴线为圆心，把叶片旋转投影到轴面上所得到的投影图，如图 1-9a 所示。平面是垂直于轴线的平面，平面投影是把前盖板去掉后的投影图，如图 1-9b 所示。当叶轮旋转时，叶轮中某一流体质点将随叶轮一起

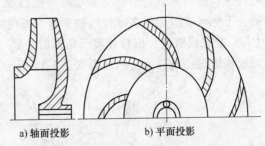

a）轴面投影　　　b）平面投影

图 1-9　叶轮的轴面投影及平面投影

做旋转运动。同时该质点在离心力的作用下，又沿叶轮流道向外缘流出。因此，流体在叶轮中的运动是一种复合运动。

叶轮带动流体的旋转运动称为牵连运动，其速度称为牵连速度，又称圆周速度，用 u 表示。流体相对于叶轮的运动称相对运动，其速度称相对速度，用 w 表示。流体相对于静止机壳的运动称为绝对运动，其速度称为绝对速度，用 v 表示。绝对速度应为相对速度和圆周速度的矢量和，即 $v = u + w$，如图 1-10 所示。

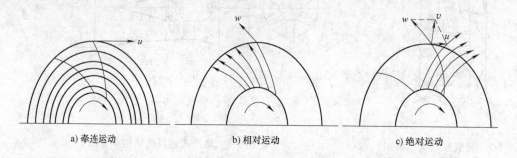

a) 牵连运动　　　　　b) 相对运动　　　　　c) 绝对运动

图 1-10　流体在叶轮中的运动

由这三个速度矢量组成的矢量图，称为速度三角形，如图 1-11 所示。绝对速度可以分解成两个相互垂直的分量。绝对速度在圆周方向的分量，称为圆周分速度，用 v_u 表示，其大小与流体通过叶轮后所获得的能量有关；绝对速度在轴面上的分量，称为轴面速度，用 v_r 表示，它是流体沿轴面向叶轮出口流出的分量，与通过叶轮的流量有关。它们与绝对速度的关系为

$$v_r = v\sin\alpha \tag{1-4}$$

$$v_u = v\cos\alpha \tag{1-5}$$

在速度三角形中，α 称为绝对流动角，是绝对速度 v 与圆周速度 u 之间的夹角。β 称为相对流动角，是相对速度 w 与圆周速度 u 反方向之间的夹角。叶片切线与圆周速度 u 反方向之间的夹角是叶片安装角度，它是影响泵与风机性能的重要几何参数。当流体沿叶片切线运动时，叶片安装角度与相对流动角 β 相等。下面规定用下标 1 表示叶片进口处的参数，下标 2 表示叶片出口处

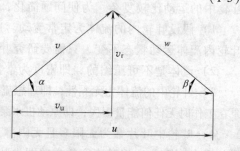

图 1-11　速度三角形

的参数，下标 ∞ 表示无限多叶片时的参数，以便对叶轮进出口速度参数进行分析。

（二）叶轮流道进、出口速度三角形的计算

叶轮流道进、出口速度三角形如图 1-12 所示，由图可得到各参数间直接的关系。

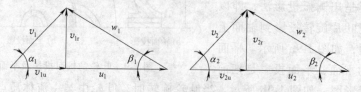

图 1-12　叶轮流道进、出口速度三角形

1. 叶轮进口各参数关系

（1）进口圆周速度　叶轮内进口处的圆周速度按下式计算，其方向与所在点的圆周相切：

$$u_1 = \frac{\pi D_1 n}{60} \tag{1-6}$$

式中，n 为叶轮转速（r/min）；D_1 为叶轮进口直径（m）。

（2）进口轴面速度 v_{1r}　由连续性方程知，轴面速度为

$$v_{1r} = \frac{q_{VT}}{A_1} = \frac{q_{VT}}{\pi D_1 b_1} \tag{1-7}$$

式中，q_{VT} 为理论流量（m³/s）；b_1 为叶轮的出口宽度（m）。

由于过流断面被叶片厚度占去一部分，使得实际的过流断面面积比理论值小，因此引入了排挤系数 ψ_1，以表示进口叶片厚度对流动流道过流断面减小程度的影响，它等于实际的过流断面面积 A_1' 与无限薄叶片时的过流断面面积 A_1 的比值，即

$$\psi_1 = \frac{A_1'}{A_1}$$

考虑排挤系数 ψ_1 时，式（1-7）变为

$$v_{1r} = \frac{q_{VT}}{\psi_1 A_1} = \frac{q_{VT}}{\psi_1 \pi D_1 b_1} \tag{1-8}$$

（3）进口绝对流动角 α_1　进口绝对流动角 α_1 的数值取决于吸入室及叶轮前是否有导流器，在没有导流器的情况下，对于锥管形、弯管形、环形等吸入室，可以认为 $v_{1u\infty} = 0$，对于半螺旋形吸入室或有进口导流器的情况下，$v_{1u\infty}$ 的数值可根据吸入室的几何尺寸或导流叶片的角度确定，认为是已知的，即流体进入叶轮时的流动方向取决于吸入室和导流器。

2. 叶轮出口各参数关系

（1）出口圆周速度　叶轮内出口处的圆周速度按下式计算，其方向与所在点的圆周相切：

$$u_2 = \frac{\pi D_2 n}{60} \tag{1-9}$$

式中，n 为叶轮转速（r/min）；D_2 为叶轮出口直径（m）。

（2）出口轴面速度 v_{2r}　由连续性方程知，轴面速度为

$$v_{2r} = \frac{q_{VT}}{A_2} = \frac{q_{VT}}{\pi D_2 b_2} \tag{1-10}$$

式中，q_{VT} 为理论流量（m³/s）；A_2 为无叶片出口过流断面积；b_2 为叶轮的出口宽度（m）。

考虑出口排挤系数 ψ_2，则

$$v_{2r} = \frac{q_{VT}}{\psi_2 A_2} = \frac{q_{VT}}{\psi_2 \pi D_2 b_2} \tag{1-11}$$

（3）出口相绝对流动角 β_2　出口相对流动角 β_2 在叶片无限多的假设条件下，叶轮出口处流体运动的相对速度方向沿着叶片切线方向，即出口相对流动角 β_2 的数值与叶片出口处的安装角度 β_{2b} 相同。

二、离心式泵与风机的基本方程

（一）能量方程

流体流经旋转的叶轮后，能量增加，所增加的能量可以用流体力学中的动量矩定理推导而得，所得方程即为能量方程。该方程是欧拉在 1756 年首先推导出来的，所以也称为欧拉方程。

动量矩定理指出：在定常流动中，单位时间内流体的动量矩的变化量等于作用在该流体上的合外力矩。

为讨论问题简化，仍假设叶片数无限多、叶片无限薄，并设流体为理想的无黏性且不可压缩流体。取叶轮进、出口及两叶片间流道为控制面，当流量、转速等不随时间变化时，叶轮前后的流动为定常流。

设叶轮进、出口处的半径分别为 r_1 和 r_2，相应的速度三角形如图 1-13 所示。当通过进、出口控制面的流体的体积流量为 q_{VT}、流体的密度为 ρ 时，则在 dt 时间内流入进口控制面的流体相对于轴线的动量矩为

$$dM_1 = \rho q_{VT} v_{1\infty} \cos\alpha_{1\infty} r_1 dt$$

流出出口控制面的流体相对于轴线的动量矩为

$$dM_2 = \rho q_{VT} v_{2\infty} \cos\alpha_{2\infty} r_2 dt$$

由此得到单位时间内，叶轮进、出口处流体动量矩的变化为

$$\Delta M = \rho q_{VT} \left(v_{2\infty} \cos\alpha_{2\infty} r_2 - v_{1\infty} \cos\alpha_{1\infty} r_1 \right)$$

根据动量矩定理，上式应等于作用于该流体上的合外力矩，即等于叶轮旋转时给予该流体的转矩，设作用在流体上的转矩为 M，则有

$$M = \rho q_{VT} \left(v_{2\infty} \cos\alpha_{2\infty} r_2 - v_{1\infty} \cos\alpha_{1\infty} r_1 \right) \tag{1-12}$$

叶轮以等角速度 ω 旋转时，该力矩对流体所做的功为

$$M\omega = \rho q_{VT} \left(v_{2\infty} \cos\alpha_{2\infty} r_2 - v_{1\infty} \cos\alpha_{1\infty} r_1 \right) \omega$$

这里 $r_1\omega = u_1$、$r_2\omega = u_2$、$v_{2\infty} \cos\alpha_{2\infty} = v_{2u\infty}$、$v_{1\infty} \cos\alpha_{1\infty} = v_{1u\infty}$，所以有

$$M\omega = \rho q_{VT} \left(v_{2u\infty} u_2 - v_{1u\infty} u_1 \right)$$

若单位质量流体通过无限多叶片叶轮时所获得的能量为 $H_{T\infty}$，则单位时间内流体通过无限多叶片叶轮时所获得的总能量为 $\rho q_{VT} H_{T\infty}$。对理想流体而言，叶轮传递给流体的功率应该等于流体从叶轮中所获得的功率，即

$$\rho g q_{VT} H_{T\infty} = \rho q_{VT} \left(v_{2u\infty} u_2 - v_{1u\infty} u_1 \right)$$

上式除以 $\rho g q_{VT}$ 得

$$H_{T\infty} = \frac{1}{g} \left(v_{2u\infty} u_2 - v_{1u\infty} u_1 \right) \tag{1-13}$$

$H_{T\infty}$ 为理想流体在理想叶轮中获得无限多叶片理论扬程，单位为 m，它表达了叶片无限多时的理论扬程与叶轮参数的关系，即涡轮机基本方程，由欧拉首先导出，故称为欧拉方程。理论扬程 $H_{T\infty}$ 的大小与流体的种类和性质无关，仅与叶轮叶片进出口的圆周速度和绝对速度在圆周速度上的投影有关。用同一叶轮输送不同种类的流体，所得到的无限多叶片理论扬程在数值上是相等的，但是由于介质密度不同，所产生的压力和所需的功率是不同的。

若将全压与扬程的关系式（1-2）代入，则能量方程为

$$p_{T\infty} = \rho \left(v_{2u\infty} u_2 - v_{1u\infty} u_1 \right) \tag{1-14}$$

上式表明理想流体在理想叶轮中所获得的无穷多叶片理论全压与流体的密度有关。

式（1-13）一般用于描述离心式水泵的能量关系，式（1-14）一般用于描述离心式风机的能量关系。

能量方程的分析和讨论如下：

1）当 $\alpha_{1\infty} = 90°$ 时（即流体沿法向进入叶轮），$v_{1u\infty} = 0$，由式（1-13）得

$$H_{T\infty} = \frac{1}{g} v_{2u\infty} u_2 \tag{1-15}$$

所以当 $\alpha_{1\infty} = 90°$ 时，可得到最大理论扬程。

2）最大理论扬程 $H_{T\infty}$ 与 u_2、$v_{2\infty}$ 有关。因此，提高转速 n、加大叶轮外径 D_2 和增大绝对速度的圆周分速度 $v_{2u\infty}$，均可提高理论扬程。但对于离心式水泵来讲，加大 D_2 将使流动损失增加，降低泵的效率；提高转速 n 则受泵汽蚀的限制，相比较之下，用提高转速来提高理论扬程仍是当前普遍采用的主要方法。$v_{2u\infty}$ 与叶片出口安装角 β_{2b} 有关，β_{2b} 的大小将影响泵与风机的特性。

3）能量方程的第二表达式。由速度三角形，按余弦定律可得

$$w_{1\infty}^2 = v_{1\infty}^2 + u_1^2 - 2u_1 v_{1\infty}\cos\alpha_{1\infty} = v_{1\infty}^2 + u_1^2 - 2u_1 v_{1u\infty}$$

$$w_{2\infty}^2 = v_{2\infty}^2 + u_2^2 - 2u_2 v_{2\infty}\cos\alpha_{2\infty} = v_{2\infty}^2 + u_2^2 - 2u_2 v_{2u\infty}$$

由以上两式可得

$$u_1 v_{1u\infty} = \frac{1}{2}\left(v_{1\infty}^2 + u_1^2 - w_{1\infty}^2 \right)$$

$$u_2 v_{2u\infty} = \frac{1}{2}\left(v_{2\infty}^2 + u_2^2 - w_{2\infty}^2 \right)$$

代入式（1-13）得到能量方程的另外一个表达式

$$H_{T\infty} = \frac{v_{2\infty}^2 - v_{1\infty}^2}{2g} + \frac{u_2^2 - u_1^2}{2g} + \frac{w_{1\infty}^2 - w_{2\infty}^2}{2g} \tag{1-16}$$

式（1-16）中等号右边第一项是流体通过叶轮后所增加的动能，又称动扬程，用 $H_{d\infty}$ 表示。为了减小损失，这部分动能将在压水室内部分地转换为压力能。第二项和第三项是流体通过叶轮后所增的压力能，又称静扬程，用 $H_{j\infty}$ 表示。其中，第二项在上述工作原理部分已经分析，是由离心力的作用所增加的压力能；第三项则是由于流道过流断面增大，导致流体相对速度下降所转换的压力能。

（二）叶轮叶片形式

当流体以 $\alpha_{1\infty} = 90°$ 进入叶轮时，其理论扬程为

$$H_{T\infty} = \frac{1}{g} v_{2u\infty} u_2 \tag{1-17}$$

由出口速度三角形得

$$v_{2u\infty} = u_2 - v_{2r\infty}\cot\beta_{2b}$$

代入上式得

对于水泵 $\qquad H_{T\infty} = \dfrac{u_2}{g}\ (u_2 - v_{2r\infty}\cot\beta_{2b})$ （1-18）

对于风机 $\qquad H_{T\infty} = \rho u_2\ (u_2 - v_{2r\infty}\cot\beta_{2b})$ （1-19）

由上式可知，当叶轮几何尺寸、转速、流量一定时，理论扬程的大小仅取决于叶片出口安装角 β_{2b}。叶片出口安装角 β_{2b} 决定了叶片形式，通常分为以下三种，如图 1-13 所示。

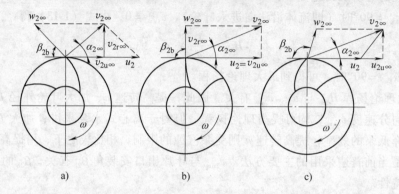

图 1-13　叶轮叶片形式

$\beta_{2b} < 90°$，叶片的弯曲方向与叶轮的旋转方向相反，称为后弯式叶片，如图 1-13a 所示。

$\beta_{2b} = 90°$，叶片的出口方向为径向，称为径向式叶片，如图 1-13b 所示。

$\beta_{2b} > 90°$，叶片的弯曲方向与叶轮的旋转方向相同，称为前弯式叶片，如图 1-13c 所示。

1. 叶片出口安装角 β_{2b} 对理论扬程 $H_{T\infty}$ 的影响

为便于分析比较，假设三种叶轮的转速、叶轮外径、流量及入口条件均相同。

（1）$\beta_{2b} < 90°$（后弯式叶片）　$\beta_{2b} < 90°$ 时，$\cot\beta_{2b}$ 为正值，β_{2b} 越小，则 $\cot\beta_{2b}$ 越大，$H_{T\infty}$ 越小，即随 β_{2b} 不断减小，$H_{T\infty}$ 亦不断下降。当 β_{2b} 减小到等于最小角 $\beta_{2b\cdot\min}$ 时，则

$$\cos\beta_{2b\cdot\min} = \frac{u_2}{v_{2r\infty}}$$

代入式（1-18）得

$$H_{T\infty} = 0$$

这是叶片出口角 β_{2b} 的最小极限值。

（2）$\beta_{2b} = 90°$（径向式叶片）　当 $\beta_{2b} = 90°$ 时，$\cot\beta_{2b} = 0$，$v_{2r\infty} = u_2$，代入式（1-18）得

$$H_{T\infty} = \frac{u_2^2}{g}$$

（3）$\beta_{2b} > 90°$（前弯式叶片）　$\beta_{2b} > 90°$ 时，$\cot\beta_{2b}$ 为负值，β_{2b} 越大，$\cot\beta_{2b}$ 越小，$H_{T\infty}$ 则越大，即随 β_{2b} 不断加大，$H_{T\infty}$ 亦不断增加。当 β_{2b} 增加到等于最大角 $\beta_{2b\cdot\max}$ 时，则

$$\cot\beta_{2b\cdot\max} = -\frac{u_2}{v_{2r\infty}}$$

代入式（1-18）得

$$H_{T\infty} = \frac{2u_2^2}{g}$$

这是叶片出口角 β_{2b} 的最大极限值。

以上分析结果表明，随叶片出口安装角 β_{2b} 的增加，流体从叶轮获得的能量越大。因此，前弯式叶片所产生的扬程最大，径向式叶片次之，后弯式叶片最小。

2. 叶片出口安装角 β_{2b} 对静扬程 $H_{j\infty}$ 及动扬程 $H_{d\infty}$ 的影响

根据上面的分析，前弯式叶片叶轮获得的理论压头最大，径向式叶片叶轮次之，而后弯式叶片叶轮获得的压头最小。相反的，对同一转速产生同样的理论压头，前弯式叶片叶轮直径最小，但是否说明前弯式叶片叶轮的离心式泵与风机效果最好呢？得到正确的结论需要做进一步的分析。

在理想条件下进出口的流量相同，进出口的过流断面很接近，可以认为 $v_{2r\infty} \approx v_{1r\infty}$。根据进出口速度三角形和式（1-16）得

$$H_{d\infty} = \frac{v_{2\infty}^2 - v_{1\infty}^2}{2g} = \frac{v_{2r\infty}^2 - v_{1r\infty}^2}{2g} + \frac{v_{2u\infty}^2 - v_{1u\infty}^2}{2g}$$

若流体以径向流入叶轮，则 $v_{1u\infty} = 0$，上式化简为

$$H_{d\infty} = \frac{v_{2u\infty}^2}{2g} \tag{1-20}$$

比较式（1-17）和式（1-20）得到

$$\frac{H_{d\infty}}{H_{T\infty}} = \frac{1}{2} \frac{v_{2u\infty}}{u_2} \tag{1-21}$$

由图 1-13 所示的三种叶轮的出口速度三角形可知

当 $\beta_{2b} < 90°$（后弯式叶片）时，$\dfrac{v_{2u\infty}}{u_2} < 1$，则 $\dfrac{H_{d\infty}}{H_{T\infty}} < \dfrac{1}{2}$。

当 $\beta_{2b} = 90°$（径向式叶片）时，$\dfrac{v_{2u\infty}}{u_2} = 1$，则 $\dfrac{H_{d\infty}}{H_{T\infty}} = \dfrac{1}{2}$。

当 $\beta_{2b} > 90°$（前弯式叶片）时，$\dfrac{v_{2u\infty}}{u_2} > 1$，则 $\dfrac{H_{d\infty}}{H_{T\infty}} > \dfrac{1}{2}$。

由此可见，$\beta_{2b} > 90°$（前弯式叶片）时，动压头占理论压头的比例最大，$\beta_{2b} < 90°$（后弯式叶片）时最小，当 $\beta_{2b} = 90°$（径向式叶片）时居中。

涡轮机的静压用以补偿流体在管路中的压头损失和克服位差，而动压则被流体脱离涡轮机时所带走，成为无益损耗，动压头大意味着气体在叶轮中的流速大，从而流动损失大，效率低。综上所述，三种不同的叶片在进、出口流通面积相等，叶片进口几何角相等时，后弯式叶片流道较长，弯曲度较小，且流体在叶轮出口绝对速度小。因此，当流体流经叶轮及转能装置（导叶或蜗壳）时，能量损失小，效率高，噪声低。但后弯式叶片产生的总扬程较低，所以在产生相同的扬程时，需要较大的叶轮外径或较高的转速。为了满足高效率的要求，大型离心式泵与风机均采用后弯式叶片，安装角通常为 20°~30°。径向式叶片流道较短且通畅，叶轮内的流动损失较小，但叶轮出口绝对速度比后弯式大，故在转能装置中的能量损失比后弯式大，总的效率低于后弯式，噪声也比后弯式高。其优点是在同样尺寸和转速下所产生的扬程比后弯式高，且叶片制造工艺简单，不易积尘。前弯式叶片流道短，弯曲度大，且叶轮出口绝对速度大，因此，在叶轮流道及转能装置中能量损失大，效率低，噪声也大。其优点是总扬程高，当产生相同扬程时，可以有较小的叶轮外径或较低的转速。中小型离心式涡轮机有采用前弯式叶片叶轮的。

（三）无限多叶片时的理论扬程

无限多叶片时的理论压头特性与理论流量的关系式称为理论压头特性方程式，即 $H_{T\infty} = f(q_{VT})$。对应的曲线称理论压头特性曲线。现以 $v_{1u\infty} = 0$ 来讨论。由式（1-10）解出 $v_{2r\infty}$，然后代入式（1-18）得到

$$H_{T\infty} = \frac{u_2^2}{g} - \frac{u_2}{g} \frac{q_{VT}}{\pi D_2 b_2} \cot\beta_{2b}$$

对同一尺寸的泵或风机，在转速一定时上式中 u_2、g、D_2、b_2、β_{2b} 均为常数。假设 $A = \dfrac{u_2^2}{g}$，

$B = \dfrac{u_2 \cot\beta_{2b}}{g\pi D_2 b_2}$，可以将上式写成

$$H_{T\infty} = A - Bq_{VT}$$

此方程即为离心式泵与风机的无限多叶片时的理论压头特性方程式，它所对应的曲线为一条直线，β_{2b} 不同，直线的斜率不同，如图 1-14 所示。

当 $\beta_{2b} < 90°$（后弯式叶片）时，$\cot\beta_{2b} > 0$，则 B 为正值，性能曲线为一条由左向右的倾斜直线，$H_{T\infty}$ 随 q_{VT} 的增加而减小，如图 1-14 中的直线 a 所示。

当 $\beta_{2b} = 90°$（径向式叶片）时，$\cot\beta_{2b} = 0$，$H_{T\infty}$ 与 q_{VT} 无关，性能曲线是一条平行于横坐标的直线，如图 1-14 中的直线 b 所示。

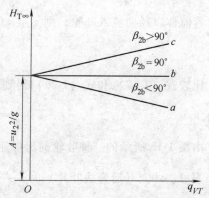

图 1-14　不同叶片安装角的无限多叶片理论压头与理论流量的关系

当 $\beta_{2b} > 90°$（前弯式叶片）时，$\cot\beta_{2b} < 0$，则 B 为负值，性能曲线为一条由左向右的倾斜直线，$H_{T\infty}$ 随 q_{VT} 的增加而增大，如图 1-14 中的直线 c 所示。

（四）有限叶片时的理论扬程

流体在无限多叶片叶轮中流动时，流道内的流体沿叶片的型线运动，因而流道任意半径处相对速度分布是均匀的，如图 1-15 中 b 所示，而实际叶轮中的叶片数量是有限的，流体是在具有一定宽度的流道内流动的。因此，除紧靠叶片的流体沿叶片型线运动外，其他都与叶片的型线有不同程度的差别，从而使流场发生变化，这种变化是由轴向涡流引起的旋涡运动，可以用一个简单的物理试验说明。

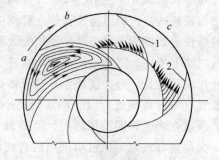

图 1-15　流体在流道中的运动
1—压力面　2—吸力面

如图 1-16 所示，用一个充满理想流体的圆形容器，将流体上悬浮一箭头 AB。当容器绕中心 O 作顺时针方向旋转时，因为没有摩擦力，所以流体不转动，此时箭头的方向未变，这说明流体由于本身的惯性保持原有的状态。当容器从位置Ⅰ沿顺时针方向转到位置Ⅱ时，流体相对于容器也有一个旋转运动，其方向却与容

器旋转方向相反，角速度则相等。如果把叶轮流道进
口和出口两端封闭，则叶轮流动就相当于一个绕中心
轴旋转的容器，此时在流道中的流体就有一个与叶轮
旋转方向相反、角速度相等的相对旋转运动，如图1-
15中a所示。这种旋转运动有自己的旋转轴心，相当
于绕轴的旋涡，因此称轴向涡流运动或轴向旋涡。在
有限叶片叶轮中，叶片压力面上，由于两种速度方向
相反，叠加后使相对速度减小；而在叶片吸力面上，
由于两种速度方向一致，叠加后使相对速度增加。因
此，在流道同一半径的圆周上，相对速度的分布是不

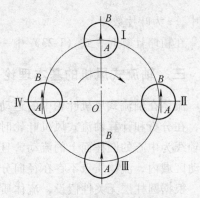

图1-16　轴向漩涡试验

均匀的，如图1-15中c所示。由于流体分布不均，则在叶轮出口处，相对速度的方向不再
是叶片出口的切线方向，而是向叶轮旋转的反方向转动了一个角度，使流动角小于叶片安装
角β_{2b}。也就是说，轴向涡流引起相对速度的变化如图1-17所示，导致有限叶片叶轮的理论
扬程有所下降，这种现象称为滑移现象。为了衡量滑移现象对水泵扬程的影响程度，现引入
滑移系数K。滑移系数K表示有限叶片叶轮的理论扬程和无限叶片叶轮理论扬程的比值，即

$$H_T = KH_{T\infty}$$

　　对于K值，至今还没有精确的理论计算公式，一般均采用经验公式计算。在这里介绍
几种比较常用的计算公式。

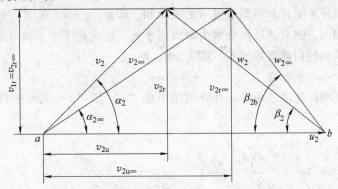

图1-17　有限叶片叶轮出口速度三角形的变化

1. 斯基克钦公式

$$K = \cfrac{1}{1 + \cfrac{2\pi}{3z} \cfrac{1}{1 - \left(\cfrac{r_1}{r_2}\right)^2}} \tag{1-22}$$

式中，r_1、r_2为叶轮进、出口半径（m）；z为叶片数，一般用下式确定：

$$z = 6.5 \sin \frac{\beta_{1b} - \beta_{2b}}{2} \left(\frac{D_2 + D_1}{D_2 - D_1}\right)$$

2. 斯托道拉公式

$$K = 1 - \frac{u_2}{v_{2u\infty}} \frac{\pi \sin \beta_{2b}}{z} \tag{1-23}$$

式中，z 为叶片数。

在粗略计算时，式（1-23）中一般取 $K = 0.8 \sim 1$。

三、轴流式风机的基本理论

流体在轴流式风机叶轮中的运动和离心式涡轮机叶轮内运动一样，是一个复杂的空间运动，在分析和计算轴流式风机叶轮时，采用圆柱层无关性假设，即在叶轮中流体质点是以叶轮轴线为中心的圆柱面上的流动，且相邻各圆柱面上的流体质点的运动各不相关，在叶轮的流动区域内，流体质点不存在径向分速度，即 $v_r = 0$。

根据圆柱层无关性假设，流体质点没有径向分速度，研究轴流式风机叶轮内的复杂运动就可以简化为研究圆柱面上的流动，该圆柱面称为流面。在叶轮内可以做出很多圆柱流面，每个圆柱流面的流动可能不完全相同，但研究的方法是相同的，因此只要了解一个流面上的流动，其他流面上的流动问题可按类似的方法解决。

用半径为 r 和 $r + dr$ 的两个无限接近的圆柱面截取一个厚度为 dr 的圆环，取出沿母线切开展为平面，如图 1-18a 所示。展开的截面为等距排列的一系列叶型，由相同叶型等距排列组成的无限薄叶型系列称基元叶栅。在基元叶栅中，由于每个叶型的绕流情况相同，因此只要研究其中一个叶型的绕流情况即可。

（一）速度三角形

流体在轴流式风机叶轮中圆柱面上的流动同样是一个复合运动，流线上任一质点的绝对运动速度 v 等于相对速度 w 和圆周速度 u 的矢量和，即 $v = w + u$。速度三角形的做法与离心式泵与风机基本相同，绝对速度可分解为圆周速度 v_u、径向速度 v_r、轴向速度 v_a，根据前面的假设，轴流式风机径向速度等于零，即 $v_r = 0$，则

$$v = v_u + v_a$$

据此可作出叶轮进出口速度三角形，并分别用下标"1"和"2"表示进口和出口的量，如图 1-18a 所示。

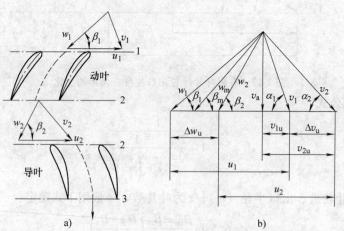

图 1-18   叶轮进、出口速度三角形

在轴流式风机中，由于流体沿相同半径的流面流动，所以进、出口处的圆周速度相同，即 $u_1 = u_2 = u$。另外，由于叶轮进、出口过流断面积相等，根据连续性方程，在不可压缩流体的前提下，流面进、出口速度相等，即 $v_{1a} = v_{2a} = v_a$。所以可以把进、出口速度三角形绘

在一起，如图 1-18b 所示。从图中可以看出，流体绝对速度的变化仅仅是由于进、出口流体运动方向改变引起的，绝对速度在圆周方向的分量常数了变化。

（二）轴流式风机的基本方程

类似于离心式泵与风机的研究方法，假设流体为不可压缩的定常流；流过叶轮的流体是理想流体，旋转叶片的机械能全部传给流体。取两个无限接近的圆柱面和两端面控制面，则可得到

$$\Delta N = \Delta M \omega = \rho g H_T \Delta q_{vT} \tag{1-24}$$

式中，ΔN 为叶片输入基元的功率；H_T 为基元的理论压头；Δq_{vT} 为通过基元的理论流量；ΔM 为叶片作用于控制面的动量矩；ω 为叶轮的角速度。

叶片作用于控制面的动量矩可根据动量矩定理求得，即

$$\Delta M = \rho \Delta q_{vT} \left(v_{2u} - v_{1u} \right) r \tag{1-25}$$

把式（1-25）代入到式（1-24）并化简得到

$$H_T = \frac{u}{g} \left(v_{2u} - v_{1u} \right) \tag{1-26}$$

此式即为轴流式风机基元叶栅的理论压头方程。

由速度三角形可以得到

$$v_{2u} = u - v_a \cot\beta_2$$

$$v_{1u} = u - v_a \cot\beta_1$$

将上两式代入式（1-26）可得到

$$H_T = \frac{1}{g} u v_a \left(\cot\beta_1 - \cot\beta_2 \right) \tag{1-27}$$

由上式可以看出，只有当 $\beta_2 > \beta_1$ 时，轴流式风机才产生风压。

风机的压头习惯用压力表示，所以式（1-26）两端同乘重度 γ（$\gamma = \rho g$）得到

$$P_T = \rho u \left(v_{2u} - v_{1u} \right) \tag{1-28}$$

（三）轴流式风机叶栅的气动力特性

式（1-28）为轴流式风机的理论压头方程，但它并不能揭示叶片与气流间的相互作用，也不能说明叶轮参数对压头的影响。下面分析轴流式风机叶栅的气动力特性。

1. 基元级

一般情况下，轴流式风机叶轮后面装有一个导叶即后导器，共同组成风机的级。如前所述，轴流式风机叶轮的基元叶栅称为叶轮动基元叶栅，导叶的基元叶栅称为导叶静基元叶栅，它们共同组成风机的基元级，如图 1-19 所示。

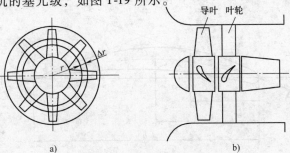

图 1-19　单级轴流式风机

2. 速度三角形

图 1-18 示意了气流经过叶栅的流动情况。在叶轮进口断面处，气流以绝对速度 v_1 进入叶栅，叶栅以圆周速度 u_1 做牵连运动，相对于叶轮，气流以相对速度 w_1 进入叶轮。所以在叶轮进口处绝对速度 v_1、牵连运动速度 u_1 和相对速度 w_1 的矢量组成进口速度三角形。同理，在叶轮出口断面处的绝对速度 v_2、牵连运动速度 u_2 和相对速度 w_2 的矢量组成出口速度三角形。对圆柱面上的流动，$u_1 = u_2 = u$。

对导叶而言，因为不存在牵连运动速度，所以没有速度三角形。气流以速度 v_2 流进导叶，以速度 v_3 流出导叶。

为了便于分析，将叶轮进、出口速度三角形绘制在一起，形成如图 1-18b 所示的速度图。参数规定说明：

β_1 和 β_2 分别为相对速度 w_1 和 w_2 与圆周速度 u 的反方向的夹角，称为相对气流角；

α_1 和 α_2 分别为绝对气流角；

v_{1u} 和 v_{2u} 为 v_1 和 v_2 在圆周速度方向的投影，称为旋绕速度；

v_a 称为轴向速度；

w_m 称为几何平均相对速度，β_m 是它的方向角。用矢量表示为 $w_m = (w_1 + w_2) / 2$。

由图示的几何关系有

$$w_m = \sqrt{v_a^2 + w_{mu}^2} \tag{1-29}$$

$$w_{mu} = u - \frac{\Delta w_u}{2} - v_{1u} = u - \frac{v_{1u} - v_{2u}}{2} \tag{1-30}$$

3. 基元级的全压

气体从半径 r 处流过叶轮时，运动的叶栅对单位体积气体所做的理论功，也就是叶栅的理论全压为

$$P_T = \rho u \ (v_{2u} - v_{1u}) \ = \rho u \Delta v_u = \rho \omega r \Delta v_u \tag{1-31}$$

如果考虑能量损失，则基元级的实际全压为

$$P = P_T \eta = \rho u \Delta v_u \eta = \rho \omega \eta r \Delta v_u \tag{1-32}$$

式中，P 为基元级的实际全压；η 为基元级的全压效率；Δv_u 为扭速，$\Delta v_u = v_{2u} - v_{1u}$。

式（1-32）是轴流式风机设计的基本方程，表示轴流式风机半径 r 处基元叶栅的全压，只有当等环量流型时，有 $r\Delta v_u$ = 常数，此式才表示轴流式风机的全压。

4. 叶型、叶栅的参数和气流参数

（1）叶型参数 机翼形叶片的横截面形状叫做叶型，如图 1-20 所示。其主要参数有：

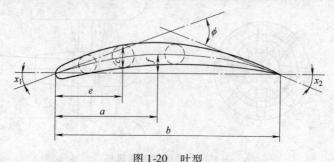

图 1-20 叶型

1）中线：叶型表面内切圆心的连线。

2）叶弦：前缘点和后缘点的连线，其长度称为弦长，用 b 表示。

3）弯度：中线到叶弦的距离。

4）厚度：中线内切圆的直径。

5）前缘方向角 x_1：中线在前缘点的切线与叶弦的夹角。

6）后缘方向角 x_2：中线在后前缘点的切线与叶弦的夹角。

7）叶型弯曲角 ϕ：$\phi = x_1 + x_2$。

（2）叶栅的几何参数　叶栅是由若干只形状相同的叶片按一定规律排列而形成的，如图 1-21 所示。其主要参数有：

1）栅距 t：两相邻叶型对应点间的距离。

2）栅稠 τ：叶型弦长 b 与栅距 t 的比值，即 $\tau = b/t$。

3）安装角 θ：弦线与列线间的夹角。

4）进口几何角 β_{1A}：前缘点中线的切线与列线的夹角。

5）出口几何角 β_{2A}：后缘点中线的切线与列线的夹角。

6）叶型弯曲角 ϕ：$\phi = \beta_{2A} - \beta_{1A}$。

（3）叶栅的气流参数　叶栅的气流参数除叶栅速度 w_1、w_2 和 w_m 外还有下列几个。

1）进口冲角 i：前缘点中线的切线与进口相对速度的夹角。$i = \beta_{1A} - \beta_1$，$i > 0$ 时称为正冲角，反之称为负冲角。

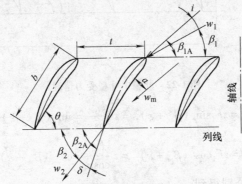

图 1-21　叶栅几何参数和气流参数

2）落后角 δ：后缘点中线的切线与出口相对速度 w_2 的夹角，$\delta = \beta_{2A} - \beta_2$。

3）气流折转角 $\Delta\beta$：气流在叶栅中的转向角，$\Delta\beta = \beta_2 - \beta_1$。

4）攻角 α：来流与弦线的夹角。

5. 叶栅的气动力特性

（1）叶栅的升力和阻力　假设气流以来流速度 w_∞ 绕过单位厚度为 1 的机翼形叶片时，叶栅的升力和阻力分别由下式确定

$$F_y = c_y b \frac{\rho}{2} w_\infty^2 \tag{1-33}$$

$$F_x = c_x b \frac{\rho}{2} w_\infty^2 = \mu c_y b \frac{\rho}{2} w_\infty \tag{1-34}$$

式中，b 为弦长；c_y、c_x 分别为机翼的升力系数和阻力系数，均与叶型的形状和攻角 α 有

关，形状一定时，升力系数 c_y 和阻力系数 c_x 仅随攻角 α 变化。

设有一单位厚度为 1 的叶栅，当气流经过时，栅中每只叶型都会产生升力 F_{yi} 和阻力 F_{xi}，与孤立叶型类似，计算式为

$$F_{yi} = c'_y b \frac{\rho}{2} w_m^2 \tag{1-35}$$

$$F_{xi} = c'_x b \frac{\rho}{2} w_m^2 = \mu F_{yi} \tag{1-36}$$

式中，w_m 为几何平均相对速度；c'_y、c'_x 分别为栅中叶型的升力系数和阻力系数，当栅稠 $\tau = b/t < 1$ 时，$c'_y \approx c_y$，当 $\tau > 1$ 时，c'_y 与 c_y 差别较大。

当叶片数为 z 时，作用在单位厚度为 1 的叶栅上的周向力和轴向力分别为 $F_u = zF_{ai}$。由图 1-22 得到

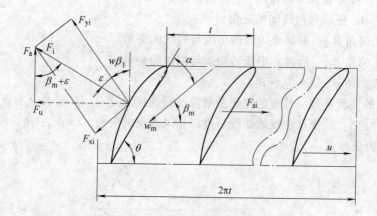

图 1-22   叶栅中叶型受力情况

$$F_u = zF_i \sin\ (\beta_m + \varepsilon)\ \ = z\frac{F_{yi}}{\cos\varepsilon} = \sin\ (\beta_m + \varepsilon)$$

$$F_a = zF_i \cos\ (\beta_m + \varepsilon)\ \ = z\frac{F_{yi}}{\cos\varepsilon} = \cos\ (\beta_m + \varepsilon)$$

将式（1-35）代入则分别得到

$$F_u = Z\frac{c'_y b}{\cos\varepsilon}\frac{\rho w_m^2}{2}\sin\ (\beta_m + \varepsilon) \tag{1-37}$$

$$F_a = Z\frac{c'_y b}{\cos\varepsilon}\frac{\rho w_m^2}{2}\cos\ (\beta_m + \varepsilon) \tag{1-38}$$

上式中的 ε 满足 $\tan\varepsilon = F_{xi}/F_{yi} = c'_x/c'_y = \mu$，对常用的叶型，在正常的攻角范围内，$\varepsilon = 2° \sim 4°$。

上式反映了摩擦对叶型气动力的影响，摩擦不仅使作用力 F 的大小发生变化，方向也有所改变，若不计摩擦，则 $c'_x = 0$，$\varepsilon = 0$。

（2）叶栅的气动力基本方程   气流经过厚度为 Δr 的动叶栅时，叶栅与气流间存在相互作用力而发生能量传递。若不计摩擦，以轴向力 F_u 拖动叶栅以速度 u 运动时，则外界的拖动功率为

$$N_T = F_u u$$

另一方面，气流经过叶栅所获得的功率为

$$F_u u = P_T \Delta q_{VT} \tag{1-39}$$

$P_T = \rho u \Delta c_u$，$\Delta q_{VT} = c_a 2\pi r \Delta r$。在式（1-37）中，令 $\varepsilon = 0$，此式的升力系数应为理论升力系数 c'_{yT}，$t = 2\pi r/z$，$v_a = w_m \sin\beta_m$，整理得到

$$c'_{yT} \frac{b}{t} = 2\frac{\Delta c_u}{w_m} = 2\frac{\Delta c_u}{c_a}\sin\beta_m \tag{1-40}$$

此式即为叶栅气动力基本方程，它建立了叶栅的气动参数 c'_{yT} 与气流参数 Δc_u 和 w_m 之间的关系。

思考题及习题

1-1 泵与风机如何分类？

1-2 泵与风机的基本参数有哪些？

1-3 举例说明泵与风机规格型号的意义。

1-4 泵与风机的叶片形式有哪些？各有何优缺点？实际中为什么采用后弯式叶片？

1-5 简述离心式和轴流式泵与风机的工作原理。

1-6 离心式和轴流式泵与风机的能量方程是什么？试利用能量方程对泵与风机的运行进行分析。

1-7 什么是叶栅？叶栅的气动力基本方程是什么？

第二章　泵与风机的基本结构

第一节　离心泵的结构

一、离心泵的基本结构

离心泵用途广泛，结构形式繁多。但是，其基本工作原理和主要部件的作用相同，其中许多同名部件的形状也相近。本节以图 2-1 所示的单级单吸离心泵的结构为例，对主要部件的名称、作用、位置、构造及原理等做如下介绍。

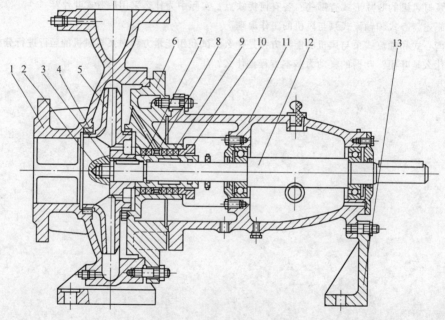

图 2-1　单级单吸离心泵结构

1—泵体　2—叶轮螺母　3—止动垫圈　4—密封环　5—叶轮　6—泵盖　7—轴套
8—填料环　9—填料　10—填料压盖　11—悬架　12—泵轴　13—支架

（一）转动部件

1. 叶轮

叶轮是泵的最主要的部件，是将原动机的机械能传递给液体，同时提高液体压力能和动能的部件，它在泵腔内套装于泵的主轴上。

叶轮的形式有开式、半开式及闭式，如图 2-2 所示。

闭式叶轮内部泄漏量小，常用于输送清水、油等无杂质的液体。它又分为单吸式与双吸式两种。闭式单吸叶轮由前后盖板、叶片及轮毂组成，如图 2-2 所示。在前后盖板与叶片之间形成叶轮的流道，前盖板与主轴之间形成叶轮的圆环形吸入口。液体轴向流入叶轮吸入口，在后盖板作用下转为径向通过叶轮流道，再从轮缘排出。

　　闭式双吸叶轮没有后盖板，但有两块前盖板，并形成两个圆环形吸入口。另外还用一块外径较小的中间盖板引导吸入口轴向流入的流体在叶轮内径向汇合后流出。这种叶轮具有平衡轴向力和改善汽蚀性能的优点，在电厂循环水泵、凝结水泵和给水泵中得到广泛的应用。

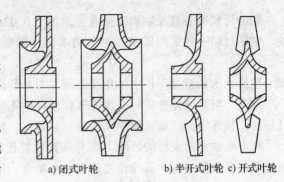

a) 闭式叶轮　　　　b) 半开式叶轮 c) 开式叶轮

图 2-2　叶轮的形式

　　半开式叶轮只有后盖板。当离心泵用于输送含有灰渣等杂质的液体时，为防止流道堵塞，可采用这种叶轮。

　　开式叶轮没有盖板，其泄漏量大、效率低，只在输送黏性很大或含纤维的液体时采用，如污水泵的叶轮就采用开式叶轮。

　　叶轮的叶片形式一般为后弯式，数目为 6~12 片，厚度一般为 3~6mm。

　　叶轮的材料应具有高强度、抗腐蚀、抗冲刷的性能，通常采用铸铁、铸钢、磷青铜或黄铜制成，大型给水泵和凝结水泵中则采用优质合金钢。

2. 轴及轴套

　　轴是传递扭矩（机械能）的主要部件。它位于泵腔中心，并沿着该中心的轴线伸出腔外搁置在轴承上。从腔一侧伸出搁在两个轴承上的轴称为悬臂式轴，如图 2-1 所示。从腔两侧伸出并分别由两侧轴承支承的轴称为双支承式轴，如图 2-3 所示。单级单吸蜗壳式离心泵常用悬臂式轴，双吸式或多级离心泵都采用双支承式轴。

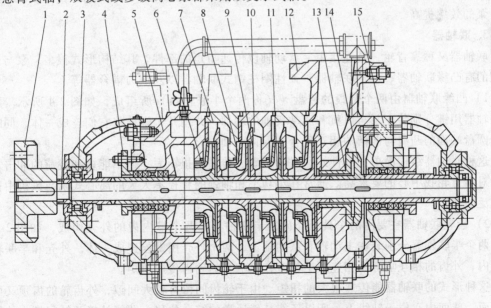

图 2-3　多级离心泵

1—联轴器　2—泵轴　3—轴承　4—填料压盖　5—吸入段　6—密封环　7—中段　8—叶轮
9—导叶　10—密封环　11—拉紧螺栓　12—压出段　13—衬环　14—平衡盘　15—泵盖

轴的形状有等直径轴和阶梯直径差约为 0.02mm 的阶梯式轴两种。大型泵常采用阶梯式轴,轴的材料一般采用碳钢,对大功率高压泵则采用铬钒钢或特种合金钢,如沉淀硬化钢等。

圆筒状的轴套是保护主轴免受磨损并对叶轮进行轴向定位的部件,其材料一般为铸铁。但是,根据液体性质和温度等工作条件的不同要求,也有采用硅铸铁、青铜、不锈钢等材料的。特殊情况,如采用浮动环轴封装置时,轴套表面还需要镀铬处理。

离心泵轴穿出泵腔的区段(即与轴封装置相对应的区段)均装有轴套。对具有等径轴、短轮毂的多级离心泵,其叶轮之间也装有轴套,目的是为各级导向叶轮留出安装的位置。

轴套、叶轮以及动平衡盘(即轴向力平衡装置的动盘)等转动零部件在轴上位置的固定方法有两种。对中小型离心泵而言,这些零部件的轴向定位是通过拧紧轴端的反向螺母(即旋转方向与叶轮转向相反的锁紧螺母)或轴套自身的反向螺纹,使其圆环状端面紧密挤靠来实现的。在圆周方向的定位则用滑动配合加键联接的方式固定。这种方法也适用于对大型离心泵的轴套、动平衡盘、首级或末级叶轮等转动零部件在轴上的定位,只是它们在轴向定位时常利用阶梯式轴的凸肩帮助进行。

另一种方法是大型离心泵各中间级叶轮轴上定位所用的热套过盈配合法。这种方法要求各叶轮的孔径均比所对应的轴径小 0.08 ~ 0.12mm,在装配时加热叶轮使其孔径比轴径大 0.1mm 左右即行套入,冷却后形成孔与轴之间的过盈配合。配合中还用键加固周向轴径定位,在轮毂前加装挡套(又称挡圈),使轮毂后端紧靠轴的凸肩来确保叶轮的轴向定位。这种方法的优点是因为没有间距套,从而消除间距套、轮毂等端面与轴线不垂直,造成总装时叶轮、动平衡盘等轴向圆跳动量(又称飘偏度)超标现象,可以减少泵内碰磨或振动的发生。此外,还可以在保持原有过流断面面积的情况下,减小叶轮吸入口直径,使泄漏损失降低,泵的效率提高。

3. 联轴器

联轴器又称靠背轮,是连接主、从动轴以传递扭矩的部件。其结构形式很多,泵与风机常用的有凸缘联轴器、齿轮联轴器、弹性圈柱销式联轴器以及液力耦合器等。

1)凸缘联轴器由两个带毂的圆盘(又称两个半联轴器)所组成,如图 2-4 所示。两个半联轴器用键分别装在泵与风机和原动机轴的端部,并用几个螺栓将它们连成一体,同时靠两个圆盘端面的凸肩与凹槽的相互配合来保证两轴同心。

这种联轴器结构简单、刚性好、对中精确、传递的扭矩大,但不能缓和载荷的冲击,安装时对靠背轮找中心的要求高。通常在小功率和轴颈的直径不太大的离心式泵与风机中得到较广泛的使用。

2)齿轮联轴器主要由两个具有外齿的半联轴器和两个带内齿的外壳组成,如图 2-5 所示。两个半联轴器分别装在主动轴和从动轴上,两个外壳用螺栓连成一体。外壳和半联轴器通过内、外齿的相互啮合而相连。工作时,靠啮合的轮齿传递扭矩。

这种形式的联轴器能传递很大的扭矩。由于轮齿间留有较大间隙,外齿轮的齿顶又可做成球面,球面中心位于轴线上,所以还能补偿适量的综合位移,即能补偿两轴间较小的不同心和偏斜。它是一种刚性可移式联轴器。其缺点是结构较复杂,制造较困难,工作时还必须采用干净油脂或稀油润滑。

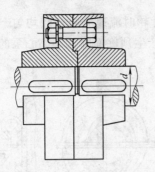

图 2-4　凸缘联轴器

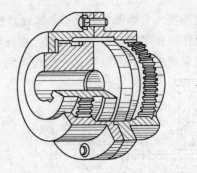

图 2-5　齿轮联轴器

3）弹性圈柱销式联轴器如图 2-6 所示，由两个圆盘形的半联轴器组成。两个圆盘用键分别固定于主、从动轴上，并用几个带橡胶圈和螺母的柱销沿轴向伸入两圆盘相对的孔内来连接和传递扭矩。

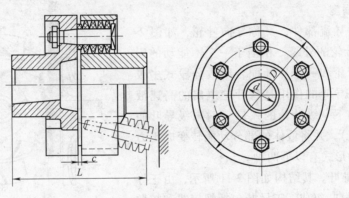

图 2-6　弹性圈柱销式联轴器

这种联轴器两盘之间留有间隙，可以补偿较大的轴向位移。依靠弹性圈柱销的变形，允许有微量的径向位移和角位移。它是一种弹性可移式联轴器，具有能缓和冲击、吸收振动的优点，常在起动频繁的高速泵中应用。

4）液力耦合器是一种用液体传递扭矩的、能够无级变速的联轴器，将在第四章中详细介绍。

（二）静止部件

1. 吸入室

离心泵吸入口法兰至首级叶轮入口之间的流动空间称为吸入室。泵的吸入室的作用主要在于使液体进入泵体的流动损失最小。吸入室的结构形状对泵的吸入性能影响很大，通常采用的吸入室形式有锥形管式、圆环形式和半螺旋形式。以锥体管式最普遍，其锥度为 $7° \sim 18°$，如图 2-7 所示。

锥形管吸入室的特点是结构简单，制造方便，流速分布均匀，水力损失小。一般用于单级单吸悬臂式离心泵。

圆环形吸入室，如图 2-8 所示。其主要优点是结构对称，比较简单，轴向尺寸小；缺点是流速分布不均匀，水力损失大。分段式多级泵，为了缩小轴向尺寸，大都采用圆环形吸入室。

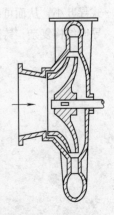

图 2-7　锥形管吸入室

半螺旋形吸入室如图2-9所示。其优点是液体进入叶轮时流速分布比较均匀,水力损失较小。但液体通过半螺旋形吸入室后,在叶轮入口处会产生预旋而降低了离心泵的扬程。对于单级双吸泵或中开式多级泵,一般均采用半螺旋形吸入室。

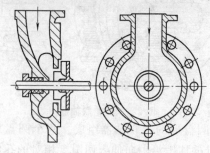

图 2-8　圆环形吸入室

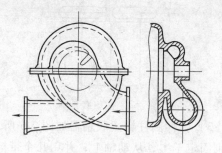

图 2-9　半螺旋形吸入室

2. 导叶与蜗室

导叶是一种导流部件,又称导向叶轮,如图2-10所示。位于叶轮的外缘,相当于一个不能动的固定叶轮。一个叶轮和一个导叶配合组成分段式多级离心泵的一级。导叶的作用是将叶轮甩出的高速液体汇集起来引向下一级叶轮的入口(对末级导叶而言是引入压出室),并将液体的部分动能转变成压力能。导叶常用的形式有以下两种。

图 2-10　导叶
1—导叶　2—叶轮

1)径向式导叶。其结构如图2-11所示,由正导叶、过渡区和反导叶组成。正导叶包括螺旋线和扩散段两部分。叶轮甩出的液体由正导叶的螺旋线部分收集后,进入正导叶的扩散段将部分动能转变为压力能,然后流入过渡区改变流动方向,再由反导叶引向下一级叶轮进口。由于末级导叶没有反导叶,故液体直接经过正导叶导入压出室。

2)流道式导叶。如图2-12所示,它与径向式导叶不同的是:正导叶和反导叶连在一起,形成一个断面连续变化的流道。流道中没有径向式导叶过渡区那样的突然扩大阻力,所以液流速度变化均匀,水力损失小。此外,由于流道变化连续,液流转向所占空间减小,使径向尺寸比径向式导叶小,从而可以减小泵壳的直径。因此,分段式多级离心泵趋向采用这种导叶。但是流道式导叶结构复杂,铸造的工艺性能差。

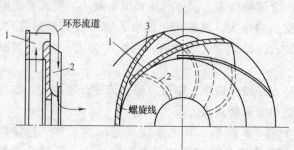

图 2-11　径向式导叶
1—扩散段　2—反导叶　3—正导叶

3. 压出室

单级泵叶轮和中开式多级泵末级叶轮的出口，或分段式多级泵末级导叶的出口至离心泵出口法兰之间的流动空间称为压出室。它的主要作用是以最小的水力损失收集末级叶轮或末级导叶中流出液体，并引入压水管道。

离心泵的压出室有以下两种。

1）螺旋形压出室。如图 2-13a 所示。通常由蜗室加一段扩散管组成。扩散管使这种压出室具备了将部分动能转换为压力能的作用。螺旋形压出室具有易于制造、效率高的优点，广泛用于单级泵或中开式多级泵中。

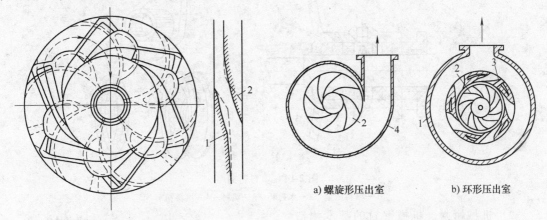

图 2-12　流道式导叶
1—流道式　2—径向式

a) 螺旋形压出室　　b) 环形压出室

图 2-13　压出室
1—环形泵壳　2—叶轮　3—导叶　4—螺旋形外壳

2）环形压出室。如图 2-13b 所示，其室内流道断面面积沿圆周相等，而收集到的液体流量却沿圆周不断增加，故各断面流速不相等，室内是不等速流动。因此，不论泵是否在设计工况下工作，环形压出室总有冲击损失存在，其效率也总低于螺旋形压出室。因此，这种压出室主要用在分段式多级泵或输送含杂质多的泵，如灰渣泵、泥浆泵等不易采用螺旋形压出室的泵。

（三）密封部件

离心泵工作时，能减少或防止从动、静之间的间隙中泄漏液体的部件称为密封。根据其在泵内的位置和具体的作用，可分为外密封、内密封以及级间密封三种。

1. 外密封

外密封装设在泵轴穿出泵壳的地方，密封该处间隙，又称轴封。其作用是防止压力液体泄漏出泵外。对于吸入室为真空的泵，则还有防止空气漏入，以免影响吸水过程的作用。由于离心泵的运行特点和用途不同，轴封从结构上分又有填料密封、机械密封、迷宫密封和浮动环密封等几种。

1）填料密封。填料密封主要由填料箱、填料盘根、水封环和填料压盖等组成，又称盘根密封，如图 2-14 所示。用压盖使填料和轴（或轴套）之间直接接触而实现密封。同时在填料箱中放有水封环，运行时环内引入工业水或较高压力的水，形成水封，阻止空气漏入泵内或减少压力水漏出泵外，提高密封效果。此外，密封水在填料与轴之间通过也起到冷却和润滑作用。泵工作时，轴封的密封效果可以用松紧填料压盖的方法来调节。紧压盖，则填料挤紧，泄漏量减少，但摩擦增大，严重时会造成发热、冒烟，甚至烧毁填料或轴套；松压盖，则填料放松，又会使泄漏量增大，对吸入室为真空的泵来说还可能因大量空气漏入而吸不上水。因此，合理的压盖松紧度是上紧压盖后，填料箱中每分钟渗漏液体量以约60滴为好。

离心泵在常温下工作时，常用的填料有石墨或黄油浸透的棉织填料。若温度或压力稍高，则用石墨浸透的石棉填料；输送高温水（最高可达400℃）或石油产品时，采用铝箔包石棉填料，或用聚四氟乙烯等新材料制成的填料。

填料密封结构简单，安装检修方便，压力不高时密封效果好。但是填料的使用寿命较短，需要经常更换、维修。因此，只适用于泵轴圆周速度小于25m/s的中、低压水泵。

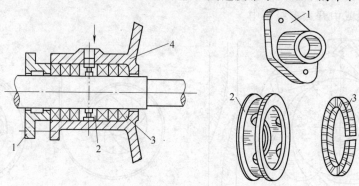

图 2-14　填料密封
1—填料压盖　2—水封环　3—填料　4—填料箱

2）机械密封。机械密封的基本构造如图 2-15 所示。主要零件有：可随轴一起旋转并能做轴向移动的动环、动环座、弹簧，动环与轴之间的密封圈，有定位在轴上的弹簧座和固定螺钉，不动的静环、防转销及静环与泵壳之间的密封圈等。这种密封装置不用填料，主要依靠密封腔中液体和弹簧作用在动环上的压力，使动、静环的端面紧密贴合，形成密封端面 A；另外，又用两个密封圈 B 和 C 封堵静环和泵壳、动环与泵轴之间的间隙，切断密封腔

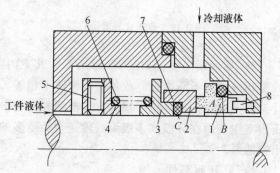

图 2-15　机械密封
1—静环　2—动环　3—动环座　4—弹簧座
5—固定螺钉　6—弹簧　7—密封圈　8—防转销

中液体向外泄漏的可能途径；再加上弹簧和密封圈具有缓冲振动和端面 A 磨损的作用，又可以确保运行中动静环密封端面紧密地贴合，从而实现装置可靠的密封。此外，为带走密封面 A 产生的摩擦热，避免端面液膜汽化和某些零件老化、变形并防止杂质聚集，该密封还采用引入清洁冷却液体等方法降低密封腔中液体的温度，并通过少量泄漏对端面进行冷却、润滑和冲刷。

动环与静环一般由不同材料制成，一个用树脂或金属浸渍的石墨等硬度较低的材料，另一个则用硬质合金、陶瓷等较硬的材料。但也可以都用同一种材料（如碳化钨）制成。密封圈常根据泄漏液体温度的高低采用硅橡胶、丁腈橡胶等制成。

机械密封的优点是密封效果好、泄漏少、轴封尺寸较小、使用寿命长、轴与轴套不易受磨损、功率消耗较少，一般为填料密封功率消耗的10%～15%。因此，在现代高温、高压、

高转速的给水泵上得到广泛的应用。机械密封的缺点是结构复杂，价格贵，安装及加工精度要求高，若动、静环不同心，则运行时易引起水泵振动。

3）浮动环密封。浮动环密封主要由数个单环套在轴上依次排列而成，每个单环均由一个浮动环、一个支承环及三个弹簧组成，如图 2-16 所示。

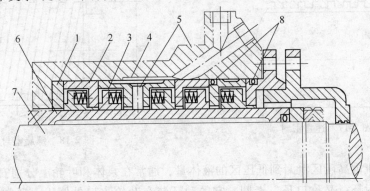

图 2-16 浮动环密封

1—密封环 2—支承弹簧 3—浮动环 4—支承环 5—密封冷却水 6—轴套 7—轴 8—辅助密封圈

这种密封装置靠支承环形成的圆环形腔室内的液体压力和弹簧弹力的作用，使浮动环的端面紧贴前一单环中支承环的后端面来实现径向密封；同时以浮动环和支承环的内圆表面与轴套的外圆表面所形成的两个大小不等的细小缝隙，对液流产生节流降压作用来实现轴向密封。此外还采取增加单环个数、利用浮动环的自动调心作用缩小浮动环与轴套间的间隙，并在轴封的中间通入压力较高的密封液体来提高密封效果，降低泄漏量。

浮动环自动调心的原理类同滑动轴承的工作原理。当泵轴转动时，只要浮动环与泵轴不同心，则环、轴之间的楔形间隙内的液体会产生支承力，促使浮动环沿着支承环的密封端面上、下自由浮动，消除楔形间隙，自动对正中心。这种调心作用，既可以允许浮动环和轴套之间有很小的径向间隙以减少液体的泄漏，又能避免正常运行中环与轴套之间的碰撞，从而保证了运行的可靠性。但是，在泵起动和停车时，浮动环会因内圈支承力的不足而与轴套发生短时间的摩擦。因此，浮动环和轴套都采用耐磨、防锈材料。一般浮动环用铅锡青铜制成，轴套用不锈钢制造，并在表面镀铬，提高表面硬度。另外，还采取起动前先引入密封液体，停运时最后关闭密封液体进口门的措施，以减少环与轴套之间的摩擦。

浮动环密封与机械密封相比，结构简单、运行可靠。如果正确地控制径向间隙和密封长度，也能得到较好的密封效果，尤其是与其他形式合用时效果更好。其主要缺点是轴向长度较长，运行时支承环组成的腔内必须有液体，所以这种密封不宜在粗而短的大容量给水泵中应用，也不宜在干转或汽化的条件下运行。

4）其他密封。外密封除了上述三种主要的形式外，还有迷宫密封及螺旋密封等。

迷宫密封是利用泵壳上类似梳子形的密封片与轴套之间形成的一系列忽大忽小的间隙，对泄漏液体进行多次节流、降压，从而达到密封的目的。其简单结构如图 2-17 所示。这种密封的径向间隙较大，泄漏量也较大。但是，其耗功少，制造简单，不易发生密封片与轴套间的摩擦，即使在离心泵干转，密封液体短时间中断的情况下也不会相互摩擦，这种高可靠性和安全性，使其在高速大型水泵中正逐步成为主要的外密封装置。

螺旋密封即在轴套表面上开出与泄漏方向相反的螺旋形沟槽，如图 2-18 所示，泵轴转动时起到密封作用。

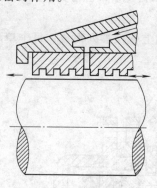

图 2-17　迷宫密封

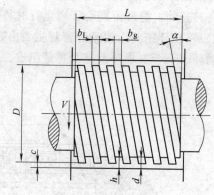

图 2-18　螺旋密封

2. 内密封

　　为了减少机内高压区泄漏到低压区的液体量，通常在泵体和叶轮上分别安设内密封。内密封常称为密封环，又称口环、卡圈。它的动环装在叶轮入口外圆上。通常与叶轮连成一体；其静环装在相对应的泵壳上。两环之间构成很小的间隙，可阻止从叶轮甩出的高压液流返回叶轮的入口，从而减少内部泄漏损失。由于静环常用硬度较低的材料如青铜、碳钢或高级铸铁等制成，而且更换方便，所以当两环发生摩擦时，可以保护叶轮和泵壳不被磨损。

　　常用的密封环有四种形式，如图 2-19 所示。一般常用平环式、角环式。在高压泵中为了减少泄漏常用锯齿式和迷宫式。但是现代的高速圆筒形给水泵为减少振动又改用平环式密封。

3. 级间密封

　　级间密封就是装在泵壳或导向叶轮上与定距轴套（或轮毂）相对应的静环，故又称级间密封环。它依靠静环和定距轴套（或轮毂）之间的圆环形径向间隙，阻碍后级叶轮入口的液体向前级叶轮后盖板外侧空腔的泄漏。这部分泄漏液体不经过叶轮的流道，只在旋转叶轮后盖板的带动下，来回于空腔、导叶、圆环形径向间隙之间流动，如图 2-20 所示。这种

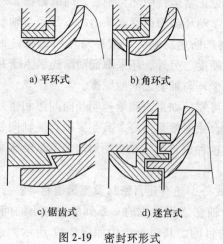

a) 平环式　　　　b) 角环式

c) 锯齿式　　　　d) 迷宫式

图 2-19　密封环形式

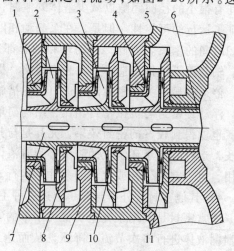

图 2-20　级间密封

1—密封环　2—首级叶轮　3—次级叶轮　4—末级叶轮
5—出水段　6—节流衬套　7—泵轴　8—导叶
9—中段　10—导叶衬套　11—末级导叶

流动虽然不影响叶轮的流量，也不消耗叶片传递给液体的能量，但是它却在通过圆盘状的后盖板外侧时产生摩擦而损耗泵的轴功率，因此，多级离心泵一般都采用级间密封环，来减小这种泄漏，降低功率损耗。

二、离心泵的轴向力、径向力及其平衡

（一）轴向力

1. 轴向力的产生

离心泵运行时，转子会受到一个与轴线平行并指向吸入室的合力作用，这个合力称为轴向力。产生轴向力的原因主要是作用在叶轮两侧的流体压强不平衡所引起的。

图 2-21 表明了作用于单吸单级泵叶轮两侧的压强分布情况。叶轮前后两侧因压力不同，前盖板侧压力低，后盖板侧压力高，产生了从叶轮后盖板指向入口处的轴向力。其中，P_1 为叶轮吸入口前压力，P_2 为叶轮出口处压力。如果不消除这种轴向力，转子将产生轴向位移，导致泵轴及叶轮的窜动和受力引起的相互研磨而损伤部件；还会增加轴承负荷，导致发热、振动甚至损坏。因此，

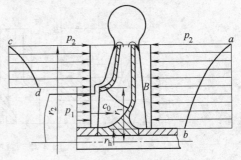

图 2-21　离心泵的轴向力

必须设法消除和平衡轴向力，以保证离心泵的安全和正常运行。

2. 轴向力的平衡方法

消除轴向力的方法通常采用下述几种措施。

1）在叶轮后盘外侧适当地点设置密封环，其直径与前盘密封环大致相等。流体通过此增设的密封环后压强有所降低，从而与叶轮进口侧的低压强相平衡。

2）设置平衡管或在后盘上开设平衡孔（如图 2-22 所示），同时采用止推轴承平衡剩余压力。

3）多级泵的轴向力常用平衡鼓与止推轴承相配合的专门平衡机构进行平衡；也有采用平衡盘（见图 2-23）的平衡机构。平衡盘能根据不平衡力的大小自动调整其位置来达到平衡。

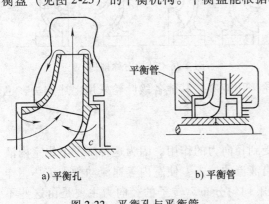

a) 平衡孔　　　b) 平衡管

图 2-22　平衡孔与平衡管

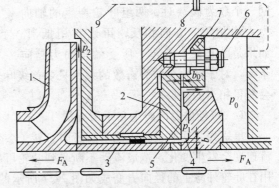

图 2-23　平衡盘

1—末级叶轮　2—平衡座　3—平衡套　4—平衡盘　5—中间室
6—平衡室　7—平衡座压盖　8—节流装置　9—接第一级吸入室

4）双吸叶轮平衡轴向力如图2-24所示。双吸叶轮结构的轴向对称性，从理论上讲，能保证叶轮入口处两盖板外侧压力大小相等，互相抵消对叶轮的作用，可以认为这种叶轮的轴向力为零。但是，由于实际制造及液流运行的复杂性，双吸叶轮的结构和其中液流的状态都不可能完全对称，所以其轴向力不等于零。因此，这种方法也需要装有止推功能的轴承来平衡剩余的轴向力。发电厂的离心式循环泵常用这种双吸叶轮。

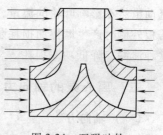

图 2-24　双吸叶轮

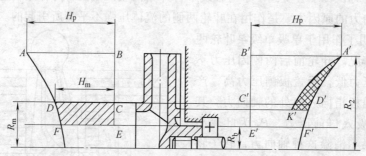

图 2-25　背叶片平衡轴向力

5）背叶片平衡法。未加背叶片时，叶轮右侧压力水头分布如图2-25中的曲线 $A'D'F'$ 所示，左侧压力水头分布如曲线 ADF 所示，由于叶轮两侧盖板不对称，产生了轴向力。加背叶片之后，背叶片强迫液体旋转，液体的旋转角速度增加。右侧的压力水头如曲线 $A'K'$ 所示，它和原曲线相差的影线部分，表示背叶片平衡的轴向力。

由于背叶片平衡了泵腔内的轴向力，从而减小了轴封前液体的压力，有助于轴封对泵的密封作用，延长了轴封（尤其是填料密封）的寿命，减小了泵的泄漏。另外背叶片还有防止杂质进入轴封的功能，因此背叶片在抽送杂质的泵上应用更多。

6）叶轮对称排列平衡法。这种方法是将多级泵的叶轮分成两组，按照两组叶轮进水方向相反的原则对称地布置在同一轴上，如图2-26所示。当叶轮的几何尺寸相同、个数为偶数时，两组叶轮产生的轴向力大小相等，方向相反，可以互相抵消。如果是卧式泵，则转子所受的轴向力趋向

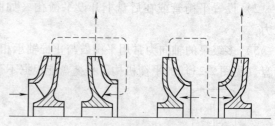

图 2-26　叶轮对称排列

于零。对于叶轮个数为奇数的泵，只要首级叶轮采用双吸，其他各级叶轮采用上述方法，也会获得相当的效果。

（二）径向力的产生和平衡方法

单蜗壳泵在非设计工况下运行时，转子会受到径向力的作用。因为这种工况下蜗室内液流速度会发生变化，造成流动不断受到叶轮甩出液流的撞击，使室内等速流动受到破坏，作用在叶轮外缘上的径向力变成如图2-27所示的不均匀分布。转子的径向力主要是由这些不均匀分布的压力合成的。这个推力会使泵轴产生动挠度，造成振动和密封环、轴套等部件的磨损。根据经验可知，其影响程度随泵的尺寸和扬程的增大而增大。因此，大型蜗壳式水泵，常用双层压出室、双压出室以及成对倒置的双蜗室来分别平衡单级及多级蜗壳式水泵的

径向力，如图 2-28 所示。

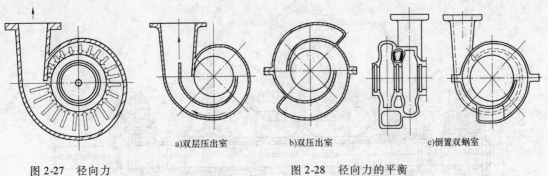

a)双层压出室　　　　b)双压出室　　　　c)倒置双蜗室

图 2-27　径向力　　　　　　图 2-28　径向力的平衡

三、离心泵的典型结构

（一）离心泵的结构形式

离心泵的典型结构如图 2-29 所示。离心泵主要由吸水管、叶轮、叶片、压水管、轴、密封填料和支座等构成。有些离心泵还装有导叶、诱导轮和平衡盘等。

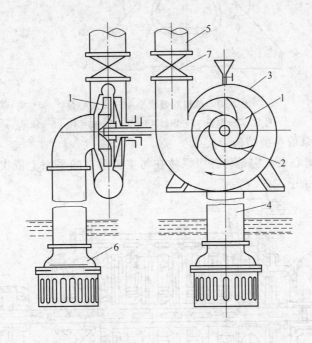

图 2-29　离心泵的典型结构

1—叶轮　2—叶片　3—泵壳　4—吸水管

5—压水管　6—底阀　7—阀门

（二）单级泵的典型结构

单级泵即只有一个叶轮的离心泵。叶轮一侧有液体吸入口的单级离心泵是单吸泵，如图 2-29 所示。叶轮两侧各有一个液体吸入口，且相互对称布置的是双吸泵，如图 2-30 所示。

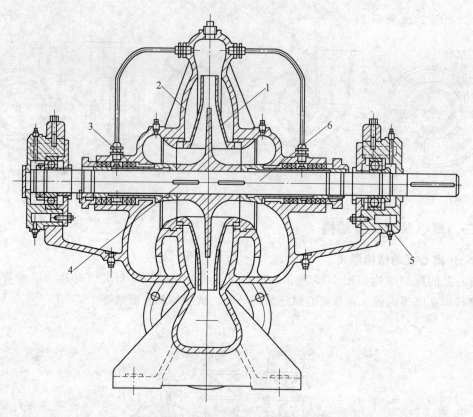

图 2-30 单级双吸水平中开式离心泵

1—叶轮 2—泵壳 3—密封 4—键 5—轴承体 6—轴

（三）多级离心泵的典型结构

1）分段式多级离心泵。它是将各级泵体在与主轴垂直的平面上依次接合，节段之间用螺栓紧固的离心泵，如图 2-31 所示。

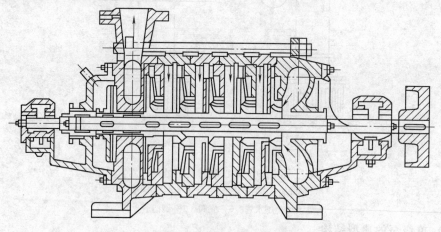

图 2-31 分段式多级离心泵

2）圆筒形多级离心泵。这种离心泵具有内、外双层壳体，外壳体是一个圆筒形整体，节段式的内壳体与转子组成一个完整的组合体，装入外壳体内，如图 2-32 所示。

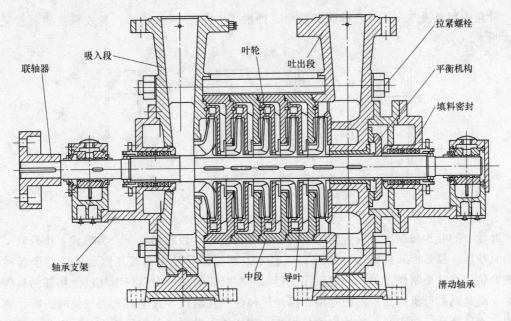

图 2-32　圆筒形多级离心泵

第二节　离心式风机的结构

一、主要部件

（一）叶轮

叶轮是对气体做功，并提高其能量的部件。离心式风机一般采用闭式叶轮。这种叶轮由叶片、前盘、后盘及轮毂组成，如图 2-33 所示。叶片的两侧分别焊接在前、后盘上。后盘又用铆钉或高强度螺栓与轮毂联结成叶轮整体。

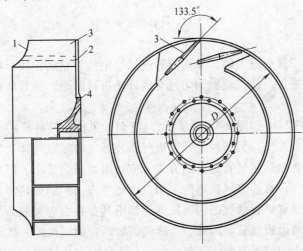

图 2-33　离心式风机叶轮

1—前盘　2—后盘　3—叶片　4—轮毂

叶轮的前盘通常有平面、锥面和曲面三种形式，如图 2-34 所示。高效风机的前盘采用曲面形。

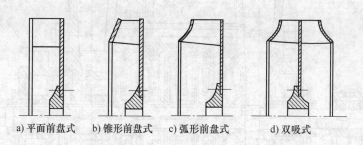

a) 平面前盘式　　b) 锥形前盘式　　c) 弧形前盘式　　　d) 双吸式

图 2-34　离心式风机叶轮形式

叶轮上的叶片根据出口安装角的不同，可分为前弯、后弯和径向三种形式。按形状又可分为直叶形、圆弧形和机翼形，如图 2-35 所示。圆弧形叶片由钢板压制而成，用于各种叶形的叶轮。直叶形制作简单，一般仅用于径向叶型叶轮。而具有良好空气动力特征的机翼形叶片，则是高效风机广泛采用的叶型。但是这种叶型在输送含灰尘量大的气流时，叶片容易磨损。一旦磨穿，会在空心叶片中大量积灰，破坏转子平衡，引起风机振动。因此，这种叶片多用耐磨钢板制成，其叶片头部还加焊防磨板或堆焊耐磨层。

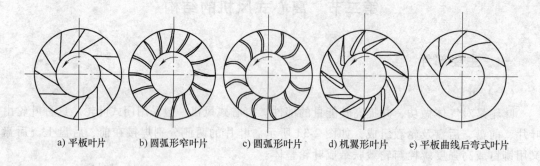

a) 平板叶片　　b) 圆弧形窄叶片　　c) 圆弧形叶片　　d) 机翼形叶片　　e) 平板曲线后弯式叶片

图 2-35　叶片形式和形状

（二）进气装置

风机的进气装置一般由进气箱、导流器和进风口组成。它的作用是将气流以最小的阻力损失引入风机的叶轮进口，使气流能均匀地充满叶轮进口断面，并且能根据需要调节风机的流量。

1）进气箱（如图 2-36 和图 2-37 所示）。气流引入风机有两种形式：一种是从周围空间直接吸取气体，叫自由进气；另一种是通过吸气管或进气箱吸取气体。其中自由进气或用直径与风机进口相同的直筒形吸气管进气的方式，流动阻力损失最小。但是，工程实践中由于使用和安装条件的不同，有许多风机不能采用自由进气方式。例如热力发电厂中，吸取炉顶空间空气的送风机、吸取炉膛烟气的引风机等，都不具备自由进气的条件。有时因布置上的困难，也不宜采用圆筒形吸气管。因此，当吸气需要转弯的风机，一般都要装设进气箱，使气流均匀地在损失最小的情况下引入风机。

进气箱的采用，不但解决了某些条件下的进气困难问题，而且可以改悬臂式轴承为两端支承的轴承，提高了转子运转的稳定性，同时可以避免轴承安装在吸气管内，减轻气流温度和气体中固体微粒对轴承工作的影响，还可以给风机的安装检修工作带来方便。

离心式风机可以根据现场位置的需要做成右旋和左旋两种形式。因此，离心式风机的进风箱按叶轮"左"、"右"的回旋方向，可以各有 5 种不同进口角度的安装位置，如图 2-38 所示。

2）进风口。进风口通常是装在叶轮前面的一根进气导管。其作用是使气流能均匀地充满叶轮的进口，并在流动损失最小的情况下进入叶轮，故又称集流器。离心式风机的进风口有着各种不同的形式，如图 2-39 所示。其中缩放体形进风口前半部分是圆锥形的收缩段进口，可以使通过的气流加速，获得较大的动量，从而减少旋涡区的形成和增大中心气流转弯动能；后半部分是与前盘配合良好、有近似双曲线小圆弧的扩散段出口，可以使气流适当减速扩压以减弱拐弯转向时，气流脱离前盘内壁的现象，缩小了旋涡区，如图 2-40 所示。所以，这种进风口能保证气流比较均匀地充满叶轮入口流道，缩小流道内的旋涡区，使叶轮进风流动损失减小，风机的效率提高。由于它还有制造比流线形进风口容易的优点，所以离心式风机广泛应用缩放体形进风口。进气箱和进风口一般用钢板制成。

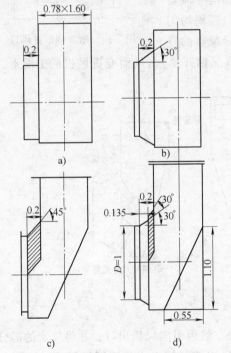

图 2-36　进气箱的形状

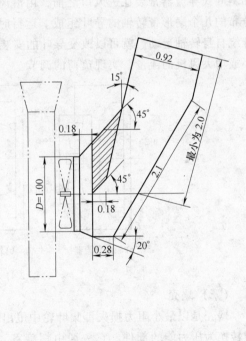

图 2-37　倾斜式进气箱

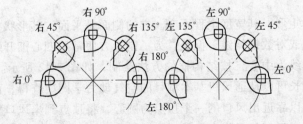

图 2-38　进气箱角度位置

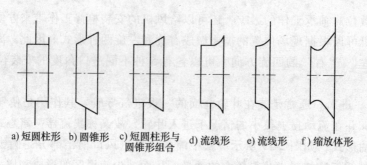

a) 短圆柱形　b) 圆锥形　c) 短圆柱形与　d) 流线形　e) 流线形　f) 缩放体形
　　　　　　　　　　　　　圆锥形组合

图 2-39　进风口的形式

3）导流器。导流器是离心式风机进风装置中用来调节
风机负荷的部件，又称风量调节器。常见的导流器有轴向导
流器、简易（径向）导流器和斜叶式（斜向）导流器，如
图 2-41 所示。简易导流器由沿横断面均匀分布的若干个带转
轴的平板导叶组成，装在进气箱气流转弯区前。轴向导流器
和斜叶式导流器常装在进风口之前，由沿风机入口圆周均匀
分布的几个扇形带转轴的导叶组成。运行时，使导流器的导

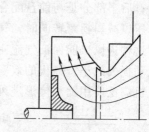

图 2-40　缩放体形进风口

叶绕自身转轴运动，就可以改变导叶的安装角度（又称开度），从而变更风机的工况点，减
小或增大风机的流量，实现负荷的调节。

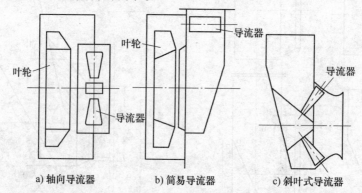

a) 轴向导流器　　　　　　b) 简易导流器　　　　　　c) 斜叶式导流器

图 2-41　导流器形式

（三）蜗壳

蜗壳是以最小阻力损失汇集叶轮中甩出的气流，然后引向风机出口，并将气流的部分动
能转换为压力能的部件。它一般由螺旋室、蜗舌和扩散器等组成，用钢板制造，如图 2-42
所示。

1. 螺旋室

螺旋室的轴面为矩形，其宽度全程不变。它的侧面是平面，其形状根据气体运动的规律
应为阿基米德螺旋线或对数螺旋线。但是，为了制造方便常用四心渐开线代替。这种线的画
法是以风机叶轮的轴线为中心，按结构框的方法绘制，如图 2-42 所示。结构框有矩形及正
方形两种。它们的边长可以从通风机基本型号的空气动力学图中查得，而四个顶点就是渐开
线的四个圆心。首先以靠近出风口的一个顶点为圆心，将顶点到出风口外壁之间的距离为半
径作一个 1/4 圆周的圆弧，然后将中心向下移至另一个顶点，并以此顶点与上一个圆弧末端

的距离为半径，作第二个 1/4 圆周的圆弧。如此依次以另外两个顶点为圆心将圆弧连续地画下去，就可绘出蜗壳的侧面轮廓。

2. 蜗舌

蜗舌由螺旋室内部螺旋的起始部分与风机出口断面反向延长线的一部分构成。其作用是将螺旋室内的气流和螺旋室出口断面的气流分开，防止气体在蜗壳内循环流动。蜗舌的几何形状以及它离叶轮圆周的最小间距，对风机的性能都有很大影响。最小间距太大，会使出口流量和压力下降，效率降低；太小，会使噪声明显增加。

3. 扩散器

扩散器是将流出螺旋室的气流中部分动能转换为压力能的部件，又称扩压器。一般的通风机都在螺旋室出口配有扩散器。由于气流旋转惯性的作用，流出螺旋室的气流方向是朝叶轮旋转方向偏斜的，所以，往往做成向叶轮旋转方向一边扩大的渐扩管形，扩散角以 6°～8° 为宜，如图 2-42 所示。

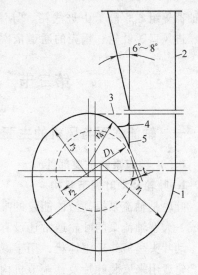

图 2-42　蜗壳
1—螺旋室　2—扩散器　3—平舌
4—浅舌　5—深舌

4. 扩压环

离心式风机运行时，由于前盘外侧的扇风作用，以及叶轮与进风口配合处间隙的泄漏影响，会在蜗壳内位于进风口外壁面、叶轮前盘和蜗壳所形成的空间中产生旋涡，造成能量损失，如图 2-43 所示。为此，离心式风机常常在进风口外壁上加装扩压环，占据产生旋涡的空间，以减少蜗壳内的旋涡损失，提高风机效率。

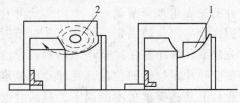

图 2-43　扩压环示意图
1—扩压环　2—涡流区

二、离心式风机的典型结构

离心式风机的典型结构（见图 2-44）分为转子与静子两大部分，其转子由主轴、叶轮、

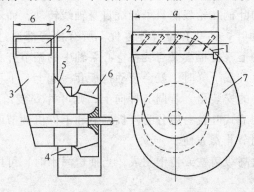

图 2-44　离心式风机的结构
1—径向导流器　2—导叶　3—进气箱　4—扩压环　5—进风口　6—叶轮　7—蜗壳

联轴器等组成；静子由进气箱、导流器、进风口、蜗壳、轴承等组成。其中进气箱、导流器、进风口、叶轮、蜗壳的通道依次相接就形成风机的流道。

第三节 轴流式泵与风机的结构

一、轴流式泵与风机的主要部件

（一）轴流泵的主要部件

1. 叶轮及动叶调节机构

叶轮是轴流泵提高液体能量的唯一部件。它装在叶轮外壳内，由动叶头、轮毂、叶片等组成，大型轴流泵的叶轮通常还设有专门的动叶调节机构。

动叶头呈流线形锥体状，用于减小液体流入叶轮前的阻力损失。

轮毂用来安装叶片及其调节机构，通常有圆柱形、圆锥形和球形三种。

叶片装在转动的轮毂上，又称动叶片，其作用是对液体做功，提高其能量。一个叶轮通常有 3～6 个机翼形扭曲叶片。叶片的形式有固定式、半调节式和全调节式三种。后两种叶片如图 2-45 所示，可以在一定范围内通过调节动叶片的安装角来调节流量。半调节式叶片依靠紧固螺栓与定位销固定在轮毂上，调节时必须首先停泵，打开泵壳，松开紧固螺栓，然后进行改变叶片定位销的位置，使叶片的基准线对准轮毂上某一要求角度的调节，最后将紧固螺栓旋紧，封闭泵壳，调节才结束。全调节式轴流泵叶片依靠其动叶调节机构进行调节（见图 2-46 和图 2-47），动叶调节机构安装在轮毂内。

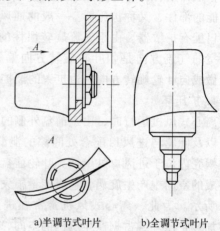

a)半调节式叶片　　b)全调节式叶片

图 2-45　轴流泵叶片图

动叶片的叶柄穿过轮毂侧面的钻孔，与调节机构的拉臂用圆锥销连在一起。圆锥销又用挡板顶住，以防脱落。在叶柄的上、下部分别用两根圆柱压簧顶住，左右水平位置放入压板与销钉限位，以此保证叶片的叶柄在轮毂内只可能绕自身轴线转动，而不会松动或脱落。同一个叶轮中有着相同数目的动叶、钻孔和拉臂等零件。所有拉臂都通过各自的拉片、销轴、衬圈、螺栓等连接在拉板套上，拉板套又与装在空心泵轴中的调节杆相连。当调节杆在泵轴上端的蜗轮的传动作用下上升或下降时，就会带动拉板套一起上、下移动，促使拉臂和叶柄一起转动，从而改变动叶片的安装角。若调节杆向上，则叶片安装角将变小，泵的流量减小；反之，则流量增大。全调节式叶轮一般分为停机调节和不停机调节两种。但是，它们都无需打开泵壳和拆卸叶片，调节非常方便。

轴流泵的叶轮一般由高级铸铁或铸钢制成，当抽送海水时，可用青铜或磷青铜制造。

2. 泵轴

泵轴是用来传递扭矩的部件。全调节式轴流泵的泵轴均用优质碳素钢做成空心轴，表面还镀铬处理。空心轴可以减轻泵轴重量，又能在里面安放动叶调节机构的调节杆。

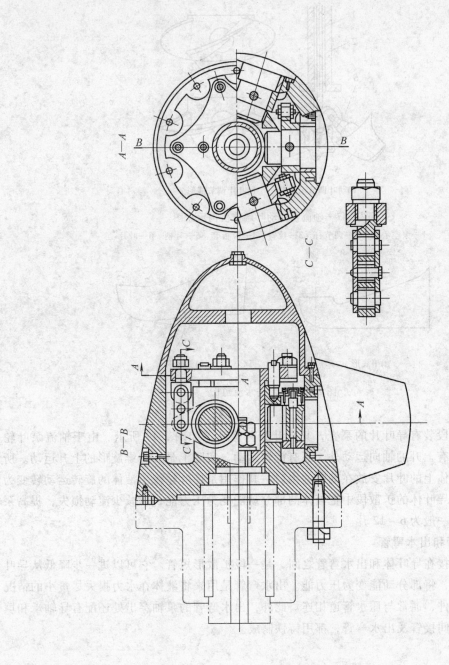

图 2-46　全调节式轴流泵叶轮

3. 吸入管

吸入管的作用是使液体在损失最小的情况下均匀地流入叶轮。在中、小型轴流泵中，一般采用喇叭形吸入管；在大型轴流泵中常用平底形和斜底形肘形进水流道，如图 2-48 所示。

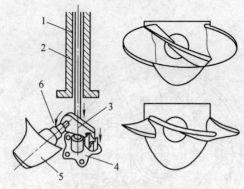

a)动叶调节示意图   b)叶片调节情形

图 2-47   轴流泵的动叶调节机构示意图

1—泵空心轴 2—调节杆 3—拉臂 4—拉板套 5—叶柄 6—叶片

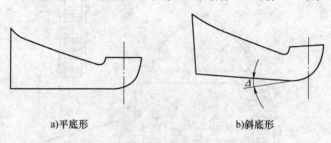

a)平底形   b)斜底形

图 2-48   肘形进水流道图

4. 导叶体

导叶体是一段装有导叶片的泵壳，其导叶又称静叶，如图 2-49 所示。由于轴流泵叶轮流出的液体，除有上升的轴向运动外，还有旋转运动，实际上是一种螺旋形的上升运动。所以，将装在导叶体上的叶片安放在动叶的出口，其作用是使叶轮流出液体的旋转运动转变为轴向运动，并在导叶体的扩散段中把液体的部分动能变为压力能，以减少流动损失，提高泵的效率。静叶数一般为 6～12 片。

5. 中间接管和出水弯管

中间接管连接在导叶体和出水弯管之间，是一段扩散形短管。它可以进一步降低从导叶流出液体的速度，将部分动能变为压力能。出水弯管是用来将液体在水力损失尽量小的情况下排到泵外的部件，通常与压水管道相连。此外，出水弯管的泵轴穿出处还配有导轴承和填料密封装置、中间接管及出水弯管，都用铸铁制成。

6. 轴承

轴流泵的轴承有两种，导轴承和推力轴承。导轴承用来承受转子的径向力，起径向定位作用，防止泵轴径向晃动。通常在出水弯管和导叶体内分别装有轴流泵的上、下导轴承。这种轴承均用硅硫化处理的硬橡胶制成。如图 2-50 所示，表面还开有纵向槽，便于运行时引入自身输送（或外部供水系统供给）的水进行润滑和冷却。

推力轴承（见图 2-51）用于承受转子的轴向力。在立式轴流泵中，轴向力由以下三种力合成：绕流流体作用在叶片上的升力沿轴向的分力、作用在轮毂上的液体压力差所产生的轴向力、立式泵转子的重力，轴流泵的轴向力的方向是向下指向叶轮进口的。

　　为了平衡这个轴向力，维持转子的轴向位置，立式轴流泵的推力轴承常用润滑油润滑的
滑动止推轴承。

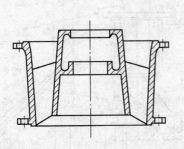

图 2-49 导叶体

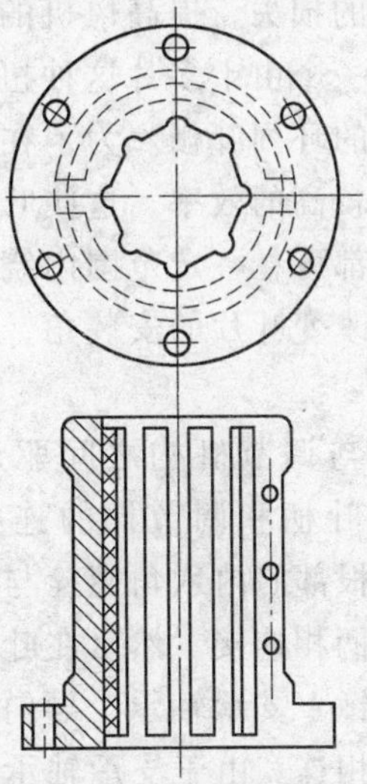

图 2-50 橡胶导轴承

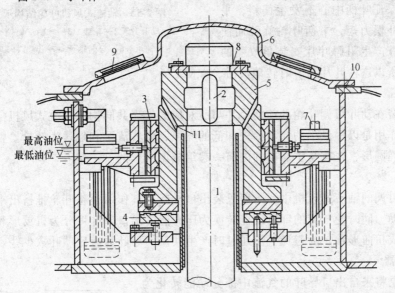

图 2-51 推力轴承

1—电动机轴 2—键 3—上导轴承 4—推力轴承 5—推力盘 6—罩壳
7—冷油器 8—分半锁片 9—观察窗 10—耐油橡胶圆条 11—回油孔

（二）轴流式风机的主要部件

1. 叶轮

　　叶轮是轴流式风机提高气体能量的唯一部件，由轮毂和叶片组成。轮毂一般用铸钢或合
金钢制成圆锥形、圆柱形或环形。其外缘安装十多个叶片，内部空心处可以安放动叶调节机
构的调节杆和液压缸等部件，如图 2-52 所示。叶片通常用铸铁、钢或硬铝合金制成。每个
叶片断面形状均为机翼状，故又称机翼形叶片。这种叶片沿转子径向都扭曲一定的角度，以

保证叶片各断面上产生的扬程基本相等，避免叶片高度上有径向流动，减少因流动混乱而造成的损失，提高风机的效率。整个叶轮就是一个由十多片这种扭曲的机翼形叶片组成的环列叶栅。为了在风机变工况运行时有较高的效率，这些叶片在调节机构驱动下都可在一定范围内绕自身轴线旋转，从而改变叶片的安装角，进行流量调节。

动叶片与调节机构之间驱动力的传递，是通过叶柄和调节杆的连接来实现的。动叶片根部用内六角螺栓与放入轮毂圆孔中的叶柄相连接。然后在叶柄上依次装上平衡重锤、支承轴承、导向轴承，最后与调节杆相连。由于支承轴承能承受叶轮旋转时动叶和叶柄等产生的离心力，导向轴承可以保证叶柄中心不发生偏斜，平衡重锤产生补偿力矩，平衡叶轮旋转而使叶片和调节杆产生阻碍叶片安装角改变的关闭力矩，所以这种叶片调节时转动灵活、方便。

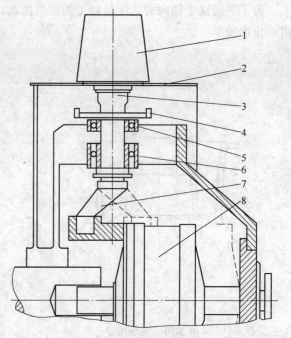

图 2-52　轴流式风机叶轮结构示意图
1—动叶片　2—轮毂　3—叶柄　4—平衡重锤
5—支承轴承　6—导向轴承　7—调节杆　8—液压缸

2. 整流罩

整流罩装在动叶可调叶轮的前面，并与所对应的外壳共同构成轴流式风机良好的进口气流通道。其作用是以尽量小的流动损失和低的噪声，将气流顺利地送入叶轮。整流罩一般为半圆形或半椭圆形，也有与扩压器的内筒一起组成流线形的。

3. 导叶

在动叶可调的轴流式风机中，一般只装出口导叶。其作用是将叶轮推挤出来的旋转气流引入轴向运动，同时使气流的部分动能转换为压力能。出口导叶可分为机翼形和圆弧板形两种，且均做成扭曲形状。为避免气流通过时产生共振，导叶数应比动叶数少些。

4. 扩压器

扩压器是将来自出口导叶的气流中部分动能转化为压力能的部件。它由外筒和芯筒组成。其形式一般按外筒的形状分为圆筒形和锥形两种。圆筒形扩压器的芯筒（整流体）是流线形或圆台形；锥形扩压器芯筒则为流线形或圆柱形，如图 2-53 所示。

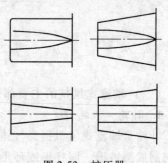

图 2-53　扩压器

5. 进气箱

进气箱的作用与离心式风机的相同。气流在进气箱内先径向流动，然后在环形流道内转为轴向，最后经整流罩疏导进入叶轮。进气箱入口为长方形，面积约为叶轮入口面积的两倍，因此气流在箱内能获得加速，使叶轮进口处气流速度和压力分布趋于均匀。

6. 动叶调节机构

轴流式风机的动叶调节机构一般分为机械式和液压式两种，目前常用液压调节机构，如图 2-54 所示。机构中，调节杆将液压缸与叶柄下部连在一起，以便两者同步旋转，且在调节时能把液压缸的左右移动转化为动叶的转动，达到改变动叶安装角的目的。另外，传动盖又将液压缸内的活塞及活塞轴与叶轮相连，使活塞与液压缸均与叶轮同步旋转，以保证工况稳定时，活塞与液压缸间无相对运动。由于活塞被活塞轴的凸肩及轴套固定在轴上，不能产生轴向移动，当缸内充油时，液压缸就会沿活塞轴向充油侧移动，同时带动定位轴移动，产生反馈作用。定位轴装在活塞轴中，但不随叶轮旋转。另外，在调节系统中还有控制头、伺服阀、控制轴等既不随叶轮旋转又不随液压缸左、右移动的调节控制部件。

传动盖的另一个作用是将随叶轮同步旋转的调节部件密封在轮毂之中，以免污物落入调节机构，出现动作不灵活，甚至卡住的情况。

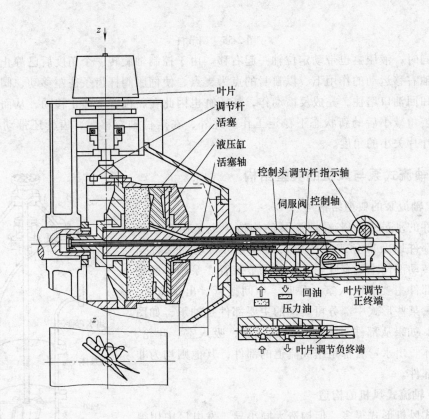

图 2-54　叶轮及叶片液压调节系统简图

当锅炉工况变化需减小风量时，电信号传至伺服电动机驱动控制轴旋转。控制轴的旋转使齿轮向右移动。此时，由于缸内充油情况未变，液压缸仅随叶轮旋转，所以定位轴及与之相连的齿套亦静止不动。于是控制轴的旋转就会使齿轮推动与之啮合的伺服阀杆齿条往右移动，使液压油口与通往活塞右侧空腔的油道相通后向其充油。而回油口与通往活塞左侧空腔的油道相通，使左腔工作油泄回油箱。在活塞两侧液压作用下，液压缸将不断向右移动，并且通过相连的调节杆使动叶转动，减小动叶片的安装角，使风量减少，如图 2-55 所示。

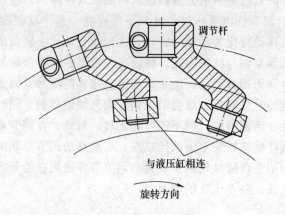

图 2-55　调节杆

　　与此同时，液压缸也带动定位轴一起右移。由于控制轴旋转一个角度后已静止，所以齿轮在定位轴右移运动的作用下，以自身的点为支点，使伺服阀杆齿条往左移动，阀芯重新将液压油口和回油口堵住，完成反馈动作，液压缸也因此在新位置下停止移动，从而保证动叶片能在安装角减小后的新状态下稳定工作。此外，在定位轴右移时，齿套还带动指示轴旋转，显示叶片关小的角度。

二、轴流式泵与风机的典型结构

（一）轴流泵的典型结构

　　从部件的动静关系来看轴流泵的构造，也是由转动部件、静止部件以及部分或某些形式的部分可转动的部件组成。其中转动部件主要有叶轮及动叶调节装置、泵轴、联轴器；静止部件主要有吸入室、导叶、中间接管、出水弯管、密封装置。某些形式中部分可转动的主要部件是轴承，如图 2-56 所示。如果从部件与流道的关系来看，吸入室、叶轮、导叶、泵体、出水弯管都是组成流道的部件，其他则均为非流道组成部件。

（二）轴流式风机的构造

　　轴流式风机形式很多，但构造大同小异，发电厂中用得较多的、构造比较复杂的是动叶可调轴流式风机。

　　动叶可调轴流式风机的构造由转子和静子两大部分组成。转子主要包括主轴、叶轮、动叶调节机构、联轴器；静子包括进风箱、整流罩、导叶、扩压器、动叶调节控制头和轴承等部件。其中进风箱、整流罩、叶轮、导叶、扩压器等部件的通道顺次相连就组成轴流式风机的流道，如图 2-57 所示。

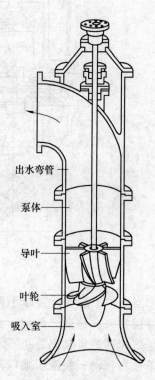

图 2-56　轴流泵结构图

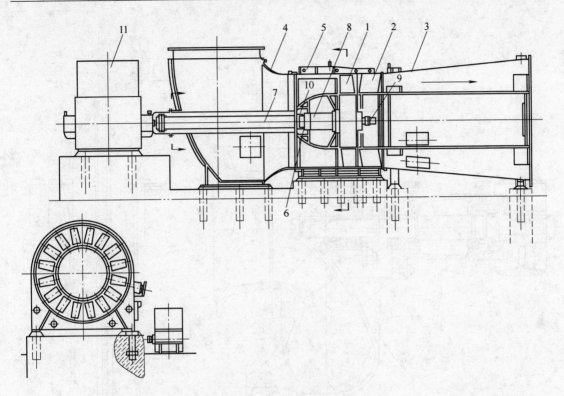

图 2-57 轴流式风机纵剖面简图

1—动叶片 2—导叶 3—扩压器 4—进气箱 5—外壳 6—主轴
7—中间轴 8—主轴承 9—动叶调节控制头 10—联轴器 11—电动机

第四节 混流泵的结构

混流泵是一种兼有离心泵与轴流泵工作原理的叶片式泵。因此，它的结构和性能也必然介于离心泵和轴流泵之间。在结构上，混流泵的叶轮出口宽度比离心泵叶轮大，但是比轴流泵叶轮小。叶轮出口方向既不是离心泵的径向，也不是轴流泵的轴向，而是处在两者之间的斜向，故有斜流泵之称。在性能上它与离心泵相比，有较大的输送流量，同轴流泵相比则又有较高的扬程。在混流泵的流量和扬程接近离心泵的性能时，其基本结构形式相近于离心泵；反之，其基本结构形式相近于轴流泵。

混流泵的形式通常可以按收集叶轮甩出液体的方式分为蜗壳式和导叶式，也可以按泵轴的位置分为立式和卧式。图 2-58 所示为蜗壳式混流泵。它和离心泵相比，有较大的压水室（蜗室）；斜向的叶轮出口，在结构上与单级单吸悬臂式离心泵很相近。若与导叶式混流泵相比，则具有结构简单、制造、安装、使用、维护均较方便等优点。

图 2-59 所示为导叶式混流泵。除了叶轮出口为斜向外，无论从泵的外观或内部其他结构看，都与轴流泵很相近，甚至它的动叶片也与轴流泵一样具有调节机构，可分为半调式和全调式两种。如果将它同蜗壳式混流泵相比，则具有径向尺寸较小、流量较大以及叶轮淹没在水中无需真空引入设备、占地面积小等优点。因此，在发电厂中，它常用做循环水泵。

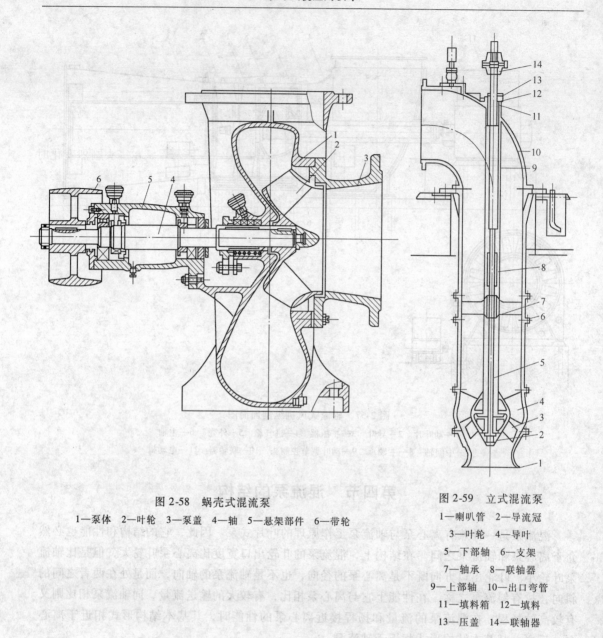

图 2-58　蜗壳式混流泵

1—泵体　2—叶轮　3—泵盖　4—轴　5—悬架部件　6—带轮

图 2-59　立式混流泵

1—喇叭管　2—导流冠

3—叶轮　4—导叶

5—下部轴　6—支架

7—轴承　8—联轴器

9—上部轴　10—出口弯管

11—填料箱　12—填料

13—压盖　14—联轴器

第五节　其他常用泵和压缩机的结构及其特点

一、其他常用泵

(一) 往复式泵

往复式泵又分为活塞泵、柱塞泵、隔膜泵三种，如图 2-60 所示。它们分别由活塞、柱塞、隔膜在泵缸内做周期性的往复运动，改变液体所占据的容积，实现对液体做功，同时周期性地吸入和压出液体。

下面以活塞泵为例，说明往复式泵的工作过程：当活塞 1 在泵缸内自最左位置向右移动时，工作室 4 的容积逐渐增大，工作室内的压力降低，吸水池中液体在压力差作用下顶开吸水阀 6，液体进入工作室填补活塞右移让出的空间，直至活塞移到最右位置为止，完成往复式泵的吸入过程。然后活塞开始向左移动，工作室中液体在活塞挤压下，获得能量，压力升高，并压紧吸水阀 6，顶开压水阀 7，液体由压出管路输出，这个过程为压出过程。当活塞不断地做上述往复运动时，往复泵的吸入、压出过程就连续不断地交替进行。由于往复式泵在每个工作周期（活塞往复一次）内排出的液体量是不变的，故又称为定排量泵。

　　由于往复式泵容量较小，在火力发电厂用得也较少。但由于往复式泵在压头剧烈变化时仍能维持几乎不变的流量的特点，故往复式泵仍有所应用，它还特别适用于小流量、高扬程的情况下输送粘性较大的液体，例如机械装置中的润滑设备和水压机等处。

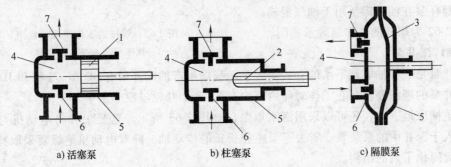

a) 活塞泵　　　　　　b) 柱塞泵　　　　　　c) 隔膜泵

图 2-60　往复式泵示意图

1—活塞　2—柱塞　3—隔膜　4—工作室　5—泵缸　6—吸水阀　7—压水阀

（二）真空泵

　　真空式气力输送系统中，要利用真空泵在管路中保持一定的真空度。有吸升式吸入管段的大型泵装置中，在起动时也常用真空泵抽气充水。常用的真空泵是水环式真空泵。

　　水环式真空泵实际上是一种压气机，它抽取容器中的气体将其加压到高于大气压，从而能够克服排气阻力将气体排入大气。

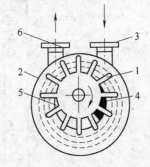

图 2-61　水环式真空泵结构示意图

1—叶轮　2—泵壳　3—进气管　4—进气空间　5—排气空间　6—排气管

　　水环式真空泵的结构示意图如图 2-61 所示。有 12 个叶片的叶轮 1 偏心地装在圆柱形泵壳 2 内。泵内注入一定量的水。叶轮旋转时，将水甩至泵壳形成一个水环，环的内表面与叶轮轮毂相切。由于泵壳与叶轮不同心，右半轮毂与水环间的进气空间 4 逐渐扩大，从而形成真空，使气体经进气管 3 进入泵内进气空间 4。随后气体进入左半部，由于毂环之间容积被逐渐压缩而增高了压强，于是气体经排气空间 5 及排气管 6 被排至泵外。

　　真空泵在工作时应不断补充水，用来保证形成水环和带走摩擦引起的热量。

（三）螺杆泵

　　螺杆泵是由几个相互啮合的螺杆间容积变化来输送液体的容积泵。根据互相啮合同时工作的螺杆数目的不同，通常可分为单螺杆泵、双螺杆泵、三螺杆泵等。按螺杆轴向安装位置还可分为卧式和立式两种。螺杆泵的主要特点是流量连续均匀、工作平稳、脉动小、流量随

压力变化很小。振动和噪声小，泵的转速
较高，目前有的高达 1800r/min。另外，泵
的 吸 入 性 能 较 好，允 许 输 送 粘 度 变 化 范 围
大 的 介 质。螺 杆 泵 流 量 大（0.5 ～
2000.0m³/h）、排 出 压 力 高、效 率 高。其
中，三螺杆泵常用于输送润滑油和密封油，
在油库和泵站中常作为辅助用泵来输送润
滑 油、燃 料 油、柴 油 和 中 等 粘 度 的 原 油。
由于螺杆泵无离心泵的汽蚀问题，故双吸
卧式三螺杆泵在油田广泛用于油气混输。

图 2-62 为螺杆的工作原理示意图。

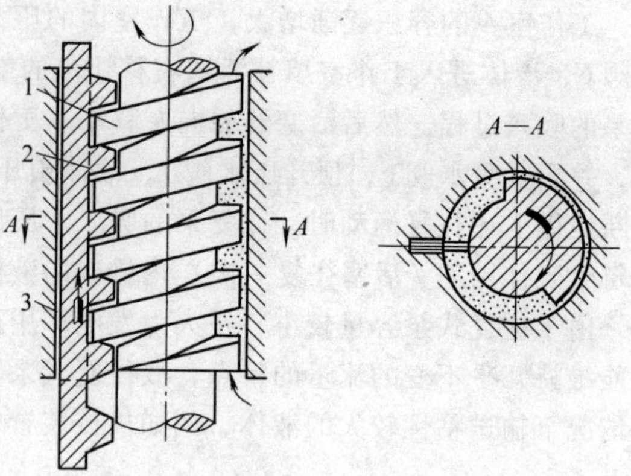

图 2-62　螺杆的工作原理示意图
1—螺杆　2—齿条　3—壳体

（四）深井泵

深井泵是一种抽取地下水的立式多级泵。我国生产的深井泵有 SD 型、J 型和 JD 型等多
种。深井泵的埋深要使泵在工作时间内至少有 2～3 个叶轮浸没于水中。

为了抽取地下水，还可以采用潜水电泵，如图 2-63 所示。这是一种将电动机与泵装在
一起沉入于深井中的泵装置，省去了泵座和长长的传动轴。除对电动机绝缘要采取特殊措施
外，大大简化了泵的结构。

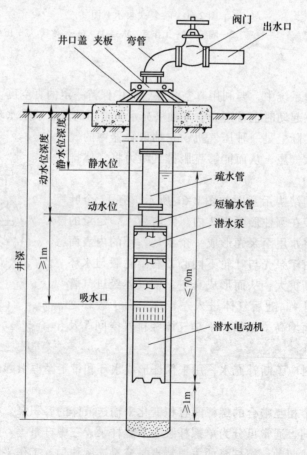

图 2-63　潜水电泵图

（五）漩涡泵

旋涡泵在性能上的特点是小流量、高扬程和低效率，但具有只需在第一次运转前充液的自吸式优点。目前，大都用于小型锅炉给水和输送无腐蚀性、无固体杂质的液体。

图 2-64a 是旋涡泵的叶轮。叶轮圆盘外周两侧加工成许多凹槽，凹槽之间铣成叶片 4。

从图 2-64b 中可以看出，泵壳的吸入口与排出口之间设有隔离壁 1，隔离壁与叶轮间的缝隙很小，这就使泵内分隔为吸水腔 2 与压水腔 3。吸水腔与压水腔外侧，绕叶轮周边有不大的混合室，如图 2-64c 所示。

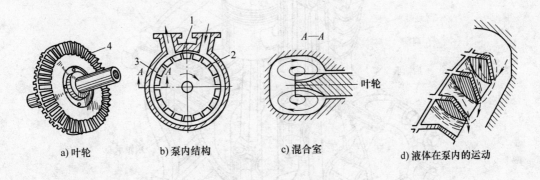

a) 叶轮　　　　b) 泵内结构　　　　c) 混合室　　　　d) 液体在泵内的运动

图 2-64　旋涡泵结构与工作原理

1—隔离壁　2—吸水腔　3—压水腔　4—叶片

叶轮旋转时带动来自吸入口的液体前进，同时液体在叶片间的流道内借离心力加压后到达混合室，在混合室内部分地转换为压力能，然后又被叶轮带动向前重新进入叶片流道内加压。所以流体可以看做受多级离心泵的作用被多次增压，直到压水腔的末端引向排出口。流体在泵内流动情况如图 2-64d 所示。

我国生产的 W 系列旋涡泵可以输送 $-20 \sim 80℃$ 的液体，流量范围为 $0.36 \sim 16.9 m^3/h$，扬程最高可达 132m。

二、其他常用压缩机

（一）活塞式压缩机

在活塞式压缩机中，气体是依靠在气缸内做往复运动的活塞进行加压的。图 2-65 是单级活塞式气体压缩机示意图。

活塞式压缩机作为重要的能量转换机器，是石油、天然气、化工、矿山及其他工业部门中必不可少的关键设备。活塞式压缩机与其他类型压缩机相比，具有以下特点：

1）适应压力范围广：当排气压力波动时排气量比较稳定，因此可工作在低压、中压、高压到超高压范围内。

2）压缩效率较高：一般的活塞式压缩机的气体压缩过程属封闭系统，其压缩效率较高。大型的活塞式压缩机的绝热效率可达 80% 以上。

3）适应性强：往复活塞式压缩机排气量范围较广，特别是当排气量较小时，做成离心式压缩机难度较大，而往复活塞式压缩机完全可以适应。

4）对制造压缩机的金属材料要求不苛刻。

但是，这种活塞压缩机也有其缺点：

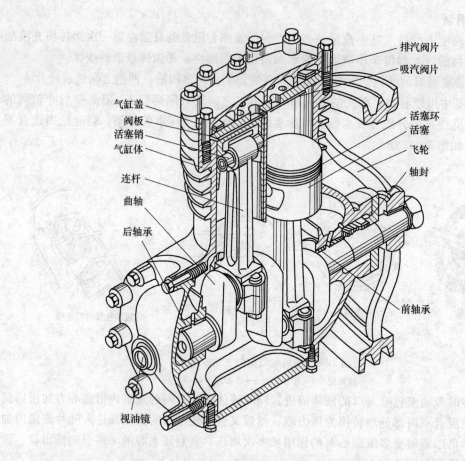

图 2-65　单级活塞式气体压缩机

1）排出气体带油污，特别对气体要求质量较高时，排出的气体需要净化。

2）排气不连续，气体压力有脉动，严重时往往因气流脉动共振，造成机件等的损坏。

3）转速不宜过高。

4）外形尺寸及基座较大。

5）结构复杂，易损件多，维修工作量较大。

活塞式压缩机的类型很多，根据各列气缸中心线之间的夹角和位置不同，可分为直列式、对置式、角式活塞压缩机三大类。

（二）回转式压缩机

1. 滑片式气体压缩机

滑片式气体压缩机是由气缸部件、壳体和冷却器等主要部分组成，如图 2-66 所示。

气缸部件主要由气缸、转子和滑片等组成。气缸呈圆筒形，上面开有进、排气孔口。转子偏心安置在气缸内，在转子上开有若干径向的滑槽，内置滑片。当通过联轴节和电动机轴直联的转子轴旋转时，滑片在离心力的作用下，紧压在气缸的内壁上。气缸、转子、滑片及前后气缸盖组成了若干封闭小室，依靠这些小室容积的周期性变化，完成压缩机几个基本工作过程：吸气、压缩、排气和可能发生的膨胀过程。

这种压缩机有单级压缩和二级压缩，通常压力不高，流量较小，可作为中、低压压缩机。机器的润滑是采用粘度较高的润滑油，就同一容量来说，比往复式压缩机耗油量多。

2. 罗茨回转压缩机

罗茨回转压缩机一般习惯称为罗茨鼓风机。它是利用一对相反旋转的转子来输送气体的设备，其工作情况如图 2-67 所示。

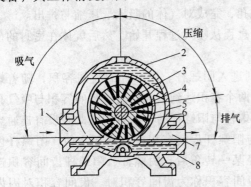

图 2-66　滑片式气体压缩机

1—吸气管　2—外壳　3—转子　4—轴　5—转子上
的滑片　6—气体压缩室　7—排气管　8—水套

图 2-67　罗茨回转压缩机

1—机壳　2—转子　3—压缩室

在椭圆形机壳内，有两个铸铁或铸钢的转子，装在两个互相平行的轴上，在轴端装有两个大小及式样完全相同的齿轮配合传动，由于传动齿轮做相反的旋转而带动两个转子也做相反方向的转动。两转子相互之间有一极小的间隙，使转子能自由地运转，而又不引起气体过多地泄漏。如图 2-67 所示，左边转子做逆时针旋转，则右边的转子做顺时针方向旋转，气体由上边吸入，从下部排出。利用下面压力较高的气体抵消一部分转子与轴的重量，使轴承受的压力减少，因此也减少磨损。

3. 螺杆式压缩机

螺杆式压缩机的结构如图 2-68 所示，在"8"字形的气缸中，平行地配置着一对相互啮合，并按一定的传动比相互反向旋转的螺旋形转子，称为螺杆。通常，将节圆外具有凸齿的螺杆，称为阳螺杆；在节圆内具有凹齿的螺杆，称为阴螺杆。一般阳螺杆与发动机连接，并由此输入动力，阴、阳螺杆共轭齿形相互填塞，在壳体与两端盖间形成齿间容积对，壳体上两端呈对角线布置有吸气和排气口。

螺杆式压缩机的特点是排气连续，没有脉动和喘振现象；排气量容易调节；可以压缩湿气体和有液滴的气体。在构造上由于没有金属

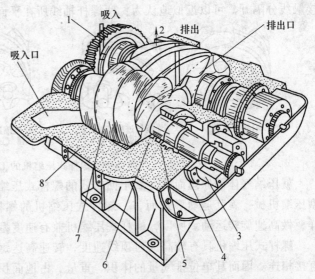

图 2-68　螺杆式压缩机

1—同步齿轮　2—阴转子　3—推力轴承　4—轴承
5—挡油环　6—轴封　7—阳转子　8—气缸

的接触摩擦和易损件，因此，转数高、寿命长、维修简单、运行可靠，一般不设备机。该压缩机构造较复杂，制造较困难，噪声较大（达 90dB 以上）。

阳螺杆由发动机带动旋转时，阴螺杆在同步齿轮传动下或相互啮合作反向同步旋转。阴、阳螺杆共轭齿形的相互填塞，使封闭在壳体与两端盖间的齿间容积大小发生周期性变化，并借助于壳体上呈对角线布置的吸气和排气孔，完成对气体的吸入、压缩与排出。

螺杆式压缩机属于容积式压缩机械，其运转过程从吸气过程开始，然后气体在密封的齿间容积中进行压缩，最后进入排气过程。

（1）吸气过程　开始时气体经吸气孔口分别进入阴螺杆、阳螺杆的齿间容积，随着螺杆的回转，这两个齿间容积各自不断扩大。当这两个容积达到最大值时，齿间容积与吸气孔口断开，吸气过程结束。需要指出的是，此时阴螺杆与阳螺杆的齿间容积彼此并没有连通。

（2）压缩过程　螺杆继续回转。在阴螺杆与阳螺杆齿间容积彼此连通之前，阳螺杆齿间容积中的气体受阴螺杆齿的进入先行压缩。经某一转角后，阴螺杆、阳螺杆齿间容积连通，通常将此连通的阴螺杆、阳螺杆呈 V 形的齿间容积称为齿间容积对。齿间容积对因齿的互相挤入，其容积值逐渐减小，实现气体的压缩过程，直到该齿间容积对与排气孔口相连通时为止。

（3）排气过程　在齿间容积对与排气孔口连通后，排气过程开始。由于螺杆回转时容积的不断缩小，将压缩后具有一定压力的气体送至排气管。此过程一直延续到该容积对达最小值时为止。

随着螺杆的继续回转，上述过程重复循环进行。

图 2-69 所示为螺杆式压缩机中所指定的一个齿间容积对的工作过程。阴螺杆和阳螺杆转向互相迎合一侧的气体受压缩。这一侧面称为高压区；相反，螺杆转向间彼此背离的一侧面，齿间容积在扩大并处在吸气阶段，称为低压区。这两个区域被阴螺杆与阳螺杆齿面间的接触线分隔开。可以近似地认为：两螺杆轴线所在平面是高压区与低压区的分界面。

a) 吸气过程　　b) 吸气过程结束，　　c) 压缩过程结束，　　d) 排气过程
　　　　　　　　压缩过程开始　　　　排气过程开始

图 2-69　螺杆式压缩机的工作过程

就压缩气体的原理而言，属于回转式的螺杆式压缩机与往复式压缩机一样，同属于容积型压缩机械：就其运动形式而言，螺杆式压缩机的螺杆又与属于速度型的叶片式压缩机一样，做高速旋转运动。所以，螺杆式压缩机兼有速度型及容积型两者的特点。

螺杆式压缩机具有较高的齿顶线速度，转速高达每分钟万转以上，故常可与高速动力机直接相连。因而其单位排气量的体积、重量、占地面积以及排气脉动远比往复式压缩机小。

螺杆式压缩机没有诸如气阀、活塞环等零件，因而运转可靠、寿命长、易于实现远距离控制。此外，由于没有往复运动零部件，不存在不平衡惯性力（矩），所以螺杆式压缩机基础小，甚至可以实现无基础运转。

无油螺杆式压缩机可保持气体洁净（不含油）。又由于阴螺杆和阳螺杆齿间实际上留有间隙，因而能耐液体冲击，可压送含液气体及含粉尘气体等。此外，喷油螺杆压缩机可获得高的单级压力比（最高达 20~30）以及低的排气温度。

螺杆式压缩机具有强制输气的特点，即排气量几乎不受排气压力的影响；其压力比与转速、密度几乎无关系，这一点与叶片式压缩机不同。

螺杆式压缩机在宽广的工况范围内，仍能保持较高的效率，没有叶片式压缩机在小排气量时出现的喘振现象。

但螺杆式压缩机仍有不足，如：

1）由于齿间容积周期性地与吸气和排气孔口连通，以及气体通过间隙的泄漏等原因，致使螺杆式压缩机产生很强的中、高频噪声，因此必须采取消声、减噪措施。

2）由于螺杆齿面为一空间曲面，且加工精度要求又高，故加工需特制的刀具及专用的设备。

3）由于机器是依靠间隙密封气体以及受螺杆刚度等方面的限制，螺杆式压缩机只适用于中、低压范围。

基于以上特点，螺杆式压缩机是压缩机械中较有发展前途的一种机型，日益得到广泛的应用。

（三）离心式压缩机

离心式压缩机属于速度式透平压缩机的一种。在早期，离心式压缩机主要用来压缩空气，并且只适用于低、中压力和气量大的场合。后来，随着各种生产工艺过程的需求和离心式压缩机制造工艺和设计技术的提高，离心式压缩机已应用到高压领域。尤其近年来，在离心式压缩机设计、制造方面，不断采用新技术、新结构和新工艺，如采用三元叶轮等，使得压缩机的效率提高；采用干气密封，较好地解决了高压下的轴端密封；采用磁悬浮轴承，则使得压缩机结构更加紧凑。目前，世界许多厂家已能生产出排气压力达（280~340）×10^5Pa，甚至更高的高压离心式压缩机，同时进气流量范围为 80~6000m³/min（标准状况下）。离心式压缩机广泛应用于天然气输送、处理和石油化工等行业。

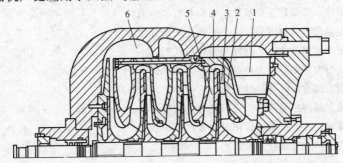

图 2-70　离心式压缩机剖面图

1—吸气室　2—叶轮　3—扩压器　4—弯道　5—回流器　6—排出室

图 2-70 为天然气长输管道压气站用离心式压缩机的剖面图。该压缩机的进口流量为 4500m³/h，叶轮直径为 903mm，进气压力为 7.5MPa，排气压力为 9.95MPa，工作转速为 3600~6000r/min，压缩机轴功率为 29800kW。由图上可看出，该压缩机由一个带有 4 个叶轮的转子及与其配合的固定元件所组成。其主要部件有：

（1）叶轮　是离心式压缩机中唯一对气体介质做功的部件。它随轴高速旋转，使气体在叶轮中受旋转离心力和扩压作用，因此气体流出叶轮时的压力和速度都得到明显提高。

（2）扩压器　是离心式压缩机中的转能部件。气体从叶轮流出时速度很高，为此在叶轮出口后设置流通截面逐渐扩大的扩压器，以将这部分速度能有效地转变为压力能。

（3）弯道　位于扩压器后的气流通道。其作用是将经过扩压器后的气体由离心方向改为向心方向，以便引入下一级叶轮继续压缩。

（4）回流器　它的作用是为了使气流以一定方向均匀地进入下一级叶轮入口。回流器中一般都装有导向叶片。

（5）吸气室　其作用是将气体从进气管（或中间冷却器出口）均匀地引入叶轮进行压缩。

（6）排出室（蜗壳）　其主要作用是把从扩压器或直接从叶轮出来的气体收集起来，并引出机外。在蜗壳收集气体的过程中，由于蜗壳外径及通流截面的逐渐扩大，因此它也起着一定的降速扩压作用。

在离心式压缩机中，习惯将叶轮与轴的组件统称为转子；而将扩压器、弯道、回流器、吸气室和蜗壳等称为定子。

除了上述构件外，为了减少气体向外泄漏，在机壳两端还装有轴封；为减少内部泄漏，在隔板内孔和叶轮轮盖进口外圆面上还分别装有密封装置；为了平衡轴向力，在机器的一端装有平衡盘等。

离心式压缩机的缺点是高速下的气体与叶轮表面摩擦阻力损失大，气体在流经扩压器、弯道和回流器时也有压头损失，因此效率比活塞式低，对压力的适应范围也较窄，有喘振可能。

此外，为了使压缩机持续安全、高效率地运转，还必须有一些辅助设备和系统，如润滑系统、自动控制及故障诊断系统。

思考题及习题

2-1　离心泵、轴流泵有哪些主要部件？它们各有何作用？

2-2　离心泵产生轴向力的原因是什么？有哪些平衡方法？

2-3　离心泵外密封原理是什么？有哪些密封形式？

2-4　离心泵在运行中产生径向力的原因及危害是什么？

2-5　离心式风机的流道由哪些部件组成？它们各有什么作用？

2-6　轴流式风机有哪些主要部件？它们各有何作用？

2-7　离心式风机蜗壳和扩压器的作用是什么？

2-8　轴流式风机动叶调节过程是什么？

第三章　泵与风机的性能分析

第一节　泵与风机的功率与效率

泵与风机在把机械能转换为流体能量时，由于结构、工艺及流体粘性的影响，流体流经泵与风机时不可避免地要产生各种能量损失，从而使其可利用的能量降低；这些损失则用相应的效率来表示，所以效率是衡量泵与风机能量转换中损失大小的一个重要的经济指标。

一、功率

泵与风机的功率一般有有效功率、内功率、轴功率与原动机功率。

（一）有效功率

流体从泵或风机中实际获得到的功率称为有效功率，其计算公式为

$$N_e = \frac{\rho g q_V H}{1000} \tag{3-1}$$

式中，N_e 为有效功率（kW）；ρ 为流体密度（kg/m³）；q_V 为泵输送液体的流量（m³/s）；H 为泵给予液体的扬程（m）。

风机全压 p 的单位是 Pa，所以其有效功率为

$$N_e = \frac{q_V p}{1000} \tag{3-2}$$

离心式通风机的静压有效功率 N_{est} 为

$$N_{est} = \frac{q_V p_{st}}{1000} \tag{3-3}$$

式中，p_{st} 为风机静压。

（二）风机内功率

风机的内功率是风机转子实际传递给气体的功率，即

$$N_i = N_e + \Delta N_i \tag{3-4}$$

式中，N_i 为风机的内功率（kW）；ΔN_i 为风机内部损失的功率（包括流动损失、轮盘摩擦损失、泄露损失消耗的功率）（kW）。

（三）轴功率

原动机传递到泵或风机轴端上的功率，也称泵与风机的输入功率。轴功率与有效功率的关系如下

$$N = N_e/\eta \tag{3-5}$$

式中，N 为泵或风机的轴功率（kW）；η 为泵或风机的总效率。

风机的轴功率等于内功率与轴承、轴端密封摩擦损失功率之和。

（四）原动机功率

泵或风机在运转时，其原动机的输入功率为

$$N_0 = \frac{N_e}{\eta \eta_d \eta_e} \tag{3-6}$$

式中，η_d 为传动效率；η_e 为原动机效率。

原动机的输出功率为

$$N_d = \frac{N_e}{\eta \eta_d} \tag{3-7}$$

而选择原动机的功率应为

$$N_M = K \frac{N_e}{\eta \eta_d \eta_e} \tag{3-8}$$

式中，N_M 为选择原动机的功率；K 为电动机的容量安全系数。

对于电动机的容量安全系数，可查工作手册。传动效率与传动方式有关，如风机由电动机直联传动，则 $\eta_d = 1.0$；联轴器直联传动，$\eta_d = 0.98$；三角带传动，$\eta_d = 0.95$。电动机的容量安全系数见表 3-1。

表 3-1　电动机的容量安全系数

电动机功率 /kW	K			
	离心式			轴流式
	一般用途	灰尘	高温	
< 0.5	1.5	—	—	—
0.5 ~ 1.0	1.4	—	—	—
1.0 ~ 2.0	1.3	—	—	—
2.0 ~ 5.0	1.2	—	—	—
> 5.0	1.15	1.2	1.3	1.05 ~ 1.11

二、效率

泵与风机的运行经济性往往用效率来评价。据统计，国内火力发电厂的厂用电约占总发电量的 8% ~ 10%。火力发电厂的锅炉给水泵、凝结水泵和循环水泵所耗电量，约占大容量机组全部厂用电的 50% 左右；锅炉送、引风机消耗的电量约占厂用电的 25% 左右。所以，降低泵与风机中的能量损失，提高效率，对节约能耗有着重要作用。

泵或风机中能量损失通常按产生的原因分为三类：机械损失、容积损失及水力损失。图 3-1 是外加于机轴上的轴功率、有效功率、效率及各类损失的关系图。

（一）机械损失和机械效率

泵和风机的机械损失包括轴与轴承的摩擦损失、轴与轴封的摩擦损失及叶轮转动时其外表与机壳内流体之间发生的所谓圆盘摩擦损失。

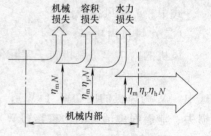

图 3-1　轴功率、有效功率、效率及各类损失关系图

轴与轴承、轴与轴封的摩擦损失与轴承的形式、轴端密封的形式和结构有关。但这项功率损失 ΔN 不大，约占泵或风机轴功率 N 的 1% ~ 3%，即

$$\Delta N_1 = (0.01 \sim 0.03) N \tag{3-9}$$

泵的机械损失中圆盘摩擦损失占主要部分。圆盘摩擦损失产生的原因是，当叶轮旋转

时，叶轮的两侧与泵壳（蜗壳）之间有泄露的流体，由于粘性作用，这些流体将在叶轮盖板外表面附近和壳体内表面附近形成附面层。盖板表面的附面层随半径增大而增厚，而壳体表面的附面层却随半径的增大而减薄。由于盖板表面的附面层中流体微团的圆周分速度大，因而离心力也大。在此离心力作用下，这些微团由中心抛向叶轮四周。由于流体流动的连续性，壳体内表面附面层内的流体微团必然沿着壳体内表面向中心反向流动，从而产生从轴心向壳体壁的回流运动，如图 3-2 所示。做回流运动的流体旋转角速度 ω' 约为叶轮旋转角速度 ω 的一半。做回流运动的流体要消耗叶轮给它的能量，因为流体在回流时要产生摩擦、改变流动方向，因而损耗能量，这部分能量不可逆，并以热能的形式散发。

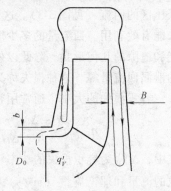

图 3-2 叶轮圆盘摩擦损失

叶轮圆盘摩擦损失与泵腔形状、表面粗糙度、雷诺数及叶轮的宽度、叶轮流道宽度等因素有关。

泵的圆盘摩擦损失的功率 ΔN_{df} 为

$$\Delta N_{df} = k\rho g u_2^3 D_2^2 \quad 或 \quad \Delta P_{df} = k'\rho g n^3 D_2^5 \tag{3-10}$$

离心式风机叶轮圆盘损失功率为

$$\Delta N_{df} = \beta \times 10^{-6} \rho u_2^3 D_2^2 \tag{3-11}$$

式中，k、k' 为圆盘摩擦系数；ρ 为流体密密（kg/m³）；D_2 为叶轮的直径（m）；n 为叶轮转速（r/min）；u_2 为叶轮出口圆周速度（m/s）；β 为系数，与雷诺数、相对侧壁间隙 B/D_2、表面粗糙度有关，一般取 $0.81 \sim 0.88$。

当泵或风机的扬程一定时，增加叶轮转速可以相应地减小轮径。式（3-10）意味着增加转速后，圆盘损失仍可能有所降低，这是目前泵的转速逐渐提高的原因。

机械损失的总的功率 ΔN_m 为

$$\Delta N_m = \Delta N_1 + \Delta N_{df} \tag{3-12}$$

据此，泵或风机的机械损失可以用机械效率 η_m 来表示，即

$$\eta_m = \frac{N - \Delta N_m}{N} \tag{3-13}$$

离心泵机械效率一般为 $0.90 \sim 0.97$，离心式风机的机械效率一般为 $0.92 \sim 0.98$。

机械损失功率中，主要是叶轮圆盘摩擦损失的功率。叶轮圆盘摩擦损失功率与 D_2 的五次方成正比，与转速 n 的三次方成正比。因此，单纯用增大 D_2 的方法来提高叶轮所产生的扬程，是不足取的。

在机械损失中，叶轮圆盘损失占据主要部分，尤其对低比转速的离心泵、风机，叶轮圆盘损失更需力求降低。降低叶轮圆盘摩擦损失的措施有：

1）降低叶轮与壳体内侧表面的粗糙度。叶轮外表面磨光后圆盘摩擦损失可下降 20%。而严重生锈的铸铁叶轮，圆盘损失增加 30%。

叶轮表面的静平衡槽对圆盘损失有影响，叶轮平衡槽处被液体冲刷、穿透的现象也有发生，所以应该用偏心车床去掉叶轮静不平衡的重量。

2）叶轮与壳体间的间隙 B 不要太大。间隙大，回流损失大；反之回流损失小。目前一般取 $B/D_2 = 2\% \sim 5\%$。

（二）容积损失和容积效率

叶轮工作时，机内存在压力较高和压力较低的两部分。同时，由于结构上有运动部件和固定部件之分，这两种部件之间必然存在着缝隙。这就使流体发生从高压区通过缝隙泄漏到低压区的回流（见图 3-3）。这部分回流到低压区的流体流经叶轮时，显然也获得能量，但未能有效利用。回流量的多少取决于叶轮增压大小，取决于固定部件与运动部件间的密封性能和缝隙的几何形状。除此以外，对于离心泵来说，还有流过为平衡轴向力而设置的平衡孔的泄漏回流量等。这种损失称为容积损失或泄露损失。

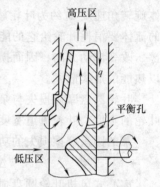

容积损失的大小，通常用容积效率 η_V 表示，即

$$\eta_V = \frac{N - \Delta N_m - \Delta N_V}{N - \Delta N_m} = \frac{q_V}{q_V + q} = \frac{q_V}{q_{VT}} \quad (3\text{-}14)$$

式中，ΔN_V 为容积损失的功率（kW）；q_V、q_{VT} 为泵或风机实际输送的流量和理论流量（m^3/s）；q 为泵或风机的泄漏量或回流量（m^3/s）。

显然，要提高容积效率 η_V，就必须减少泵或风机的泄漏量或回流量。

减少泵或风机的泄漏量或回流量可以采取以下两方面的措施：一是尽可能增加密封装置的阻力，例如将密封环的间隙做得较小，且可做成曲折形状；二是密封环的直径尽可能缩小，从而

图 3-3 机内流体泄漏回流示意图

降低其周长，使流通面积减少。实践还证明，大流量泵或风机的回流量或泄漏量相对较少，因而 η_V 值较高。离心式风机通常没有消除轴向力的平衡孔，且高压区与低压区之间的压差也较小，因而它们的 η_V 值也较高。

（三）水力损失和水力效率

流体流经泵或风机时，必然产生水力损失。这种损失同样也包括局部阻力损失和沿程阻力损失以及冲击带来的损失。水力损失的大小与过流部件的几何形状、壁面粗糙度以及流体的黏性密切相关。机内水力损失发生于以下几个部分：

（1）进口损失 ΔH_1 流体经泵或风机入口进入叶片进口之前，发生摩擦及 90°转弯所引起的水力损失。此项损失，因流速不高所以不致太大。

（2）冲击损失 ΔH_2 当机械实际运行流量与设计额定流量不同时，相对速度的方向就不再同叶片进口安装角的切线相一致，从而发生撞击损失，其大小与运行流量和设计流量差值的二次方成正比。

（3）叶轮中的水力损失 ΔH_3 它包括叶轮中的摩擦损失和流道中流体速度大小、方向变化及离开叶片出口等局部阻力损失。

（4）动压转换和机壳出口损失 ΔH_4 流体离开叶轮进入机壳后，产生动压转换为静压的转换损失，以及机壳的出口损失。

于是，机内水力损失的总和为

$$\sum \Delta H = \Delta H_1 + \Delta H_2 + \Delta H_3 + \Delta H_4$$

上述四部分水力损失都遵循流体力学中流动阻力的规律。

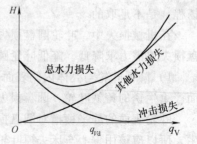

图 3-4 冲击损失、其他水力损失以及总水力损失与流量的关系图

冲击损失、其他水力损失以及总水力损失与流量的关系如图 3-4 所示。图中 q_{Vd} 表示设计流量。

水力损失常以水力效率 η_h 来估计。当用 $\sum \Delta H$ 表示各过流部件水力损失的总和时，则 η_h 可以用下式表示：

$$\eta_h = \frac{N - \Delta N_m - \Delta N_V - \Delta N_h}{N - \Delta N_m - \Delta N_V} = \frac{H_T - \sum \Delta H}{H_T} = \frac{H}{H_T} \tag{3-15}$$

或
$$\eta_h = \frac{N - \Delta N_m - \Delta N_V - \Delta N_h}{N - \Delta N_m - \Delta N_V} = \frac{N_T - \Delta N_h}{N_T} \tag{3-16}$$

式中，ΔN_h 为水力损失的功率（kW）；H_T 为理论扬程（m）；H 为泵或风机的实际扬程（m）。

离心泵的水力效率一般为 0.80 ~ 0.95，离心式风机的流动效率一般为 0.70 ~ 0.85。

水力损失比机械损失和容积损失大，为了提高泵与风机的流动效率，可采取以下措施：

（1）合理设计叶片形状和流道　流体在过流部件各部位的速度要确定合理，变化要平缓。叶片（导叶）间的流道，尤其是叶片进、出口和导叶喉部，尽量采用合理的流道。选择适当的叶片进口几何角，减少冲击损失。

（2）保证正确的制造尺寸，注意流道表面的粗糙度　有了优化的设计，还必须有正确地制造、良好的工艺来保证。目前泵的叶轮可以采用精密浇铸、部分熔模法铸造；风机的叶轮一般采用钢板焊接制造。流道表面的粗糙度应该保证最低，不应该有粘砂、毛刺等铸造缺陷。有些制造厂为保证流道的低粗糙度，用软轴砂轮伸入叶轮流道内打光。也有的制造厂将叶轮放在石英砂与水的容器内打转，叶轮正、反转，叶片工作面与非工作面均能磨光。

（3）提高检修质量　如果叶轮与导叶的流道中心不对准，则泵的效率将受到影响，一般降低 1% ~ 2%，而且还要影响轴向力的大小。

（4）注意离心式风机的几个主要尺寸与形状　离心式风机进气箱的形状要尽量使旋涡区减少。进风口的形状与尺寸要合理。蜗壳的宽度，蜗舌的形状与尺寸，进气箱进口与叶轮进口的面积比等都要仔细考虑，求得最佳配合。

（四）总效率

评定泵与风机经济性的优劣，应该是上述三个效率的综合反映——总效率 η。泵与风机的总效率应该为

$$\eta = \frac{N_e}{N} = \frac{N - \Delta N_m - \Delta N_V - \Delta N_h}{N - \Delta N_m - \Delta N_V} \times \frac{N - \Delta N_m - \Delta N_V}{N - \Delta N_m} \times \frac{N - \Delta N_m}{N} = \eta_h \eta_V \eta_m \tag{3-17}$$

离心式泵与风机的总效率随容量、形式、结构而异。离心式泵的总效率 η 为 0.62 ~ 0.92，大容量高温高压锅炉给水泵的总效率 η 为 0.80 ~ 0.85；离心式风机的总效率 η 为 0.70 ~ 0.90，高效离心式风机的总效率 η 可达 0.90 以上。

风机的总效率 η 又称为全压效率。风机经济性的好坏一般以全压效率衡量。但离心式风机在最佳工况点附近工作时，动压约占风机全压的 10% ~ 20%。若风机在大流量区域工作，则动压的比例还要大。风机出口的动压如果不进行利用，则表明损失更大。因此，在衡量风机性能时，既要分析它的全压效率，还要看它的可用能如何，所以往往还要分析它的静压效率。静压效率以 η_{st} 表示，计算公式为

$$\eta_{st} = \frac{q_V p_{st}}{N} \tag{3-18}$$

风机除了全压效率 η 与静压效率 η_{st} 之外，根据我国国家标准 GB/T 1236—2000《工业通风机 用标准化风道进行性能试验》，还有全压内效率和静压内效率。全压内效率为风机的有效功率与内功率之比，以符号 η_i 表示。

$$\eta_i = \frac{N_e}{N_i} \tag{3-19}$$

式中，N_i 为风机的内功率（kW）。

气体通过风机时，会产生一系列损失，除了机械损失中的轴与轴承摩擦损失之外，其他损失有：流动损失、轮盘损失和泄漏损失。后三者所损耗的功率与气体从叶轮中所获得的功率之和，称为内功率。所以内功率实际上是消耗于气体的功率，它仅仅是风机叶轮的耗功，不计入风机的机械传动损失。轴功率反映整台风机的耗功多少，内功率反映叶轮耗功的多少。如果风机的轴功率较大，则内功率不一定大，因为机械传动损失亦可能较大。

风机的全压效率与全压内效率的最大值，不一定同在一个工况点上，其高效率区亦不一定一致。因此，把全压效率作为风机的经济指标，把全压内效率作为风机相似设计和相似换算的依据。因为机械传动损失不能进行相似换算。

静压内效率以 η_{sti} 表示，计算公式为

$$\eta_{sti} = \frac{q_V p_{st}}{N_i} \tag{3-20}$$

第二节 泵与风机的性能曲线

泵与风机内部流动各无力参数之间有着有机的联系，反映在外部特性上也有着特性参数间的相互联系，这种联系需用性能曲线来表示。泵与风机的性能曲线是指在一定转数下流量 q_V 和扬程 H（全压 p）、轴功率 N 和效率 η 之间的关系。

由于泵和风机的扬程、流量以及所需的功率等性能是互相影响的，所以通常用以下三种形式来表示这些性能之间的关系：

1）泵或风机所提供的流量和扬程之间的关系。

2）泵或风机所提供的流量和所需外加轴功率之间的关系。

3）泵或风机所提供的流量与设备本身效率之间的关系。

上述三种关系常以曲线形式绘在以流量为横坐标的图上，这些曲线称为性能曲线。

性能曲线反映了泵与风机的工况，因为当流量改变时其他参数也随之改变，所以能比较直观地表示泵或风机的性能。一般来说，最高效率下的流量、扬程和轴功率就是最佳工况，但实际上往往还规定了一个最佳工作范围，以便使运行时效率不至于太低。性能曲线对用户选择泵与风机、经济合理地使用泵与风机起着十分重要的作用。

目前，虽然已经有了通过计算的方法来确定性能曲线的尝试，但由于泵与风机内部流动的复杂性，计算方法所确定的性能曲线与实际性能曲线还有一定的误差。所以通常用实验方法绘制性能曲线。

然而，对性能曲线的理论绘制方法还需分析。通过对性能曲线的定性分析，可以在设计、改进泵与风机时更直观地了解影响其性能的多种因素。

一、理论分析绘制的性能曲线

$q_{VT}—H_T$ 性能曲线绘制

从欧拉方程出发，我们可以研究无损失流动这一理想条件时的性能曲线。

由式（1-15）可知

$$H_{T\infty} = \frac{1}{g}v_{2u\infty}u_2$$

当泵与风机转速不变时，泵与风机的圆周速度 u_2 是一个定值，故 $H_{T\infty}$ 只随着 $v_{2u\infty}$ 的改变而变化。由叶轮出口速度三角形（见图3-5）得

$$v_{2u\infty} = u_2 - v_{2r\infty}\cot\beta_{2\infty}$$

其中，如叶轮出口宽度为 b_2，则

$$v_{2r\infty} = \frac{q_{VT}}{\phi\pi D_2 b_2}$$

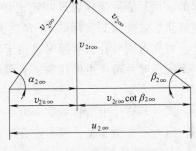

$$H_{T\infty} = \frac{1}{g}(u_2^2 - u_2 v_{2r\infty}\cot\beta_{2\infty})$$

$$H_{T\infty} = \frac{1}{g}\left(u_2^2 - u_2\frac{q_{VT}}{\phi\pi D_2 b_2}\cot\beta_{2\infty}\right) \quad (3-21)$$

图3-5　出口速度三角形

式中，ϕ 为叶轮的排挤系数，是刨去叶片断面所占过流断面的部分后，剩余面积占理想过流断面的比率。其他符号同前。

若泵或风机几何尺寸不变，转速不变，则式（3-21）可改写为

$$H_{T\infty} = A - Bq_{VT} \quad (3-22)$$

式中，$A = \dfrac{u_2^2}{g}$、$B = \dfrac{u_2}{g}\times\dfrac{\cot\beta_{2\infty}}{\phi\pi D_2 b_2}$ 均为常数，而 $\cot\beta_{2\infty}$ 代表叶型种类，也是常量。

式（3-22）说明在固定转速和一定几何条件下，不论叶型如何，泵或风机理论上的流量与扬程关系是线性的。图3-6绘出了三种不同类型的泵与风机的 $q_{VT}—H_{T\infty}$ 曲线，显然由于 $\cot\beta_{2\infty}$ 所代表的曲线斜率是不同的，因而三种叶型具有各自的曲线倾向。

若 $\beta_{2\infty} = 90°$，叶片为径向式，因 $\cot 90° = 0$，则

$$H_{T\infty} = \frac{u_2^2}{g}$$

上式表达了 $H_{T\infty}$ 与 q_{VT} 无关，此时，性能曲线是一条与横坐标轴平行的直线，如图3-6所示。

若 $\beta_{2\infty} < 90°$，叶片为后弯式，因 $\cot\beta_2 > 0$，则

$$H_{T\infty} = A - Bq_{VT}$$

上式表述了性能曲线为一条由左向右的倾斜直线。随着流量 q_{VT} 的增大，$H_{T\infty}$ 是逐渐下降的。它与坐标轴交于两点：

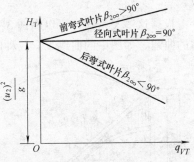

图3-6　三种叶型的 $q_{VT}—H_T$ 曲线图

1）$q_{VT} = 0$ 时，$H_{T\infty} = \dfrac{u_2^2}{g}$。

2）$H_{T\infty} = 0$ 时，$q_{VT} = \dfrac{u_2\pi D_2 b_2}{\cot\beta_{2\infty}}$。

若 $\beta_{2\infty} > 90°$，叶片为前弯式，因 $\cot 90° < 0$，则

$$H_{T\infty} = A + Bq_{VT}$$

上式说明了随着流量 q_{VT} 的增大，$H_{T\infty}$ 是增大的，性能曲线为自左向右逐渐上升的一根直线。

二、实际分析绘制的性能曲线

（一）q_V—H 性能曲线绘制

图 3-6 所示的 q_{VT}—$H_{T\infty}$ 性能曲线为理想情况。在实际运行中，实际叶轮的叶片数都是有限的，而且实际流体通过叶轮也伴随有各种损失，所以必须对 q_{VT}—$H_{T\infty}$ 性能曲线进行一系列修正，才能得到实际的 q—H 性能曲线。以下仅以 $\beta_2 < 90°$ 后弯式叶片进行分析。

首先考虑叶片数有限时，由于轴向涡流的影响，从而使有限叶片叶轮产生的理论压头低于无限多叶片时产生的压头。有限叶片的影响用滑移系数 k 来修正。

$$H_T = kH_{T\infty} \tag{3-23}$$

式（3-23）中滑移系数 k 恒小于1。实验证明，滑移系数随流量减小而有微弱上升的倾向。但为了方便起见，现假定在不同流量工况下的滑移系数为一常数。因此，有限叶片数的 q_{VT}—H_T 性能曲线是一根自左向右倾斜的直线，它位于 q_{VT}—$H_{T\infty}$ 性能曲线的下方，如图 3-7 所示。其中，Ⅰ 为 q_{VT}—$H_{T\infty}$ 性能曲线，Ⅱ 为 q_{VT}—H_T 性能曲线，Ⅳ 为 q_V—H 性能曲线，Ⅴ 为 q_V—N 性能曲线，Ⅵ 为 q_V—η 性能曲线。

考虑流体粘性的影响，还要在 q_{VT}—H_T 曲线上减去摩擦损失和冲击损失（见图 3-4）。在对应各自流量下减去摩擦损失和冲击损失后即得 q_{VT}—H_T 性能曲线（见图 3-7）。除此之外，还需考虑容积损失对性能曲线的影响，因此还需在 q_{VT}—H_T 性能曲线上各点减去相应的泄漏量，即得到流量和实际扬程的性能曲线 q_V—H 性能曲线，如图 3-7 中Ⅳ线。

（二）q_V—N 性能曲线绘制

流量—功率曲线表明泵或风机的流量与轴功率之间的关系。因为轴功率 N 是理论功率 N_T 与机械损失功率 ΔN_m 之和，即

$$N = N_T + \Delta N_m = \rho g q_{VT} H_T + \Delta N_m \tag{3-24}$$

根据这一关系式，可以在图 3-7 上绘制一条 q_V—N 性能曲线（$\beta_2 < 90°$），它为一条向下凹的曲线，如图中的曲线 Ⅴ。三种叶型的 q_V—N 性能曲线如图 3-8 所示。

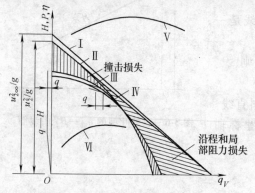

图 3-7 离心式泵与风机的性能曲线

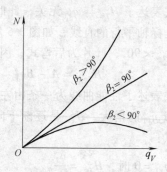

图 3-8 三种叶型的性能曲线

（三）$q_V - \eta$ 性能曲线绘制

泵与风机的效率等于有效功率和轴功率之比，即

$$\eta = \frac{N_e}{N} = \frac{\rho g q_V H}{1000N} \tag{3-25}$$

有了 $q_V - H$ 和 $q_V - N$ 曲线，可计算出在不同流量下的效率值，从而得出 $q_V - \eta$ 曲线，如图 3-7 中的曲线 Ⅵ。

由式（3-25）可见，泵与风机的效率有两次为零的点，即当 $q_V = 0$ 和 $H = 0$ 时，$\eta = 0$。因此 $q_V - \eta$ 性能曲线是一条通过坐标原点与横坐标轴相交于 $q_V = q_{V max}$ 点的曲线。曲线上最高效率点（$\eta = \eta_{max}$）为泵与风机的设计工况点。在小于设计工况时，随着流量的增加，效率逐渐增加，当流量大于设计工况时，随着流量的增加，效率逐渐降低，直至为零。实际上当流体通过泵或风机时，必须有流动压头，因此扬程不可能下降到零，所以 $q_V - \eta$ 性能曲线也不可能和横坐标轴相交。

根据以上分析，可以定性地说明不同叶型的曲线倾向。这对以后研究泵或风机的实际性能曲线是很有意义的。因为从图 3-8 中的流量—功率曲线可以看出，前弯式叶片的风机所需的轴功率随流量的增加而增长得很快。因此，这种风机在运行中增加流量时，原动机超载的可能性要比径向式叶片的风机大得多，而后弯式叶片的风机几乎不会发生原动机超载的现象。

三、离心式泵与风机性能曲线分析

1）$q_V = 0$ 为阀门关闭时的工况，称为空转状态。在空转状态时，泵与风机内存在大范围的旋涡，轴上输入的机械能全部转变为内能，使流体温度升高。$q_V = 0$ 时，泵与风机出口压力不稳定，轴向力亦呈现不稳定状态。锅炉给水泵及凝结水泵由于输送饱和液体，所以绝不允许泵在空转状态下运转。即便如此，仍然不能满足要求，还要规定它们的运行不能小于某一最小流量。空转状态下，泵与风机的效率自然为零。

2）$q_V - \eta$ 曲线上有一最高效率点。泵与风机在此工况下运转时，经济性最佳。选择泵与风机时，应考虑它们将来经常运行在最高效率点及其附近的区域。要使得泵与风机的运行经济性高，制造厂应该提供高效率的产品。目前，从国外引进技术生产的泵与风机的效率均较高，用户在选用这些高效产品时，要特别注意使它们经常的工况点落在高效区内。否则，即便有高效率的泵与风机设备，因为选型不当，亦会大幅度地降低泵与风机的使用效率，仍然很不经济。这种情况，在目前国民经济许多部门中屡见不鲜。

一般规定工况点的效率应不小于最高效率的 0.92 ~ 0.95，据此所得出的工作范围，称为经济工作区，或最高效率区。

3）泵与风机的性能曲线形状通常按照 $q_V - H$ 曲线的大致倾向可将其分为下列三种：平坦形、陡降形和驼峰形，如图 3-9 所示。曲线 1 为平坦形，即流量变化较大时，扬程、全压变化较小。锅炉给水泵最宜选用这种形状的性能曲线。因为锅炉给水泵要求在流量变化较大时，扬程变化较小。另外，当要求流量在较大范围内变化，而在小流量时能节能，也可选择平坦型的 $q_V - H$ 性能曲线。

曲线 2 为陡降形，这种性能曲线的特点是，流量变化不

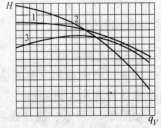

图 3-9　三种不同的 $q_V - H$ 曲线
1—平坦形　2—陡降形　3—驼峰形

大，而扬程（全压）变化较大。水位波动较大的循环水泵可选用这种性能曲线。

曲线3是驼峰形，这种性能曲线在上升段工作是不稳定的。希望 $q_V—H$ 性能曲线不出现上升段，或者虽出现上升段但区域很窄。后弯式叶片的叶轮可避免出现上升段的情况，但前弯式叶片的叶轮出现驼峰形的 $q_V—H$ 性能曲线是不可避免的。

如前所述，泵和风机的性能曲线实际上都是由制造厂根据实验得出的。这些性能曲线是选用泵或风机和分析其运行工况的重要根据。尽管在实用中还有其他类型的性能曲线，如选择性能曲线和通用性能曲线等，但都是以本节所述的性能曲线为基础演化出来的。

图 3-10 作为示例，实验绘出了 $1\frac{1}{2}$

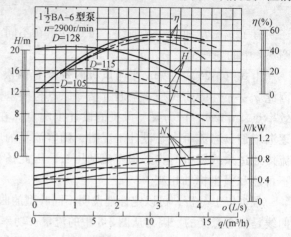

图 3-10　$1\frac{1}{2}$BA—6 型离心式水泵的性能曲线

BA—6 型离心式水泵的性能曲线。此图是在 $n = 2900 \mathrm{r/min}$ 的条件下得出的。该泵的标准叶轮直径为 128mm。制造厂还可以提供两种经过切削的较小直径的叶轮，直径分别为 115mm 及 105mm。经过切削的叶轮的泵的性能曲线也绘于同一图上。

第三节　相似理论在泵与风机中的应用

相似理论广泛地应用于许多科学领域，在泵与风机的设计、运行和整理数据等工作中也以相似理论作为基础。

由于试验流体（或称原型流动）赖以实现的实际工程或实物（或称原型）尺寸太大，直接进行试验耗资过多，有时甚至是不可能的。因此，必须进行模型试验以比较各种设计方案的性能，以减少制造和试验的费用，对设计中的缺陷，也能在模型试验时加以改进。将其试验结果推广到原型，进而预测原型流动中会发生的现象。

模型试验结果应用于原型流动中，关键是要保证模型和原型间的流动互为相似，只有这样的模型才是有效的模型，其实验结果才有应用价值。为了实现相似的流动，得到有效的模型实验，必须要求模型流动与原型流动之间具有力学相似条件，其内容包含几何相似、运动相似与动力相似三个方面。

一、相似条件

（一）几何相似

如果模型流动和原型流动的对应线性尺寸间存在固定的比例关系，对应角度相等，则这两个流动被称为几何相似。

如图 3-11 所示，流体在两个渐扩管内流动，若模型管流和原型管流几何相似，则相应线段的夹角 θ 必相等，相应线段比值也相等，即

$$\theta = \theta_{\mathrm{m}} \qquad \frac{d}{d_{\mathrm{m}}} = \frac{L}{L_{\mathrm{m}}} = \lambda_L$$

$$\frac{A}{A_m} = \lambda_A = \lambda_L^2 \qquad \frac{V}{V_m} = \lambda_V = \lambda_l^3$$

式中，下标 m 代表模型；L 代表线性尺寸；λ_L 表示线性尺寸的比例常数。几何相似是力学相似的最基本的条件。

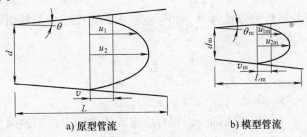

a) 原型管流　　　　　　　　　　　　b) 模型管流

图 3-11　模型管流与实型管流

（二）运动相似

运动相似则指模型流动和原型流动的速度场相似，即相应的流线几何相似，相应点的流速成比例，且方向相同，即

$$\frac{u_1}{u_{1m}} = \frac{u_2}{u_{2m}} = \frac{v}{v_m} = \lambda_v$$

式中，λ_v 为速度的比例常数。

（三）动力相似

若模型流动和原型流动相应点上质点所受同名力（如重力、粘滞力、压力、惯性力等同一物理性质的力）相同，且它们的方向互相平行，大小成比例，则称这两个流动为动力相似，即

$$\frac{G}{G_m} = \frac{T}{T_m} = \frac{P}{P_m} = \frac{I}{I_m} = \frac{E}{E_m} = \lambda_F$$

式中，G、T、P、I、E 分别表示重力、粘滞力、压力、惯性力、弹性力；λ_F 为力的比例常数。

几何相似是力学相似的前提条件，而动力相似是力学相似的保证，运动相似是力学相似的结果。

二、泵与风机的相似定律

（一）泵与风机的相似条件

泵或风机的设计、制造通常是按"系列"进行的。同一系列中，大小不等的泵或风机都是相似的，也就是说它们之间的流体力学性质遵循力学相似原理。按系列进行生产的原因之一是因为流体在机内的运动情况十分复杂，以致目前不得不广泛利用已有的泵和风机的数据作为设计依据。有时，由于实型泵或风机过大，就运用相似原理先在较小的模型机上进行试验，然后再将试验结果推广到实型机。这里所指的模型机，通常是该系列中的某一台机器。

1. 几何相似

模型和实型的泵与风机的过流部分，相对应的线性尺寸有同一比值，对应的角度相等，则彼此之间相似。

$$\frac{D_1}{D_{1m}} = \frac{D_2}{D_{2m}} = \frac{b_1}{b_{1m}} = \frac{b_2}{b_{2m}} = \cdots = \lambda_L \tag{3-26}$$

$$\beta_1 = \beta_{1m}, \ \beta_2 = \beta_{2m} \tag{3-27}$$

式中，λ_L 为相应线性尺寸的比值。在所有的线性尺寸中，通常选取叶轮外径 D_2 作为定性线性尺寸。其余符号同前。

2. 运动相似

模型和实型的泵与风机的过流部分，相对应点上的速度三角形相似，则彼此之间运动相似。

$$\frac{u_1}{u_{1m}} = \frac{u_2}{u_{2m}} = \frac{v_1}{v_{1m}} = \frac{v_2}{v_{2m}} = \lambda_v \tag{3-28}$$

3. 动力相似

模型和实型的泵与风机的过流部分，相对应点流体微团上作用的同名力比值相等，方向相同。作用在流体上的力一般有压力、重力、惯性力和粘滞力，这四个力的比值均相等，在实际中是不可能的。在泵与风机中，流体流动时起主要作用的是惯性力和粘性力，只要这两个力有同一比值，就可以满足动力相似条件。而满足这两个力的相似准则数是雷诺数 Re，所以只要模型和实型的泵或风机中流体的雷诺数 Re 相等，就是动力相似了。但就是保证它们的雷诺数相等，在实际运行中也是相当困难的。可是，在泵与风机中流体的雷诺数 Re 都很大（$Re > 10^5$），常处在阻力的二次方区内，这样即使它们的雷诺数 Re 不相等，但阻力系数仍不变，它们已落在自模区内，所以能自动满足动力相似的要求。

实际运行的泵或风机都以一定的流量、扬程或全压、轴功率、效率工作的，当外界条件发生变化时，其工作参数也将变化。我们把泵或风机的每一个确定的工作状态，叫做泵或风机的工况点。在这里，引入"相似工况"的概念：在同一系列或相似的泵与风机中，当原型性能曲线上某一工况点 A 与模型性能曲线上工况点 A' 所对应的流体运动相似，也就是相应的速度三角形相似时，则 A 与 A' 这两个工况为相似工况，如图 3-12 所示。

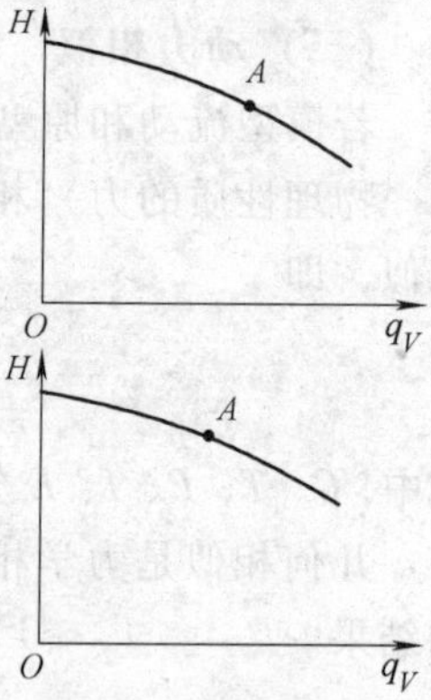

（二）相似定律

泵或风机同时满足几何相似、运动相似和动力相似时，它们之间存在着相似关系，必定满足相似定律。

1. 流量相似定律

图 3-12　相似工况

相似工况点之间的流量关系，可根据计算流量公式 $q_V = \phi \pi D_2 b_2 v_{2r} \eta_V$ 得出，即

$$\frac{q_V}{q_{Vm}} = \frac{\eta_V \phi_2 \pi D_2 b_2 v_{2r} \eta_V}{(\eta_V \phi_2 \pi D_2 b_2 v_{2r} \eta_V)_m} = \frac{n}{n_m} \left(\frac{D_2}{D_{2m}}\right)^3 \frac{\eta_V}{\eta_{Vm}} = \lambda_L^3 \frac{n}{n_m} \frac{\eta_V}{\eta_{Vm}}$$

由于它们几何相似，所以 $\varphi_2 = \varphi_{2m}$，则

$$\frac{q_V}{q_{Vm}} = \frac{n}{n_m} \left(\frac{D_2}{D_{2m}}\right)^3 \frac{\eta_V}{\eta_{Vm}} = \lambda_L^3 \frac{n}{n_m} \frac{\eta_V}{\eta_{Vm}} \tag{3-29}$$

式中，考虑了两机通过同一流体介质，且尺寸相差不太悬殊时，其容积效率及排挤系数相等。

2. 扬程（全压）相似定律

相似工况点之间的扬程关系，可根据计算扬程之公式 $H = \dfrac{u_2 v_{2u} - u_1 v_{1u}}{g} \eta_h$ 得出，即

$$\frac{H}{H_m} = \frac{u_2 v_2 - u_1 v_1}{u_{2m} v_{2m} - u_{1m} v_{1m}} \cdot \frac{\eta_h}{\eta_{hm}}$$

$$u_2 v_2 = \left(\frac{Dn}{D_m n_m}\right)^2 = \frac{\eta_h}{\eta_{hm}} u_{2m} v_{2um} \qquad u_1 v_1 = \left(\frac{Dn}{D_m n_m}\right)^2 = \frac{\eta_h}{\eta_{hm}} u_{1m} v_{1um}$$

因此

$$\frac{H}{H_m} = \left(\frac{D}{D_m} \frac{n}{n_m}\right)^2 \cdot \frac{\eta_h}{\eta_{hm}} \tag{3-30}$$

如将式（3-30）的扬程（液柱或气柱高度）改换成全压 p，则得全压关系为

$$\frac{p}{p_m} = \frac{\rho}{\rho_m} \left(\frac{D}{D_m} \frac{n}{n_m}\right)^2 \cdot \frac{\eta_h}{\eta_{hm}} \tag{3-31}$$

3. 功率相似定律

泵的轴功率 $N = \dfrac{\rho g q_V H}{1000 \eta}$，且 $\eta = \eta_m \eta_h \eta_V$，工况相似情况下的功率之比为

$$\frac{N}{N_m} = \frac{\rho g q_V H}{\rho_m g q_{Vm} H_m} \cdot \frac{\eta}{\eta_m} = \frac{\rho}{\rho_m} \left(\frac{n}{n_m}\right)^3 \left(\frac{D}{D_m}\right)^5 \frac{\eta_m}{\eta_{mm}} \tag{3-32}$$

风机功率相似定律与式（3-31）相同。

通常情况下，实型泵或风机的 η_m、η_h、η_V 要大于模型泵或风机相应的三个效率。在实际应用时，如果 D/D_m 和 n/n_m 不太大时，可近似地认为实型和模型的效率相等。那么，相似三定律就变为

$$\frac{q_V}{q_{Vm}} = \frac{n}{n_m} \left(\frac{D_2}{D_{2m}}\right)^3 \tag{3-33}$$

$$\frac{H}{H_m} = \left(\frac{D}{D_m} \frac{n}{n_m}\right)^2 \qquad \frac{p}{p_m} = \frac{\rho}{\rho_m} \left(\frac{D}{D_m} \frac{n}{n_m}\right)^2 \tag{3-34}$$

$$\frac{N}{N_m} = \frac{\rho g q_V H}{\rho_m g q_{Vm} H_m} = \frac{\rho}{\rho_m} \left(\frac{n}{n_m}\right)^3 \left(\frac{D}{D_m}\right)^5 \tag{3-35}$$

以上诸式中的 D 仍为叶轮外径。泵和风机的相似定律表明了同一系列相似机器的相似工况之间的相似关系。相似定律是根据相似原理导出的，除用于设计泵或风机以外，对于从事本专业的工作人员来说，更重要的还在于用来作为运行、调节和选用型号等的理论根据和实用工具。

三、泵与风机的相似定律的实际应用

（一）当被输送流体的密度改变时性能参数的换算

厂家产品样本所提出的性能数据是在标准条件下经试验得出的。例如：对一般风机而言，我国规定的标准条件是大气压强为 101.325kPa（760mmHg），空气温度为 20℃，相对湿度为 50%。所以当被输送的流体温度及压强与上述样本条件不同时，即流体密度改变时，则风机的性能也发生相应的改变。

可以利用相似定律来计算这类问题。由于机器是同一台，大小尺寸未变，且转速也未变，如以角标"0"代表样本条件，可将相似定律公式简化为温度修正式：

$$\frac{p}{p_0} = \frac{\rho}{\rho_0} = \frac{p_{amb}}{101.325} \cdot \frac{273 + t_0}{273 + t} \tag{3-36}$$

$$\frac{N}{N_0} = \frac{\rho}{\rho_0} = \frac{p_{amb}}{101.325} \cdot \frac{273 + t_0}{273 + t} \tag{3-37}$$

式中，p_{amb} 为当地大气压强（kPa）；t 为被输送气体的温度（℃）；$t_0 = 20℃$。

需要提醒的是，输送高温烟气的引风机如在冷态运转可引起原动机过载。

例 1 现有 KZG—13 型锅炉引风机一台，铭牌上的参数为 $n_0 = 960$r/min，$p_0 = 140$mmH$_2$O，$q_{v0} = 12000$m^3/h，$\eta = 65\%$。配用电动机功率为 15kW，三角带传动，传动效率 $\eta_d = 98\%$，今用此引风机输送温度为 20℃的清洁空气，n 不变，求在这种实际情况下风机的性能参数，并校核配用电动机的功率能否满足要求。

解：因为该风机铭牌上的参数是在大气压为 101.325kPa、介质温度为 200℃条件下给出的（该状态下空气的 $\rho_g = 7.31$N/m^3）。当改送 20℃空气时其相应的 $\rho_g = 11.77$N/m^3，由相似定律可知，该风机的实际性能参数为

$$q_V = q_{V0} = 12000\text{m}^3/\text{h}$$

$$p = \frac{\rho}{\rho_0} p_0 = \frac{11.77}{7.31} \times 140\text{mmH}_2\text{O} = 225.4\text{mmH}_2\text{O}$$

$$N = \frac{\rho}{\rho_0} N_0 = \frac{11.77}{7.31} \times 15\text{kW} = 24\text{kW} > 15\text{kW}$$

可见，配用电动机的功率不能满足要求。

（二）当转速改变时性能参数的换算

泵或风机的性能参数都是针对某一定转速 n_1 来说的。当实际运行转速 n_2 与 n_1 不同时，可用相似定律求出新的性能参数。此时，相似定律被简化为

$$\frac{q_{V1}}{q_{V2}} = \frac{n_1}{n_2} \tag{3-38}$$

$$\frac{H_1}{H_2} = \left(\frac{n_1}{n_2}\right)^2 \quad \text{或} \quad \frac{p_1}{p_2} = \left(\frac{n_1}{n_2}\right)^2 \tag{3-39}$$

$$\frac{N_1}{N_2} = \left(\frac{n_1}{n_2}\right)^3 \tag{3-40}$$

式（3-38）、式（3-39）及式（3-40）称为比例定律。由式（3-38）与式（3-39）可得：

$$\frac{H_1}{H_2} = \left(\frac{q_{V1}}{q_{V2}}\right)^2 \Rightarrow \frac{H_1}{q_{V1}^2} = \frac{H_2}{q_{V2}^2} = k$$

或

$$\frac{p_1}{p_2} = \left(\frac{q_{V1}}{q_{V2}}\right)^2 \Rightarrow \frac{p_1}{q_{V1}^2} = \frac{p_2}{q_{V2}^2} = k'$$

有曲线方程：

$$H = kq_V^2; \quad p = k'q_V^2 \tag{3-41}$$

在此曲线上，各工况点相似，故称曲线为相似抛物线或等效率线。泵与风机的通用性能曲线就是根据相似抛物线原理绘制的。

例 2 型号为 IS65—50—160 离心式清水泵铭牌上的参数为 $n_0 = 2900$r/min，$H_0 = 32$m，$q_{v0} = 25$m^3/h，$N_0 = 4$kW，$\eta_0 = 66\%$。如果该泵在 $n = 1450$r/min 情况下运行，试问相应的流量 q_V、扬程 H、轴功率 N 各为多少？

解：根据上述公式可得

$$q_V = \frac{n}{n_0}q_{V0} = \frac{1450}{2900} \times 25\,\mathrm{m^3/h} = 12.5\,\mathrm{m^3/h}$$

$$H = \left(\frac{n}{n_0}\right)^2 H_0 = \left(\frac{1450}{2900}\right)^2 \times 32\,\mathrm{m} = 8\,\mathrm{m}$$

$$N = \left(\frac{n}{n_0}\right)^3 N_0 = \left(\frac{1450}{2900}\right)^3 \times 4\,\mathrm{kW} = 0.5\,\mathrm{kW}$$

（三）　当叶轮直径和转速都改变时性能曲线的换算

当已知泵或风机在某一叶轮直径 D_{2m} 和转速 n_m 下的性能曲线Ⅰ时，即可按相似律换算出同一系列相似机，在另一叶轮直径 D_2 及转速 n_2 下的性能曲线Ⅱ。下面以 q_V—H 曲线为例，说明其具体换算方法，如图3-13所示。

遵守相似定律只适用于相似工况点的原则。首先，在曲线Ⅰ上任取某一工况点 $A_Ⅰ$，然后，由 $A_Ⅰ$ 点在曲线Ⅰ上查出该工况点所对应的 $q_{VAⅠ}$ 和 $H_{AⅠ}$ 值。利用式（3-33）及式（3-34）即可求得在新条件（D_2 及 n_2）下的 $q_{VAⅡ}$ 及 $H_{AⅡ}$ 值，据此工况，在图3-13上就可找出与 $A_Ⅰ$ 点相对应的相似工况点 $A_Ⅱ$。

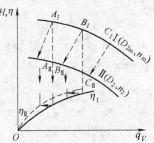

图 3-13　相似泵 q_V—H 曲线的换算

用同样的方法，在曲线Ⅰ上另取一工况点 $B_Ⅰ$，求出其对应的相似工况点 $B_Ⅱ$。循此方法做下去，从 $C_Ⅰ$ 找到 $C_Ⅱ$，从 $D_Ⅰ$ 找到 $D_Ⅱ$，……，最后，将 $A_Ⅱ$、$B_Ⅱ$、$C_Ⅱ$、$D_Ⅱ$、……各点用光滑曲线连接起来，便可得出相似泵在 D_2 及 n_2 下的 q_V—H 曲线Ⅱ。

同理，利用式（3-33）及式（3-34）便可进行相似泵或风机的 q_V—p 曲线换算。

至于 q_V—η 曲线的换算就更容易了。因为相似工况点之间的效率可相等，所以从 $A_Ⅰ$ 点所对应的效率 $\eta_{AⅠ}$ 平移过去就应该是相似工况点 $A_Ⅱ$ 的效率。照此办法，即能由 q_V—$\eta_Ⅰ$ 曲线绘出 q_V—$\eta_Ⅱ$ 曲线。

用此换算方法，可将泵或风机在某一直径和某一转速下经试验得出的性能曲线，换算出各种不同直径和转速下的许多条性能曲线。

例3　离心式通风机在额定转速 $n = 1450\,\mathrm{r/min}$ 时的 q_V—p 性能曲线如图3-14所示。1）绘出风机转速降为 $1200\,\mathrm{r/min}$ 时的高效率区范围（最高效率下降5%）。2）在 $q_V = 1.8\,\mathrm{m^3/s}$、$p = 1.2\,\mathrm{kPa}$ 工况下，若叶轮出口直径 D_2 不变，则通风机的转速应为多少？

解：1）由相似定律得

$$\frac{q_V}{q_V'} = \frac{n}{n'}; \quad \frac{p}{p'} = \left(\frac{n}{n'}\right)^2$$

在图3-14上，取 q_V 为 $1.4\,\mathrm{m^3/s}$、$1.6\,\mathrm{m^3/s}$、$1.8\,\mathrm{m^3/s}$、$2.0\,\mathrm{m^3/s}$、$2.2\,\mathrm{m^3/s}$、$2.4\,\mathrm{m^3/s}$ 六个工况点，并从性能曲线 q_V—p 上找到相应的六个工况点的全压 $1.48\,\mathrm{kPa}$、$1.44\,\mathrm{kPa}$、$1.39\,\mathrm{kPa}$、$1.27\,\mathrm{kPa}$、$1.13\,\mathrm{kPa}$ 及 $0.9\,\mathrm{kPa}$。计算并列表如下。

$n = 1450\,\mathrm{r/min}$	$q_V/$（$\mathrm{m^3/s}$）	1.40	1.60	1.80	2.00	2.20	2.40
	p/kPa	1.48	1.44	1.39	1.27	1.13	0.90
$n' = 1200\,\mathrm{r/min}$	$q_V'/$（$\mathrm{m^3/s}$）	1.16	1.32	1.49	1.66	1.82	1.99
	$p'/$（kPa）	1.01	0.98	0.95	0.87	0.77	0.62

由上表六组 q_V'、p' 数据，绘出 $n' = 1200 \text{r/min}$ 时的 q_V'—p' 性能曲线，如图 3-14 所示。

由图 3-14 效率曲线得 $n = 1450 \text{r/min}$ 时，风机最高效率 $\eta_{\max} = 0.9$，则 q_V—η 性能曲线的最佳工况（高效率）区下限为

$$0.9 - 0.9 \times 0.05 = 85.5\%$$

最佳工况区为 $\eta = 85.5\% \sim 90\%$

图 3-14 中，在 q_V—η 曲线上找到 $\eta = 85.5\%$ 的两点，投影至 q_V—p 曲线上。曲线段 AB 为 q_V—p 性能曲线的高效率区。

求 $n' = 1200 \text{r/min}$ 时 q_V'—p' 曲线上的高效率区，分别过 A、B 两点作相似抛物线。B 点（$2.1 \text{m}^3/\text{s}$，1.2kPa）的常数 K_B 为

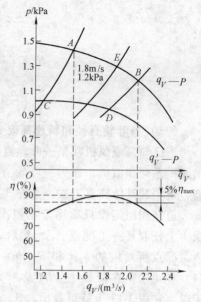

图 3-14 例 3 图

$$K_B = \frac{p_B}{q_{VB}^2} = \frac{1.2}{2.1^2} = 0.272$$

根据相似抛物线方程 $p = K_B q_V^2$，取五个 q_V 值，得相似抛物线上的值，见下表。

$q_V/$（m^3/s）	1.80	1.90	2.00	2.10	2.20
p/kPa	0.88	0.98	1.09	1.2	1.32

由上表所列数据作过 B 点的相似抛物线 $p = 0.272 q_V^2$，交 q_V'—p' 性能曲线于 D 点。

A 点（$1.5 \text{m}^3/\text{s}$，1.43kPa）的常数 K_A 为

$$K_A = \frac{p_A}{q_{VA}^2} = \frac{1.43}{1.5^2} = 0.653$$

根据 $p = K_A q_V^2$，取五个 q_V 值，列出相似抛物线上的值，见下表。

$q_V/$（m^3/s）	1.20	1.30	1.40	1.50	1.60
p/kPa	0.94	1.1	1.28	1.47	1.67

由上表所列数据作过 A 点的相似抛物线 $p = 0.653 q_V^2$，交 q_V'—p' 曲线于 C 点。于是曲线段 CD 为 $n' = 1200 \text{r/min}$ 时 q_V'—p' 性能曲线的高效率区。

2）由已知的 $q_V = 1.8 \text{m}^3/\text{s}$、$p = 1.2 \text{kPa}$，求得通过该点的相似抛物线常数 K：

$$K = \frac{p}{q_V^2} = \frac{1.2}{1.8^2} = 0.37$$

按 $p = K q_V^2$，取六个 q_V 值，求得对应的全压值 p，并列表：

$q_V/$（m^3/s）	1.50	1.60	1.70	1.80	1.90	2.00
p/kPa	0.83	0.95	1.07	1.2	1.32	1.48

根据上列数值，作相似抛物线 $p = 0.37 q_V^2$，交 q_V—p 曲线于 E 点，由此得 E 点的 $q_{VE} = 1.9 \text{m}^3/\text{s}$，$p_E = 1.32 \text{kPa}$。

由比例定律得：

$$n = n_E \sqrt{\frac{p}{p_E}} = 1450 \times \sqrt{\frac{1.2}{1.32}} \text{r/min} = 1383 \text{r/min}$$

或

$$n = n_E \frac{q_V}{q_{VE}} = 1450 \times \frac{1.8}{1.9} \text{r/min} = 1373 \text{r/min}$$

以上计算每分钟相差10r，为作图误差，取均值：

$$\bar{n} = \frac{1383 + 1373}{2} \text{r/min} = 1378 \text{r/min}$$

第四节　比　转　速

相似定理的式（3-33）、式（3-34）、式（3-35）分别给出了相似的泵或风机间的流量、扬程（全压）、功率的相互关系，但在实际的设计、选择及改造泵与风机时，应用这些公式就非常不方便，所以需要有一个包括这些参数在内的综合参数，这个参数就是比转速。比转速是为了进行非相似风机性能参数之间的比较，根据相似理论，提出的一种"相似特征数"。比转速是反映某一类型的风机在最高效率工况时其流量和全压的一个综合性参数，以符号 n_s 表示。比转速相同，就意味着是同一系列相似设备，否则，就说明不是同一系列相似设备。

一、泵的比转速

泵的比转速公式为

$$n_s = 3.65 \frac{n \sqrt{q_V}}{H^{3/4}} \tag{3-42}$$

式中，q_V 的单位为 m^3/s；H 的单位为 m；n 的单位为 r/min。式（3-42）中的常数 3.65，有些国家不一定有，同时流量、扬程的单位也各不相同。表 3-2 为不同单位时比转速的换算关系。也可以用如下关系式计算：

$$n_{s(中)} = \frac{n_{s(美)}}{14.16} = \frac{n_{s(英)}}{12.89} = \frac{n_{s(德)}}{3.65} = \frac{n_{s(日)}}{2.12} \tag{3-43}$$

表 3-2　不同单位比转速的换算关系

公式	$n_s = 3.65 \dfrac{n \sqrt{q_V}}{H^{3/4}}$	$n_s = \dfrac{n \sqrt{q_V}}{H^{3/4}}$				
国家	中国 俄罗斯	美国	英国	日本	德国	其他
单位	m^3/s m r/min	美 gal/min ft r/min	英 gal/min ft r/min	m^3/min m r/min	m^3/s m r/min	L/s m r/min	ft^3/min ft r/min
换算值	1	14.16	12.89	2.12	3.65	8.66	5.17
	0.0706	1	0.91	0.15	0.26	0.61	0.37
	0.0776	1.1	1	0.165	0.28	0.67	0.40
	0.4709	6.68	6.079	1	1.72	4.08	2.44
	0.2740	3.88	3.53	0.58	1	2.37	1.41

二、风机的比转速

风机比转速公式为

$$n_s = \frac{n \sqrt{q_V}}{p^{3/4}} \qquad (3\text{-}44)$$

式中，n 为风机的转速（r/min）；q_V 为风机的体积流量（m³/s）；p 为风机的全压（Pa）。

风机比转速公式中的全压 p，一般应该是在标准进气状态下风机产生的。当进口状态是非标准进气状态时，风机产生的全压也会变化，所以应该根据相似定律进行换算。如

$$\frac{p_{20}}{\rho_{20}} = \frac{p}{\rho}$$

式中，p_{20}、ρ_{20} 为在标准进气状态 $t = 20℃$、一个标准大气压时，风机产生的全压与气体的密度；p、ρ 为使用条件下，风机产生的全压与气体的密度。

空气在标准进气状态下 $\rho = 1.2 \text{kg/m}^3$，所以

$$n_s = \frac{n \sqrt{q_V}}{\left(1.2 \dfrac{p}{\rho}\right)^{3/4}} \qquad (3\text{-}45)$$

三、比转速公式的分析

1）比转速不是转速，而是泵或风机相似的准则数。如 50ZLQ—50 型轴流泵，它的比转速为 500，但它的转速 $n = 485\text{r/min}$。又如 DG500—240 型锅炉给水泵，它的比转速为 71，但它的转速却为 5000r/min 左右，且为调速泵。

2）凡是泵或风机相似，它们的比转速必相等；反之，则不然。如国产 7—5.25 型通风机的比转速为 5.25，6—5.41 型通风机的比转速为 5.41，虽然两种通风机的比转速近似相等，但是它们的几何形状却完全不相似。因此，比转速不是它们相似的条件，而是它们相似的结果。

3）同一台泵或风机，可以有许多不同的工况点，相应就可以得到许多不同的比转速。为了能正确表达各种系列的泵或风机的性能，便于进行分析、比较，一般情况下，总是把最高效率点的比转速，作为某类型泵或风机的比转速。

4）上面比转速公式（3-42）、（3-44）是对单个叶轮而言的，如果泵或风机是多级的，则

$$n_s = 3.65 \frac{n \sqrt{q_V}}{\left(\dfrac{H}{i}\right)^{3/4}} \qquad n_s = \frac{n \sqrt{q_V}}{\left(\dfrac{p}{i}\right)^{3/4}} \qquad (3\text{-}46)$$

式中，i 为叶轮的级数。

5）泵或风机的叶轮为单级双吸的，则

$$n_s = 3.65 \frac{n \sqrt{q_V/2}}{H^{3/4}} \qquad n_s = \frac{n \sqrt{q_V/2}}{p^{3/4}} \qquad (3\text{-}47)$$

6）比转速是有因次的，泵的比转速的单位是 $\text{m}^{3/4} \cdot \text{s}^{-3/2}$。近来，国际上不少文献开始使用无因次的比转数。在国际泵试验标准 ISO2548 中，还定义出无因次的形式数 K，二者的

关系为

$$K = 0.0051759n_s \tag{3-48}$$

其中

$$K = \frac{2\pi n \sqrt{q_V}}{60(gH)^{3/4}} \tag{3-49}$$

国际标准化组织 ISO/TC 在国际标准中已用形式数取代比转速。我国现行国家标准 GB/T 3216—2005也明确规定采用形式数，并允许在短期内可同时采用比转速 n_s。

由于形式数的计算不用考虑液体的种类，所以其通用性强。缺点是其数值较小。

四、比转速的应用

比转速在泵与风机中有着重要的地位，它亦是泵或风机的主要参数之一，比转速的主要应用有三点。

首先，根据比转速对泵或风机进行分类。比转速是泵或风机几何相似、运动相似的准则。彼此相似的泵或风机，它们的比转速是相等的，所以可以用比转速对泵或风机进行分类。

用 n_s 对泵分类：$n_s = 30 \sim 300\,\mathrm{m}^{3/4} \cdot \mathrm{s}^{-3/2}$ 为离心泵，$n_s = 300 \sim 500\,\mathrm{m}^{3/4} \cdot \mathrm{s}^{-3/2}$ 为混流泵，$n_s = 500 \sim 1000\,\mathrm{m}^{3/4} \cdot \mathrm{s}^{-3/2}$ 为轴流泵，详情见表 3-3。

表 3-3　泵的比转速与叶轮形状和性能曲线的关系

泵的类型	离心泵			混流泵	轴流泵
	低比转速	中比转速	高比转速		
比转速 /$\mathrm{m}^{3/4} \cdot \mathrm{s}^{-3/2}$	$30 < n_s < 80$	$80 < n_s < 150$	$150 < n_s < 300$	$300 < n_s < 500$	$500 < n_s < 1000$
叶轮形状					
尺寸比	$\frac{D_2}{D_0} \approx 3$	$\frac{D_2}{D_0} \approx 2.3$	$\frac{D_2}{D_0} \approx 1.8 \sim 1.4$	$\frac{D_2}{D_0} \approx 1.2 \sim 1.1$	$\frac{D_2}{D_0} \approx 1$
叶片形状	圆柱形叶片	入口处扭曲 出口处圆柱形	扭曲叶片	扭曲叶片	轴流泵机翼形
性能曲线形状					

（续）

泵的类型	离心泵			混流泵	轴流泵
	低比转速	中比转速	高比转速		
扬程—流量曲线特点	空转扬程为设计工况的 1.1~1.3 倍，扬程随流量减少而增加，变化比较缓慢			空转扬程为设计工况的 1.5~1.8 倍，扬程随流量减少而增加，变化较急	空转扬程为设计工况的 2 倍左右，扬程随流量减少而急速上升，又急速下降
功率—流量曲线特点	空转点功率较小，轴功率随流量增加而上升			流量变动时轴功率变化较小	空转点功率最大，设计工况附近变化比较小，以后轴功率随流量增大而下降
效率—流量曲线特点	比较平坦			比轴流泵平坦	急速上升后又急速下降

用 n_s 对风机分类：$n_s = 2.7 \sim 14.4(15 \sim 80)$ 为离心式风机；$n_s = 14.4 \sim 21.7(80 \sim 120)$ 为混流式风机；$n_s = 18 \sim 90(100 \sim 500)$ 为轴流式风机，括号内为工程单位制计算的比转速，括号外为国际单位制计算的比转速，工程制的是国际制的 5.54 倍。详情见表 3-4。

表 3-4　风机比转速与叶轮形状

风机类型	离心式风机		斜（混）流式风机	轴流式风机	贯流（横流）式风机
比转数 n_s	49.8	90.5	98.8	347~359	48.8~82
	$0.5r_2$	$0.7r_2$			

分析比转速的公式知，若转速 n 不变，则比转速小，必定是流量小、扬程（全压）大；反之比转速大，必定是流量大、扬程（全压）小。亦就是说，随着比转速由小增大，泵或风机的流量由小变大，扬程或全压由大变小。所以，离心式泵或风机的特点是小流量、高扬程或全压；轴流式泵与风机的特点是大流量、低扬程或全压。

其次，比转速是编制泵与风机系列的基础。系列是指同类结构的泵与风机。

最后，比转速是泵与风机设计计算的基础。无论是相似设计还是速度系数法设计，都需要以比转速来选择优良的模型或合理的速度系数。

第五节　泵与风机的无因次性能曲线

在同一系列的风机中，尽管大小尺寸不同，但它们皆属于相似的一类流体机械（在几何上是相似的）。既然同属一类，就总能根据相似定律找出其共性，来代表某一类（系列）的特征。于是，就引出了无因次性能曲线。

无因次性能曲线的优点在于：其与计量单位、几何尺寸、转速、流体密度等因素无关，对于每一种形式的泵或风机，只需用一组曲线，就可以代替某一系列所有的泵或风机在各种转速下的性能曲线，从而大大简化了性能曲线图或性能表。

一、无因次参数

（一）流量系数 $\bar{q}_V$

由式（3-33）可得

$$\frac{q_V}{D_2^3 n} = \frac{q_{Vm}}{D_{2m}^3 n_m}$$

两端各除以 $\frac{\pi}{4} \times \frac{\pi}{60}$ 得

$$\frac{q_V}{A_2 u_2} = \frac{q_{Vm}}{A_{2m} u_{2m}} = \text{const} = 常数$$

令

$$\frac{q_V}{A_2 u_2} = \bar{q}_V \tag{3-50}$$

式中，A_2 为叶轮外径侧面面积；u_2 为叶轮出口圆周速度。

相似的风机，其流量系数相等，且为常数。流量系数大，一般表示设备输送的流量大。

（二）压力系数 $\bar{p}$

由式（3-34）可得

$$\frac{p}{\rho D_2^2 n^2} = \frac{p_m}{\rho_m D_{2m}^2 n_m^2}$$

上式两端各除以 $\left(\frac{\pi}{60}\right)^2$ 得

$$\frac{p}{\rho u_2^2} = \frac{p_m}{\rho_m u_{2m}^2} = \text{const} = 常数$$

令

$$\frac{p}{\rho u_2^2} = \bar{p} \tag{3-51}$$

式中，ρ 为进口气体密度，亦可用进、出口气体密度的平均值代替。

同样，相似的风机的压力系数相等，且为常数。压力系数越大，表示风机输送的流体压力越高。压力系数往往被用来标明风机的形式。如 4—13.2 型风机，4 表示风机的压力系数为 0.4，13.2 为国际制的风机的比转速。

（三）功率系数 $\bar{N}$

由式（3-35）可得

$$\frac{N}{\rho D_2^5 n^3} = \frac{N_m}{\rho_m D_{2m}^5 n_m^3}$$

上式两端各除以 $\frac{\pi}{4} \times \left(\frac{\pi}{60}\right)^3$，并乘以 1000，得

$$\frac{1000N}{\rho A_2 u_2^3} = \frac{1000 N_m}{\rho_m A_{2m} u_{2m}^3} = \text{const} = 常数$$

令

$$\frac{N}{\rho A_2 u_2^3} = \bar{N} \tag{3-52}$$

式中，A_2 为叶轮外径侧面面积；u_2 为叶轮出口圆周速度；ρ 为进口气体密度，亦可用进、

出口气体密度的平均值代替。

相似的风机,其功率系数相等,且为常数。功率系数大,一般表示风机的轴功率亦大。

(四) 效率 η

风机的效率虽然是一个无因次量,也可用无因次系数来计算,其计算公式为

$$\eta = \frac{\overline{q_V}\,\overline{p}}{\overline{N}} \tag{3-53}$$

(五) 比转速 n_s

用无因次参数亦可计算风机的比转速为

$$n_s = \frac{30}{\sqrt{\pi}\,\overline{\rho}^{\,3/4}} \cdot \frac{\sqrt{\overline{q_V}}}{\overline{p}^{\,3/4}} \tag{3-54}$$

对于标准进气状态,空气在大气压为 101.3kPa,温度为 20℃,相对湿度为 50%,密度为 1.2kg/m^3 时,则

$$n_s = 14.8\,\frac{\sqrt{\overline{q_V}}}{\overline{p}^{\,3/4}} \tag{3-55}$$

流量系数、压力系数、功率系数和效率,它们均是无量纲参数。这些无因次系数也都是相似特征数,因此凡是相似的风机,不论其几何尺寸的大小,在相对应的最大效率工况点上,它们的无因次系数都相等。

二、无因次性能曲线

无因次参数去掉了各种的物理性质。用无因次参数可画得无因次性能曲线 $\overline{q_V}$—$\overline{p}$、$\overline{q_V}$—$\overline{N}$、$\overline{q_V}$—η 等。因为这些参数去除了计量单位的影响,所以对每一种形式的风机,仅有一组无因次性能曲线。无因次性能曲线与计量单位、几何尺寸、转速、流体密度等因素无关,所以使用起来十分方便。无因次性能曲线在风机的选型、设计、计算中应用得尤为广泛。

无因次性能曲线作法如下:

首先用试验方法测出某台风机在固定转速下不同工况时的流量 q_V、全压 p、功率 N,然后利用上式及相应的 D_2、n 等值计算出对应于各工况点的流量系数、全压系数、功率系数及效率,以 $\overline{q_V}$ 为横坐标,$\overline{p}$、$\overline{N}$ 及 η 为纵坐标,即可绘制出一组无因次性能曲线。与此相反,如果知道了某类型通风机的无因次性能曲线及该类型风机各台的 D_2、n 等值,则利用上式可作出该类型的一系列通风机的有因次性能曲线。

图 3-15 是 4—13(72)型风机的性能曲线和无因次性能曲线。由图不难看出,两者形状完全相同。

图 3-16 所示的是国产 4—13.2(73)型锅炉送、引风机的空气动力学简图。

图上各部分尺寸都是相对 D_2 的尺寸而言的。使用空气动力学简图,既便于选型,又大大简化了相似设计。其设计步骤大致如下:

由工作要求提出设计参数,选定转速 n,求出比转速值;由比转速确定通风机的系列;再由比转速值在该系列风机的无因次性能曲线上找到对应的全压系数或流量系数,然后,根据公式求得 u_2 及 D_2;有了叶轮直径 D_2 的尺寸,其他通流部分的尺寸可由空气动力学简图的相对尺寸求得。

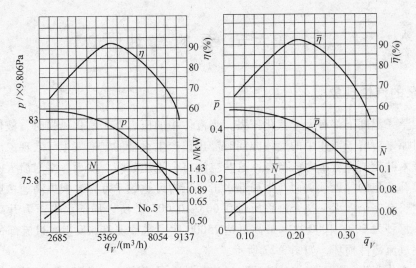

图 3-15 4—13（72）型风机的性能曲线和无因次性能曲线

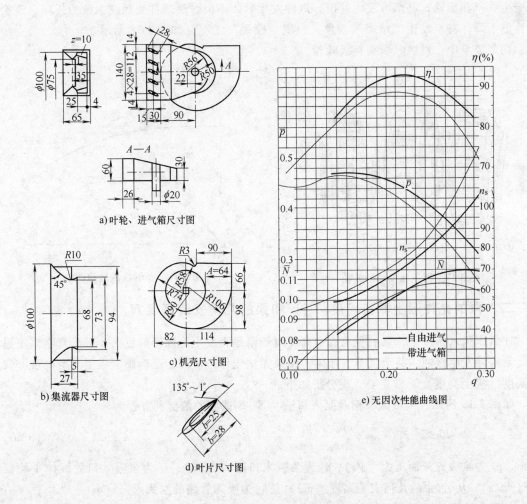

a) 叶轮、进气箱尺寸图

b) 集流器尺寸图

c) 机壳尺寸图

d) 叶片尺寸图

e) 无因次性能曲线图

图 3-16 4—13.2（73）型离心式通风机的空气动力学简图

第六节　泵的汽蚀

一、泵的汽蚀现象

液体在某一温度下都有一个汽化压强,当液体中的压力低于汽化压强时,液体就会发生汽化,同时原来溶解于液体中的气体亦同时溢出,产生大量的气泡发生气穴现象。若这些气泡被液体带入叶轮,随着压力的增高,这些空泡将会迅速凝缩、溃灭。空泡溃灭时,周围液体将高速填补空泡的位置,从而产生局部水击,压力可达数千万帕。根据高速摄影,空泡在叶轮中从生长至完全破灭,整个过程历时 0.003 ~ 0.005s,所以局部水击压力升高的作用频率也很高,每秒为 600 ~ 1000 次,最高可达 25000 次,这种现象如发生在过流部件的固体壁上,则会使过流部件损坏,如图 3-17 所示。

液体从汽化产生气泡至气泡的破碎,过流部件会受到腐蚀、损坏,这就是汽蚀。

泵内汽蚀对泵的运行将产生影响,威胁泵的正常运转。泵汽蚀时,由于气泡的突然破裂会产生噪声和振动,甚至可发生共振。汽蚀发生后,不但过流部件受到腐蚀疲劳损坏,还会使性能下降,甚至发生"堵塞"现象,出现"断裂"工况,如图 3-18 所示。

在多级泵中,汽蚀只影响首级叶轮。

图 3-17　因汽蚀损坏的叶轮

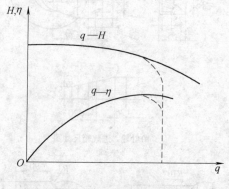

图 3-18　泵的汽蚀性能曲线

二、泵的允许吸上真空高度 $[H_s]$ 和泵的几何安装高度 H_g

在负压吸入条件下,泵的吸上真空高度对于泵是否发生汽蚀影响重大。吸上真空高度过大,泵内将发生汽蚀,甚至吸不上液体,使泵无法工作。所以,准确确定吸上真空高度和安装高度(吸上高度)非常重要。现分析如下。

如图 3-19 所示,列吸入液面及泵入口法兰 $S—S$ 截面的伯努利方程为

$$\frac{p_0}{\rho g} = \frac{p_s}{\rho g} + \frac{v_s^2}{2g} + H_g + \sum h_s \qquad (3-56)$$

式中,p_0 为泵吸入液面压力(Pa);p_s 为泵吸入口压力(Pa);v_s 为泵吸入口处液体平均流速(m/s);H_g 为泵的几何安装高度(m);$\sum h_s$ 为吸入管路的水头损失(m)。

若吸入液面的压力为大气压,$p_0 = p_{amb}$,则有

$$H_s = \frac{p_{amb} - p_s}{\rho g} = H_g + \frac{v_s^2}{2g} + \sum h_s \qquad (3-57)$$

式中，H_s 是泵吸入口处真空计的读数，又称吸上真空高度，单位为 m。

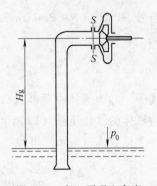

图 3-19 离心泵吸上高度

在流量一定的情况下，H_s 将随 H_g 的增加而增加。如果 H_g 增大至某一数值时，泵内发生汽蚀，则对应于这一工况的吸上真空高度 H_s 称为最大开始吸上真空高度 H_{smax}，为了保证泵运转时不发生汽蚀，同时又有尽可能大的吸上真空高度，规定：

$$H_s \leq [H_s] = H_{smax} - 0.3m(安全量) \qquad (3-58)$$

式中，$[H_s]$ 为允许吸上真空高度(m)。

最大的吸上真空高度 H_{smax} 由制造厂试验求得。泵安装时，根据制造厂样本规定的 $[H_s]$ 值，可计算泵的允许几何安装高度 $[H_g]$，即

$$H_g \leq [H_g] = [H_s] - \left(\frac{v_s^2}{2g} + \sum h_s \right) \qquad (3-59)$$

式中，H_g 为泵的几何安装高度(m)；$[H_g]$ 为泵的允许几何安装高度(m)。

其计算必须以泵在运行中可能出现的最大流量为准。

$[H_s]$ 值是由制造厂在标准条件(大气压为 101.325kPa，温度为 20℃)下试验得出的，当泵的使用条件与标准条件不符时，应对样本上提供的 $[H_s]$ 值进行修正：

$$[H_s]' = [H_s] + (H_{amb} - 10.33m) + (0.24m - H_V) \qquad (3-60)$$

式中，$[H_s]'$ 为修正后的允许吸上真空高度(m)；10.33 为一个标准物理大气压的水柱高度(m)；H_{amb} 为使用地点的大气压换算成的水柱高度(m)，$H_{amb} = \frac{p_{amb}}{9806}$；0.24 为水温为 20℃的饱和蒸汽压力换算成的水柱高度(m)；H_V 为输送液体温度下气体压强换算成水柱高度(m)，$H_V = \frac{p_V}{9806}$。

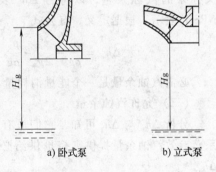

a)卧式泵　　　　b)立式泵

图 3-20 大型泵几何安装高度

注意，一般卧式泵的安装几何高度 H_g 的数值，是指泵的轴心线距吸液池液面的高差；大型泵应以吸液池液面至叶轮入口边最高点的距离为准，如图 3-20 所示。

三、泵的汽蚀余量

泵在正压吸入运转的时候，有时因换了一个吸入装置系统可能会发生汽蚀；有时在一个既定的吸入装置系统中，换了一台泵也会发生汽蚀。由此可见，研究汽蚀问题，除了分析泵本身的情况外，还需要分析吸入装置系统。

(一) 有效汽蚀余量

有效汽蚀余量亦称为装置汽蚀余量，它表示液体由吸入液面流至泵吸入口（泵进口法兰）处，单位重量（N）的液体所具有的超过汽化压强的富裕能量，以符号 Δh_a 表示，或以

符号 $NPSH_a$（Net Positive Suction Head 的缩写，译为净正吸入压头）表示，根据定义，有公式

$$\Delta h_a = \frac{p_s}{\rho g} + \frac{v_s^2}{2g} - \frac{p_V}{\rho g} \tag{3-61}$$

式中，p_s 为液体在泵吸入口处具有的压强（Pa）；v_s 为泵吸入口处液体的流速（m/s）；p_V 为液体的气化压强（Pa）。

结合式（3-56）可得

$$\Delta h_a = \frac{p_0}{\rho g} - \frac{p_V}{\rho g} - H_g - \sum h_s \tag{3-62}$$

有效汽蚀余量越大，出现汽蚀的可能性越小，但不能保证泵一定不出现汽蚀。

（二）必需汽蚀余量

液体从泵吸入口 S—S 处流至叶轮进口的过程中，能量继续减少，压强继续降低，直至叶轮内部压强最低处 k—k 位置，如图 3-21 所示。

单位重量（N）的液体从泵吸入口流至叶轮叶片进口压强最低处的压力降落量，称为必需汽蚀余量，又称泵的汽蚀余量，以符号 Δh_r 表示，或以符号 $NPSH_r$ 表示，根据定义，有公式

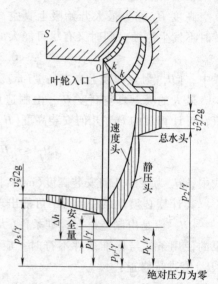

图 3-21　泵吸入口至叶轮进口能量分布

$$\Delta h_r = \frac{p_s}{\rho g} + \frac{v_s^2}{2g} - \frac{p_k}{\rho g} \tag{3-63}$$

必需汽蚀余量是一个能量消耗量，其越大，则泵的抗汽蚀性能越差。

（三）允许汽蚀余量

分析 Δh_a 与 Δh_r 可知，它们虽有本质的差别，但是它们之间存在着不可分割的紧密联系。有效汽蚀余量提供富裕量供给必需汽蚀余量的消耗。欲使泵不发生汽蚀，应有 $\Delta h_a > \Delta h_r$。

有效汽蚀余量是在吸入管路系统确定后，它随流量增大而降低，必需汽蚀余量是在吸入室、叶轮入口形状已定的情况下，它随流量的增大而升高，若按同一比例将两条曲线作出，如图 3-22 示，可得交点 A。此处，$\Delta h_a = \Delta h_r = \Delta h_{min}$ 称为临界汽蚀余量，并规定：

$$[\Delta h] = \Delta h_{min} + 0.3 \text{m}$$

式中，$[\Delta h]$ 为允许汽蚀余量。

根据式（3-62），可用 $[\Delta h]$ 来表达泵的有效汽蚀余量。为此，用 $[\Delta h]$ 代替 Δh_a，同时应以 $[H_g]$ 代替 H_g，于是得出

$$[H_g] = \frac{p_0 - p_V}{\rho g} - \sum h_s - [\Delta h] \tag{3-64}$$

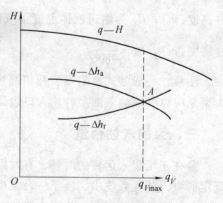

图 3-22　有效汽蚀余量和必需汽蚀余量的关系

若吸入液面为大气压强，也可根据式(3-57)和式(3-64)得

$$[H_s] = \frac{p_{amb}}{\rho g} - \frac{p_v}{\rho g} + \frac{V_s^2}{2g} - [\Delta h] \tag{3-65}$$

（四）泵的几种不同的吸入装置

泵的吸入装置可分为两种情况：一种是泵的安装位置比吸液面高；另一种是 泵的安装位置在吸液面下方，如采暖系统的循环泵和锅炉的冷凝水泵，又称"倒灌"。例如图 3-23 所示的锅炉冷凝水泵装置中，冷凝水箱中液面压强 p_0 就是汽化压强 p_v 则根据式(3-64)可求得：

$$[H_g] = -([\Delta h] + \sum h_s) \tag{3-66}$$

由于 $[\Delta h]$ 与 $\sum h_s$ 均为正值，故 $[H_g]$ 为负值，表明泵的安装位置必须

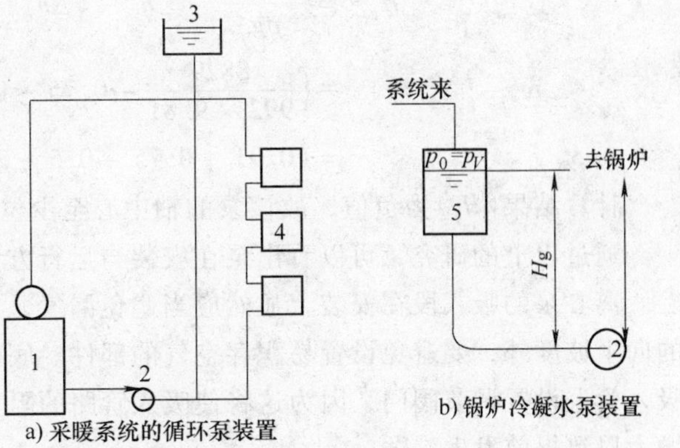

图 3-23 泵的倒灌
1—锅炉 2—循环水泵 3—膨胀水箱 4—暖气片 5—冷凝水箱

在冷凝水箱液面的下方，即"倒灌"，这样才能保证泵内不发生汽蚀。

例 4 有一台吸入口径为 600mm 的单级双吸泵，输送常温清水，其工作参数为 $q_V = 880L/s$，允许吸上真空高度为 3.5m，吸入管段的阻力估计为 0.4m，求：

1)当几何安装高度为 3.0m 时，该泵能否正常工作？

2)如该泵安装在海拔为 1000m 的地区，抽送 40℃的清水，允许安装高度为多少？

解： 1) $v_s = \dfrac{q_V}{A} = \dfrac{\frac{880}{1000} \times 4}{(0.6)^2 \pi} \mathrm{m/s} = 3.1 \mathrm{m/s}$

相应的速度水头为

$$\frac{v_s^2}{2g} = \frac{3.1^2}{2 \times 9.8}\mathrm{m} = 0.49\mathrm{m}$$

根据式(3-59)计算允许几何安装高度为

$$[H_g] = [H_s] - \frac{v_s^2}{2g} - \sum h_s = (3.5 - 0.49 - 0.4)\mathrm{m} = 2.16\mathrm{m}$$

因为 $H_g = 3.0\mathrm{m} > [H_g]$，故该泵不能进行正常工作。

2)根据手册查出海拔 1000m 处的大气压为 9.2m 水柱，水温 40℃ 时的汽化压力为 0.75m，按式(3-60)求出修正后的允许吸上真空高度为

$$[H_s]' = [H_s] + [h_a - 10.33] + (0.24 - h_v)$$
$$= (3.5 - 10.33 + 9.2 + 0.24 - 0.75)\mathrm{m} = 1.86\mathrm{m}$$

将求得的 $[H_s]'$代替式(3-59)中的 $[H_s]$，计算出允许的几何安装高度为

$$[H_g] = [H_s]' - \frac{v_1^2}{2g} - \sum h_s = (1.86 - 0.49 - 0.4)\mathrm{m} = 0.97\mathrm{m}$$

例 5 有一单级离心泵流量 $q_V = 0.68\mathrm{m}^3/\mathrm{h}$，$\Delta h_{min} = 2\mathrm{m}$，从封闭容器中抽送温度为 40℃

的清水，容器中液面压强为 8.829kPa，吸入管段阻力为 0.5m，试求该泵允许几何安装高度是多少？已知水在 40℃时的密度为 992kg/m³。

解： 从手册可查得水在 40℃时的汽化压力相当于 $h_v = 0.75$m，可求出 $[H_g]$ 为

$$[H_g] = \frac{p_0 - p_v}{\rho g} - \sum h_s - (\Delta h_{min} + 0.3)$$

$$= \left(\frac{8829}{992 \times 9.81} - 0.75 - 0.5 - 2 - 0.3 \right) m$$

$$= (0.91 - 0.75 - 0.5 - 2 - 0.3) m = -2.64 m$$

计算结果 $[H_g]$ 为负值，故该泵的轴中心至少位于容器液面以下 2.64m。

通过以上的研究，可以看出泵在安装与运行方面有一定的要求。

离心泵的吸入段在安装上显然应当避免漏气，管内要特别注意水平段，除应有顺流方向的向上坡度外，要避免设置易积存空气的部件。底阀应淹没于吸液面下一定的深度。不能在吸入管上设置调节阀门，因为这将使吸入管路的阻力增加；在阀门关小时，会使吸上真空度增大以致提前发生汽蚀。

有吸入管段的离心泵装置中，起动前应先向泵吸入管段中充水，或采用真空泵抽除泵内和吸入管段中的空气。采用后一种方法时，可以不设底阀，以便减少流动阻力和提高几何安装高度。为了避免原动机过载，泵应在零流量下起动，而在停车前，也要使流量为零，以免发生水击。

四、汽蚀相似定律和汽蚀比转速

汽蚀余量能够反映某台泵的抗汽蚀性能的情况，但是很难在泵之间比较抗汽蚀性能的优劣。为此，利用相似原理，定义汽蚀比转速 c。汽蚀比转速是一个既能标明泵的抗汽蚀性能，又与泵的性能参数有联系的综合性参数，可作为比较泵抗汽蚀性能的依据。

(一)汽蚀相似定律

依据图 3-21，根据伯努利方程可推导出汽蚀基本方程式，即

$$\Delta h_r = m \frac{v_0^2}{2g} + \lambda \frac{w_0^2}{2g} \tag{3-67}$$

式中，v_0、w_0 为叶片进口 0—0 截面处的绝对速度和相对速度(m/s)；m 为流动不均匀及流动阻力引起的压降系数，一般情况为 $1.0 \sim 1.2$，无量纲；λ 为液体绕流叶片头部的压降系数，无冲击时为 $0.3 \sim 0.4$，无量纲。

若实型泵与模型泵在入口处力学相似，可得汽蚀相似定律为

$$\frac{\Delta h_{rn}}{\Delta h_{rm}} = \frac{(nD_2)_n^2}{(nD_2)_m^2} \tag{3-68}$$

对于同一台泵的不同转速下的相似工况，由于 $D_{2m} = D_{2n}$，所以有

$$\frac{\Delta h_{rn}}{\Delta h_{rm}} = \frac{(n)_n^2}{(n)_m^2}; \quad \frac{\Delta h_{r1}}{\Delta h_{r2}} = \frac{n_n^2}{n_m^2} \tag{3-69}$$

式(3-69)表明，当一台泵的转速升高时，泵的抗汽蚀性能变坏。

(二)汽蚀比转速

类似比转速，根据泵的相似定律式(3-33)以及汽蚀相似定律式(3-68)可推出汽蚀相似准

则数——汽蚀比转速 c 为

$$c = 5.62 \frac{n\sqrt{q_V}}{\Delta h_r^{3/4}} \qquad (3\text{-}70)$$

我国习惯用式(3-70)计算汽蚀比转速,国外一般没有 5.62 这个系数,而且用 s 表示,称为吸入比转速,即

$$s = \frac{n\sqrt{q_V}}{\Delta h_r^{3/4}} \qquad (3\text{-}71)$$

汽蚀比转速具有类似于比转速的性质,无论泵的尺寸怎样,只要泵的入口工况相似,则汽蚀比转速相等,反之不然。汽蚀比转速也是有单位的。我国的汽蚀比转速与其他国家的吸入比转速之间的换算关系见表 3-5。也可用公式换算,即

$$c = \frac{s_{美}}{9.21} = \frac{s_{英}}{8.4} = \frac{s_{日}}{1.38} \qquad (3\text{-}72)$$

如果叶轮是双吸式的,汽蚀比转速的公式将变为

$$c = 5.62 \frac{n\sqrt{q_V/2}}{\Delta h_r^{3/4}} \qquad (3\text{-}73)$$

表 3-5　我国汽蚀比转速与其他国家吸入比转速的换算

公式	$c = 5.62\dfrac{n\sqrt{q_V}}{\Delta h_r^{3/4}}$	$s = \dfrac{n\sqrt{q_V}}{\Delta h_r^{3/4}}$		
国家	中国 俄罗斯	美国	英国	日本
单位	m^3/s r/min m	gal/min r/min ft	gal/s r/min ft	m^3/s r/min m
换算值	1 0.725 0.108 0.119	1.38 1 0.15 0.164	9.21 6.68 1 1.10	8.4 6.04 0.91 1

汽蚀比转速越大,泵的抗汽蚀性越好。目前,一般清水泵的汽蚀比转速为 800~1000 r/min,对抗汽蚀性能要求高的泵的汽蚀比转速则为 1000~1600r/min 火电厂中的凝结水泵以及火箭的燃料泵的汽蚀比转速可达 1600~3000r/min。

(三)提高泵抗汽蚀性能的措施

从大的方面讲,提高泵的抗汽蚀性能的措施,可以从提高泵的有效汽蚀余量、降低必需汽蚀余量以及改善工艺着手。

具体方法有:在吸入管侧,控制吸入管内的液体流速不要太高,尽量去掉不必要的局部阻力装置(如阀门、弯头等),从而减少吸入管路的阻力损失;在大容量、高转速的水泵前装置低转速的前置泵升压,从而提高整台泵组的抗汽蚀性能,如图 3-24 所示;在工作叶轮前装置诱导轮,如图 3-25 所示;多级泵的首级叶轮采用双吸式;降低叶轮入口部分的流速;

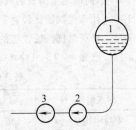

图 3-24　前置泵与给
水泵串联工作

1—除氧器　2—前置泵　3—给水泵

选择适当的叶片数和冲角；叶片在叶轮的入口处延伸布置；适当增大叶轮前盖板处液流的转弯半径；叶轮的过流部件选用含铬的不锈钢，或其他强度高、硬度高、韧性好、化学稳定性好的材料；采用新工艺降低叶轮过流部件的粗糙度；另外，超汽蚀泵是近年来研究的成果。

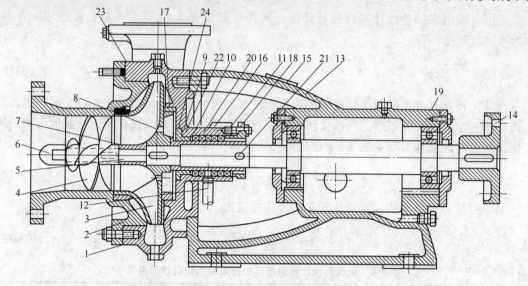

图 3-25　装有诱导轮的离心泵

1—泵壳　2—泵盖　3—叶轮　4—诱导轮　5—轴　6—叶轮螺母　7—叶轮挡套　8—泵盖密封环　9—辅助轴承　10—填料垫环　11—轴套　12—水封管　13—托架部件　14—弹性联轴器　15—铭牌　16—水封环　17—密封环　18—填料压盖　19—转向牌　20—填料　21—平键　22—垫　23—油浸石棉垫　24—沉头螺钉

思考题及习题

3-1　分析泵与风机产生各种损失的原因，提高各种效率的方法有哪些？

3-2　如何绘制泵与风机的性能曲线，并根据性能曲线的形状分析其优劣？

3-3　已知某台泵或风机的不同转速下的性能曲线，如何找到它们的相似工况？

3-4　某台风机输送的气体温度发生变化时，它的工况如何变化？

3-5　风机的无因次性能曲线如何绘制，有何价值？

3-6　泵或风机的相似条件是什么？相似定理如何？

3-7　比转速的意义是什么？有何应用？

3-8　分析描述泵内汽蚀。

3-9　如何确定泵的安装高度？电厂的锅炉给水泵为何倒灌？

3-10　什么是汽蚀比转速？它有何用途？

3-11　提高泵抗汽蚀性能的措施有哪些？

3-12　已知 4—72—11№6C 型风机在转速 $n=1250r/min$ 时的实测参数见表 3-6，求：

表 3-6　$n=1250r/min$ 4—72—11№6C 型风机实测参数

测点编号	1	2	3	4	5	6	7	8
$H/(mmH_2O)$	86	84	83	81	77	71	65	59
$p/(N/m^2)$	843.4	823.8	814.0	794.3	755.1	696.3	637.4	578.6
$q_V/(m^3/h)$	5920	6640	7360	8100	8800	9500	10250	11000
N/kW	1.69	1.77	1.86	1.96	2.03	2.08	2.12	2.15

1)各测点的全效率；2)绘制性能曲线图；3)写出该风机的铭牌参数。

3-13　输送 20℃ 清水的离心泵，在转速 $n = 1450 r/min$ 时，扬程 $H = 30m$，流量 $q_V = 200 m^3/h$，轴功率 $N = 15.7 kW$，$\eta_V = 0.92$，$\eta_m = 0.90$，求泵的流动效率 η_h。

3-14　有一台多级锅炉给水泵，要求扬程 $H = 176m$，流量 $q_V = 81.6 m^3/h$，试求该泵所需的级数和轴功率各为多少（计算中不考虑滑移系数）？其余已知条件如下：叶轮外径 $D_2 = 254mm$，水力效率 $\eta_h = 92\%$，容积效率 $\eta_V = 90\%$，机械效率 $\eta_m = 95\%$，转速 $n = 1440 r/min$，流体出口绝对流速的切向分速为出口圆周速度的 55%。

3-15　某单吸单级离心泵，$q_V = 0.0735 m^3/s$，$H = 14.65m$，电动机由传运带拖动，测得 $n = 1420 r/min$，$N = 3.3 kW$；后因改为电动机直接联动，n 增大为 $1450 r/min$，试求此时泵的工作参数为多少？

3-16　在 $n = 2000 r/min$ 的条件下实测一离心泵的结果为：$q_V = 0.17 m^3/s$，$H = 104m$，$N = 184kW$。如有一几何相似的水泵，其叶轮比上述泵的叶轮大一倍，在 $1500 r/min$ 情况下运行，试求在效率相同的工况点的流量、扬程及效率各为多少？

3-17　一台空气预热器，可将 20℃ 的冷空气加热到 180℃，通过的空气的质量流量为 $q_m = 2.957 \times 10^3 kg/h$，管道系统的阻力损失（包括预热器）为 150kPa，如果在该系统中装一台离心式风机，问从节能角度考虑，是把风机装在预热器前好，还是预热器后好？（已知风机效率为 70%）

3-18　某一单吸单级泵，流量 $q_V = 45 m^3/h$，扬程 $H = 33.5m$，转速 $n = 2900 r/min$，试求：其比转速 n_s 为多少？如该泵为双吸式，应以 $q_V/2$ 作为比转速中的流量计算值，则其比转速应为多少？当该泵设计成八级泵，应以 $H/8$ 作为比转速中的扬程计算值，则比转速为多少？

3-19　SH 型号水泵设计工作参数为：流量 $q_V = 162 m^3/h$，扬程 $H = 78m$，转速 $n = 2900 r/min$，试求其比转速 n_s。

3-20　某单吸多级离心泵铭牌参数为：流量 $q_V = 45 m^3/h$，扬程 $H = 268m$，转速 $n = 2900 r/min$，共有八级，试求其比转速 n_s。

3-21　设除氧器内压力为 $11.76 \times 10^4 Pa$，饱和水温为 104℃，吸入管路阻力损失为 15kPa，给水泵的必需汽蚀余量 Δh_r 为 5m，试求该水泵的倒灌高度。

3-22　有一单级离心泵，转速 $n = 1450 r/min$，流量 $q_V = 2.6 m^3/min$，汽蚀比转速 $c = 700$，安装在地面上抽水，求泵的安装高度为多少？已知吸水面压力为 $p_0 = 98kPa$，水温为 $t = 70℃$，吸入管路损失为 $1.32 \times 10^4 Pa$。

3-23　轴流式风机转速 $n = 1480 r/min$，在 $D = 390mm$ 处，空气以 $v_1 = 34.5 m/s$ 的速度沿轴向进入叶轮，风机的全压 $p = 700Pa$，空气密度为 $1.2 kg/m^3$。求在 $D = 390mm$ 处的平均相对速度的大小和方向。

第四章　泵与风机的调节与运行

第一节　泵与风机的联合工作

在实际应用中，连接在管路系统中的泵与风机，多数情况下并不是单独工作的。由两台或两台以上的泵与风机在同一个管路系统中，共同完成输送流体的工作方式叫做泵与风机的联合工作。联合工作有串联和并联两种方式。

一、串联工作

当流体依次顺序地通过两台或两台以上泵与风机向管路系统输送时，这种联合工作方式叫做串联工作。采用串联工作方式在客观上提高了泵与风机的扬程或全压，但是在实际使用中，往往是为了满足系统的特殊要求，例如用来提高系统工作的安全性。在火电厂中，具体的例子如锅炉给水泵和前置泵就是串联工作方式，其目的是改善给水泵的汽蚀性能，又如，凝结水系统的升压泵和凝结水泵是串联工作关系，目的是通过分段升压来确保凝结水除盐装置的工作安全和降低设备的制造及使用成本。

为了分析方便，现以性能相同的两台泵串联为例，介绍串联工作的特点。

图 4-1 中，性能相同的泵 I 和泵 II 的性能曲线重合，两泵的流量为同一个流量，液体从每台泵流出的压力是依次提高的。这样，泵串联的总性能曲线 H—q_V 上的任意工况点，可在流量不变的前提下将扬程相加（对于性能相同的泵即为 2 倍扬程）得出，从而得出串联工作的总性能曲线，如图 4-1 中的 I + II 曲线所示。串联工作的工况点是由总性能曲线和管路特性曲线共同确定的，即图中的 A 点，此时串联工作的每一台泵都工作在 B 点。与之相比，单独一台泵工作时的工况点为 C 点，串联使最终的流量和扬程都有所增加（A 点与 C 点相比）。

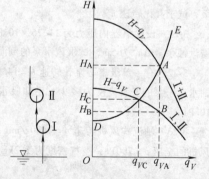

图 4-1　同性能的泵串联运行

若有 n 台泵或风机串联工作，则有：

总扬程　　　　　　$H = H_1 + H_2 + \cdots + H_n$

总全压　　　　　　$p = p_1 + p_2 + \cdots + p_n$

总流量　　　　　　$q_V = q_{V1} = q_{V2} = \cdots = q_{Vn}$

总结上述情况，需强调以下几点：

1）同一管路系统下，两台泵串联运行时，流量和扬程都比单独一台泵工作时有所增大，即 $q_{VA} > q_{VC}$，$H_A > H_C$。两台泵串联运行时扬程的增加，并不是各台泵扬程的简单相加。

2）两台性能相同的泵，在串联运行中的总流量等于其中任意一台泵的流量，总扬程等于两台泵扬程之和，即 $q_{VA} = q_{VB}$，$H_A = 2H_B$。

3）串联工作方式中，各级泵的出口压力是递增的，从工作安全考虑就要求后一级泵有较高的承压能力。

对于不同性能泵的串联，总性能曲线 $H\text{—}q_V$ 的绘制和上述的方法类似，即在流量不变的前提下将扬程相加，如图 4-2 中的 Ⅰ+Ⅱ 曲线所示。此时两台串联的泵流量相同，总扬程是这两台泵的扬程之和，如果串联工况点为 A，相应的泵 Ⅰ 工况点 B_1、泵 Ⅱ 的工况点 B_2，即 $H_A = H_{B1} + H_{B2}$。泵 Ⅰ 单独工作的工况点 C_1，泵 Ⅱ 单独工作的工况点 C_2，相比而言，串联的总扬程小于单独工作的扬程之和，即 $H_A < H_{C1} + H_{C2}$。

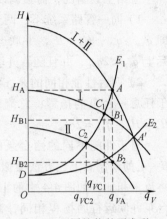

图 4-2　不同性能的泵串联

性能不同的泵串联工作时，若流量大于图中的 A' 点的流量时，泵 Ⅱ 的工作扬程为负值，此时的泵 Ⅱ 不但不会给流体提供能量，反而会成为流动的阻力（泵向外界输出能量）。所以，性能不同的泵串联工作时，应注意工作范围的限定。

对于风机来讲，串联工作的特点与泵的相同，这里不再赘述。

二、并联工作

当两台或两台以上的泵或风机同时向一条管路系统输送流体时，这种泵与风机的联合工作方式叫做并联。采用并联工作方式，在客观上提高了泵与风机的流量，但是在实际使用中，主要目的是用来提高系统调节的灵活性和工作的安全性。具体讲，采用并联方式，一方面是用在管路系统的流量经常需要在较大的范围内调节时，通过起停泵与风机台数的调整，可以来很经济灵活地调节流量；另一方面，某些系统对泵的可靠性要求较高，例如火电厂的给水泵、凝结水泵，通常都需要一定容量的备用泵，运行泵和备用泵就应采用并联方式，这是运行安全的要求。实际上，发电厂中的泵或风机很少有单独设置的，绝大多数的场合都是采用并联工作方式。

为了便于分析，现以两台性能相同的泵来说明并联运行的特点。

如图 4-3 所示，由于泵的出水汇合于同一条管道，所以泵 Ⅰ 与泵 Ⅱ 的扬程始终相等，而这两台泵的流量之和为并联的总流量。这样，这两台泵并联的总性能曲线上任意工况点就可在相同扬程的前提下，由流量相加（对于性能相同的泵即为 2 倍流量）而得出，从而得出并联工作的总性能曲线，如图 4-3 中的 Ⅰ+Ⅱ 曲线所示。并联工作的工况点是由总性能曲线和管路特性曲线共同确

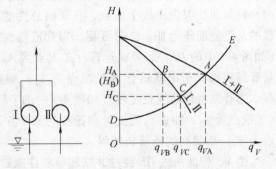

图 4-3　性能相同的两台泵并联

定的，即图中的 A 点，此时并联工作的其中的一台泵工作在 B 点。与之相比，单独一台泵工作时的工况点则为 C 点，可见，并联使流量和扬程均有所增加。

若有 n 台泵或风机并联工作，则有

总扬程　　　　　　　　　　$H = H_1 = H_2 = \cdots = H_n$

总全压　　　　　　　　　　$p = p_1 = p_2 = \cdots = p_n$

总流量　　　　　　　　　　$q_V = q_{V1} + q_{V2} + \cdots + q_{Vn}$

总结上述情况，需强调以下两点：

1）同一管路系统下，两台泵并联运行时，流量和扬程都比单独一台泵工作时有所增大，即 $q_{VA} > q_{VC}$，$H_A > H_C$。并联运行时流量的增加，并不是各台泵单独运行流量的简单相加，实际上 $q_{VA} < 2q_{VC}$，并且随着并联泵台数的增加，每增加一台泵所增加的流量会越来越少。

2）两台性能相同的泵，在并联运行中的总扬程等于任意一台泵的扬程；总流量为两台泵流量相加，即 $H_A = H_B$，$q_{VA} = 2q_{VB}$。

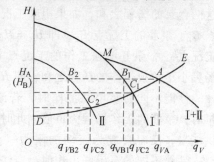

图 4-4   不同性能的两台泵并联

对于性能不同的两台泵的并联工作，总性能曲线 $H—q_V$ 的绘制和上述方法类似，即在扬程不变的前提下将流量相加，如图 4-4 中的 Ⅰ + Ⅱ 曲线所示。此时这两台泵并联运行的扬程相同，总流量是这两台泵的流量之和，对于并联的工况点 A，泵 Ⅰ 的工况点 B_1、泵 Ⅱ 的工况点 B_2，即 $q_{VA} = q_{VB1} + q_{VB2}$。图中，泵 Ⅰ 和泵 Ⅱ 单独工作的工况点分别为 C_1 和 C_2，且并联的总流量小于这两台泵单独工作的流量之和，即 $q_{VA} < q_{VC1} + q_{VC2}$。

由图 4-4 可看出，不同性能的泵并联时同样会使工作范围受到限制，即总流量不能小于 M 点的流量，否则泵 Ⅱ 的流量为零（一般泵的出口侧有逆止门，否则流量为负值）。这样会造成流量过低的泵效率严重下降并会发生汽蚀。为避免并联时的个别泵工作的恶化，在选择并联工作方式时，应尽量选择性能相同的泵。

三、并联工作和串联工作的比较

从上述分析可知，串联和并联的工作方式都可以提高流量和扬程，那么在需要提高流量或扬程的场合，选择哪种工作方式更为有效？为比较的方便，现以性能相同的两台泵为例进行分析。如图 4-5 所示，两台性能曲线都为曲线 Ⅰ 的泵，并联的总性能曲线为 Ⅱ，串联的总性能曲线为 Ⅲ。由图可见，当管道特性曲线较平坦时（如图 4-5 中的 DE_1），并联运行（工况点为 A_1）所提高的流量和扬程都大于串联运行（工况点为 A_1'）提高的流量和扬程。当管路特性曲线较陡时（如图 4-5 中的 DE_2），串联运行（工况点为 A_2）所提高的流量和扬程均大于并联运行（工况点为 A_2'）所提高的流量和扬程。

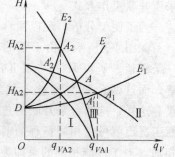

图 4-5   并联和串联工作的比较

图 4-5 中的曲线 DE 经过并联和串联性能曲线的交点 A，所以，管路特性曲线处于 DE 这一特殊位置时，选择串联工作方式和并联工作方式对提高流量和扬程的效果是一样的。

管路的阻力小时，管道特性曲线较平坦；管路的阻力大时，管路特性曲线较陡。因此，当管路系统阻力大时，泵与风机选择串联方式较适宜；而当管路系统阻力较小时，泵与风机选择并联方式较为适宜。

第二节 泵与风机的工况调节

由前述已知，处在管路系统中的泵或风机需要在能量供需平衡的条件下工作，这样，泵或风机就有了固定的工况点。但是，实际中运行的泵与风机常需要调整其输出的流量，改变工况点，实时地适应系统的要求。所谓调节，就是通过人为改变泵与风机工况点的位置，从而改变输送流体的参数，以适应实际要求的行为。改变泵与风机工况点的方法，总的来讲有两种：一种是改变泵与风机的性能曲线；另一种是改变管路特性曲线。具体讲，泵与风机常见的调节方法有如下几种。

一、节流调节

节流调节是最简单、也是泵与风机应用最广泛的调节方法。它是通过改变管路系统中的调节阀（或挡板）的开度，使管路特性曲线的形状发生改变来实现工况点位置的改变。节流调节又分为出口端调节和入口端调节两种情况。

（一）出口端调节

将调节阀置于泵或风机的压出管路上的调节方法叫做出口端调节。如图 4-6 所示，曲线 I 表示阀门全开的管路特性曲线，从图中可以看出，阀门全开时泵的工况点为 M，如果此时需要的流量为 q_{VA}，则可通过关小调节阀来增加整个管路的特性系数 S，使管路特性曲线往上移动至曲线 II。在这个阀门开度下，泵的工况点为 A，流量为 q_{VA}。此时除了调节阀外的管路系统，需求的能头仅为 H_B，实际消耗的能头则为 H_A，二者之差即图中的 ΔH，为阀门上能头的降落量，叫做

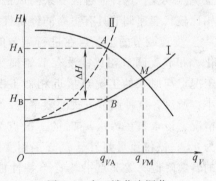

图 4-6 出口端节流调节

节流损失，损失的功率为 $\Delta N = \dfrac{\rho g q_{VA} \Delta H}{1000}$。在工况点 A，泵本身的有效功率和轴功率分别为

$N_e = \dfrac{\rho g q_{VA} H_A}{1000}$ 和 $N = \dfrac{\rho g q_{VA} H_A}{1000 \eta_A}$。由于泵的调节阀也是泵装置的组成部分，所以节流调节后，泵装置的实际运行效率为

$$\eta'_A = \frac{N_{eA} - \Delta N}{N_A} = \frac{\rho g q_{VA}(H_A - \Delta H)\eta_A}{\rho g q_{VA} H_A} = \frac{(H_A - \Delta H)}{H_A}\eta_A \tag{4-1}$$

可见，这种调节方法的经济性较差，工作在小流量下更为突出。节流调节导致的效率降低，一方面固然是阀门的节流作用造成的，另一方面则是由于泵或风机自身效率的降低。尽管这种调节方法的经济性较差，但是这种方法不需要复杂的调节设备，简单、可靠、易行，因此，常用于中小型离心泵系统中。对于轴流式泵与风机，由于其效率曲线陡，若采用节流调节，则泵与风机的效率降低过多，而且还有不稳定工作的问题，因此一般不宜采用。

（二）入口端调节

这种方法常用于风机的调节，它是通过改变置于入口端的挡板开度来调节流量。与出口端节流调节相比较，当风机入口挡板关小时，不仅管路特性曲线改变，而且风机的性能曲线

也变陡。这是因为入口节流后，风机叶轮前的压力下
降，使气体的密度减小，气体在风机中提高的全风压就
会减小，如图4-7所示。M 点为挡板全开时风机的工况
点，关小入口挡板，使风机的工况点移至 A 点，此时发
生于入口挡板上的节流压降（节流损失）为 Δp_1。与此
相比，若用出口端节流调节，此流量下的工况点为 A'，
则相应的入口挡板上节流压降为 Δp_2。显然，入口端节
流调节的节流损失小于出口端节流调节。

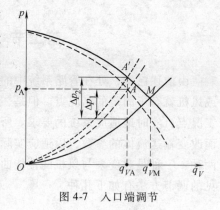

图 4-7　入口端调节

尽管入口端节流调节的经济性好于出口端节流调
节，但是为避免泵汽蚀，入口端节流调节不可用于水
泵。

二、变速调节

根据比例定律可知，当泵与风机的转速改变时，其性能曲线的位置会发生变化，从而使
工况点改变。这种通过改变泵与风机转速来调节流量的方法叫做变速调节。和其他调节方法
相比较，变速调节具有更高的经济性，其节能原理简述如下：

变速调节的工况点在进行调节时沿着管路曲线变
化，和节流调节相比，没有节流损失，且调节之后的
工况点与原来的工况点接近相似工况，效率的降低很
小，所以，这种调节方式的效率高。例如图4-8所示的
情况，该水泵在转速 n_1 时的工况点为 M，相应的流量
为 q_{VM}，欲将流量调节至 q_{V1}，采用变速调节时，随着泵
的转速降低，工况点沿着管路特性曲线移动。当转速
降至 n_2 时，流量变为 q_{V1}，此时的工况点为 B，效率可
近似地按转速 n_1 的性能曲线上与工况点 B 相似的工况
点 B' 的效率计算，则变速调节之后的轴功率为

$$N_B = \frac{\rho g q_{V1} H_B}{1000 \eta_B'} \tag{4-2}$$

而为达到同样的调节结果（流量为 q_{V1}），如果采
用节流调节，则随着泵出口调节阀关小，管路总阻力
增加，管路特性曲线上移。当移至位置 II 时，泵的工
况点沿着泵的性能曲线移至 A 点，效率为 η_A，此时泵
的轴功率为

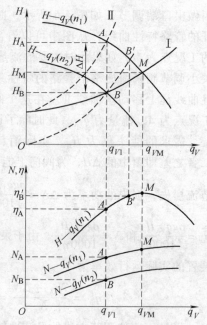

图 4-8　变速调节的节能原理

$$N_A = \frac{\rho g q_{V1} H_A}{1000 \eta_A} \tag{4-3}$$

由于 $H_A > H_B$，$\eta_A < \eta_B$，所以节流调节后的轴功率 N_A 高于变速调节后的轴功率 N_B。N_A
较高的原因：一是有部分功率消耗在阀门的节流损失；二是泵自身的效率也较同流量下变速
调节时低。二者之差就是采用变速调节比采用节流调节所节约的功率。由此可见，变速调节
在低于最大流量下工作时可以节约轴功率，流量越低，节约的轴功率就越多。

需要注意的是，在大多数情况下，变速调节前后工况点流量、扬程及功率的变化，并不能直接满足于比例定律，只有变速前后的工况相似时（例如一般情况下的通风机采用变速运行时），泵与风机流量、扬程及功率变化才能满足比例定律。实际上，常用图解法找出变速前后的工况点来分析变速调节参数的变化。

变速调节是泵与风机运行经济性很高的一种调节方法，是泵与风机节能改造的一个重要方向。至于如何实现泵与风机变速调节，详见下一节。

三、入口导流器调节

入口导流器调节是离心式风机广泛采用的一种调节方法，它安装在风机入口前，通过改变风机入口导流器的装置角来改变气流进入叶轮的方向，使风机性能曲线的形状改变。常用的形式有轴向导流器和径向导流器两种。图 4-9a 所示为轴向导流器。轴向导流器由若干个扇形叶片构成，叶片上装有转轴，使叶片可沿自身轴线转动。在工作时，所有的叶片在连杆机构作用下同步转动，以改变扇形叶片的装置角，进而改变进入叶轮的气流方向。入口导流器的另一种形式为图 4-9b 所示的径向导流器，也叫做简易导流器。它是一个由若干个叶片组成的叶栅，置于风机的进气箱前，在连杆机构作用下，每个叶片可绕自身轴同步转动，从而控制风机叶轮入口前气流的旋转。

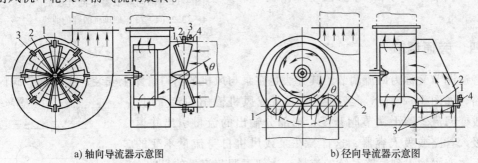

a) 轴向导流器示意图　　　　　　　b) 径向导流器示意图

图 4-9　离心式风机的入口导流器

1—入口叶片　2—叶轮进口风筒　3—入口导叶转轴　4—导叶操作机构

进入叶轮的气流方向改变，使风机的性能曲线的变化情况，可以通过对叶轮入口速度三角形的分析及泵与风机的基本方程式来说明。如图 4-10a 所示，当导流器全开时气流径向进入叶片，$\alpha_1 = 90°$；当导流器开度减小时，气流进入叶轮前发生旋转，$\alpha_1 < 90°$，从而使风机的全压下降，全压曲线的位置随

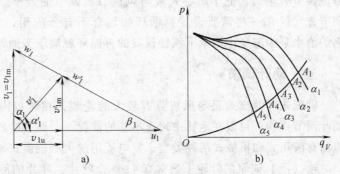

图 4-10　入口导流器调节

之发生变化。随着导流器叶片装置角的增大（导流器开度关小），进入叶轮的气流旋转增强，α_1 进一步减小，风机全压曲线的位置也将随之降低，如图 4-10b 所示。同时，功率、效率等性能曲线亦发生相应的变化，如图 4-11 所示。

和节流调节相比，风机采用导流器调节的优势主要体现在以下几个方面：一是没有节流损失，这将使风机实际工作效率提高；二是在风机偏离设计工况时自身效率的下降较少，这是因为随着轴向导流器叶片关小，风机效率曲线的峰值也向小流量方向偏移，这将使风机在小流量工作时的效率相对更高，如图4-11所示；三是在导流器调节过程中，工况点始终在性能曲线下降段，这就对 $p-q_V$ 曲线有驼峰的风机非常有利，避开了性能曲线的不稳定区域。

需要注意的是，对于水泵来讲，由于汽蚀性能的要求，入口导流器不适用于离心泵的调节。另外，轴流风机常采用的静叶调节原理与本调节方法基本相同。

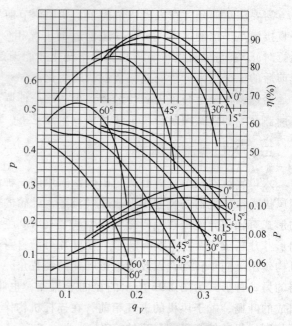

图 4-11   轴向导流器不同开度时
4—13.2（4—73）型风机的性能曲线

四、旁通调节

旁通调节又称为回流调节，其方法是在泵与风机的出口管路上安装一个带调节阀门的回流管路，如图 4-12 所示。当需要调节泵或风机输出的流量时，通过改变回流管路上调节阀开度，把部分输出的流量引出并返回至吸入管路或吸入容器，这样，在泵或风机自身流量不变的情况下改变了输入到管路系统的流量，达到了调节流量的目的。

旁通调节的经济性差，调节效率仅比轴流式泵与风机采用节流调节时略高，低于离心式泵与风机节流调节的效率。这种调节方式仅在一些需要设置再循环的场合下有所应用，例如，锅炉给水泵为避免小流量下汽蚀设置的再循环就属于旁通调节。

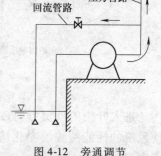

图 4-12   旁通调节

五、动叶调节

轴流式和混流式泵与风机具有较大的轮毂，在轮毂内装设动叶调节机构，可以在运转中转速不变的前提下，调节叶片的安装角。泵与风机的动叶调节机构有液压式和机械式两种类型，发电厂用的大型轴流式风机多采用液压调节机构。

轴（混）流泵的叶轮上通常有 4~5 个叶片，叶片的形状为扭曲的机翼形。叶片安装在轮毂上，有固定式，半调式式和全调式式之分，后两种形式可以在一定的范围内改变动叶安装角进行调节。轮毂有圆锥形、圆柱形和球形三种，在可调节叶片的轴流泵中，一般采用球形轮毂，如图 4-13 所示。球形轮毂可以使叶片在任何角度和轮毂之间保持固定的间隙，减少水流经此间隙的泄漏损失。轴流泵的动叶调节机构有多种，其基本原理如图 4-14 所示，通过空心主轴内的芯轴控制连杆机构，带动叶片曲柄，使叶片按照需要改变安装角。

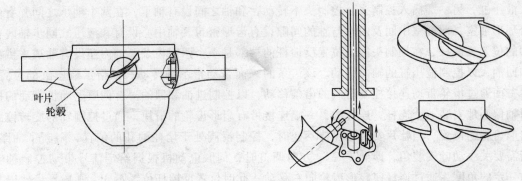

图 4-13　球形轮毂的叶轮　　　　　　图 4-14　动叶调节示意图

大型轴流式风机液压动叶调节机构比较复杂，也有多种类型，但其工作原理近似。现以引进德国 TLT（TURBO – LUFTTECHNIK GMBH）公司技术生产的大型轴流式风机为例说明其工作原理。图 4-15 为 TLT 公司轴流式风机的液压调节机构工作原理图。液压缸内的活塞固定在活塞轴上，活塞轴则固定于叶轮的罩壳上和叶轮一同转动，活塞缸在液压油作用下产生轴向移动，带动叶柄上的调节杆（曲柄）运动，从而调节叶片的安装角。活塞轴一端插

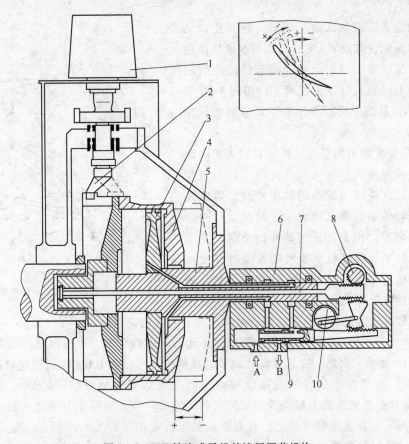

图 4-15　TLT 轴流式风机的液压调节机构

1—叶片　2—调节杆　3—活塞　4—液压缸　5—活塞轴　6—控制头　7—位置反馈杆

8—指示轴　9—控制滑阀　10—控制轴　A—液压油　B—回油

入液压缸，另一端插入控制头。控制头不转动，和轴之间设有轴承；在两个轴承之间开有两个环形油室，两油室中间及两端与轴的间隙设有齿形密封。轴中心设有和液压缸同步轴向移动的位置反馈杆，在控制头内，位置反馈杆的端部是一个两面齿条。轴内还设有油道来供油和回油，以控制液压缸的轴向移动。该齿条的一面带动指示轴转动，以指示液压缸的位置；另一面通过齿轮带动连接控制滑阀的齿条移动，以控制进油和回油。有伺服电动机带动的控制轴偏心地安装一个连杆，连杆的另一端连接带有扇形齿轮的滑块，通过控制轴的旋转控制扇形齿轮的位置。当叶片安装角保持不变时，控制滑阀处于堵住油孔的位置，阻断了油路。当需要关小动叶安装角，即向"－"方向调整时，伺服电动机根据给定信号带动控制轴转动一定的角度，通过连杆使扇形齿轮向右移动，此时位置反馈杆位置不变，则扇形齿轮以与反馈齿条的啮合点为支点移动，带动控制滑阀向右移动。滑阀将液压油路接通至活塞右侧，回油路接通至活塞左侧，使液压缸右移，于是带动动叶开始向"－"方向转动。液压缸的右移带动反馈杆右移，通过齿条带动扇形齿轮转动，此时控制轴的位置不变，则扇形齿轮只能以自身轴为支点转动，通过控制滑阀的齿条使控制滑阀复位，重新阻断油路，液压缸停留在一个新的位置上。这样控制轴旋转一定的角度就使液压缸产生一定的位移，从而使其转过一定的角度。同样的道理，欲使动叶向开大的"＋"方向转动时，只需向相反的方向调节控制轴即可。

根据轴流式和混流式泵与风机叶轮理论，动叶安装角的变化会改变 H_T 或 p_T，从而改变性能曲线，达到工况调节的目的。动叶调节性能曲线的变化类似于上述的入口导流器调节，如图4-16和图4-17所示。从图中可以看出动叶调节的特点如下。

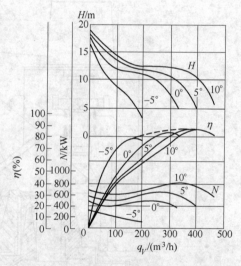

图4-16　立式混流泵动叶调节性能曲线

1）采用动叶调节的泵与风机具有较宽的高效区。轴流式或混流式泵与风机具有高比转速泵与风机的特点，即最佳工况点的效率较高，但偏离最佳工况点时效率的降低较大，这就使动叶固定时的高效区较窄。但是，采用动叶调节时，某个角度动叶片的泵与风机效率曲线随着动叶开度减小而向左移动，如图4-16所示，这将使得泵与风机工况点保持在效率曲线的最高点附近，使实际运行的效率较高，因此泵与风机采用动叶调节具有较宽的高效区。

2）动叶调节不但可以从安装角为零向减小流量的方向调节，也可向增大流量的方向调节，如图4-17所示。因此，在选择动叶调节的风机时，可以把100%机组额定负荷流量工况点（MCR点）选在性能曲线的最高效率点，而把包括安全裕量在内的最大流量工况点（T.B点）选择在性能曲线上最高效率工况点的大流量一侧。动叶调节的这一特点使其和离心式风机采用入口导流器调节相比，具有更高的运行效率，如图4-18所示。这是因为采用入口导流器调节时只能将导流器安装角从零往小流量方向调节，一般而言，入口导流器全开时（$\theta = 0°$）风机工作在最佳工况，这个工况点必须用来满足最大流量工况点（T.B点），而风机实际工作概率最大的100%额定负荷流量工况点（MCR点）只能错过效率最高的最

佳工况点。在图 4-18 中，轴流
式风机采用动叶调节，在 100%
机组额定负荷流量工况点（MCR
点）工作效率约为 88%；而采
用入口导流器调节的风机在 MCR
点的效率仅为 70% 左右。

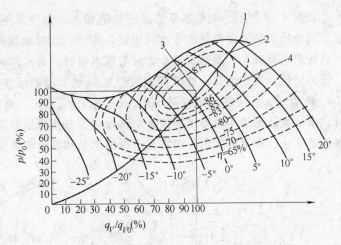

图 4-17　轴流式风机动叶调节性能曲线

1—管路特性曲线　2—最大流量点　3—机组额定负荷时的工况点
4—等效率曲线（虚线）

　　轴流式和混流式泵与风机的
动叶调节是各种非变速调节中运
行效率最高的调节方式，但是与
其他非变速调节方式相比，具有
初投资高、装置复杂的缺点，因
此，动叶调节主要应用在容量
大、调节范围宽的场合。对于火
力发电厂来说，大型机组的锅炉
送、引风机及一次风机、循环水
泵常采用动叶可调的轴流式泵与风机。在发电厂锅炉送、引风机中，常见的还有静叶可调的
子午加速轴流式风机，其静叶调节的效率也高于离心式风机入口导流器调节的效率，由于其
调节特性和动叶调节有较多的相似之处，本书不再详细论述。

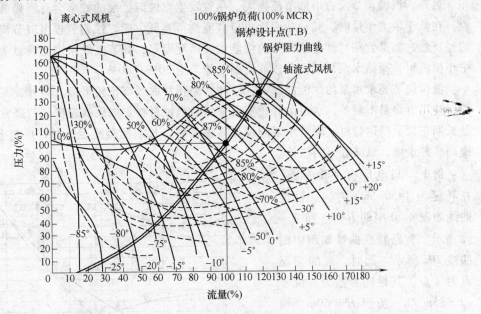

图 4-18　风机的动叶调节与入口导流器调节的比较

六、液位调节

　　液位调节是利用水泵系统的吸水箱水位升降来调节流量的一种调节方法。水泵吸入液位
降低会使水泵吸入压力下降，如果压力下降造成了泵内汽蚀，就会使泵的流量下降。液位调
节就是利用了这一原理。

如图 4-19 所示，凝结水泵输送的是饱和水，为使泵不发生汽蚀，必须有一定的倒灌高度。汽轮机负荷正常时热水井水位固定，为 H，此时水泵内不发生汽蚀，泵的工况点为 M。当汽轮机负荷减小，凝结水量小于泵的输水量时，热水井的水位就会下降，致使凝结水泵入口压力降低，发生汽蚀，使性能曲线急剧降落，随着液位的降低，泵的工况点分别为 M_1、M_2、M_3、…，相应的流量亦减小至 q_{V1}、q_{V2}、q_{V3}、…。流量减小后，和凝结水量达到平衡时，水位重新稳定于新的平衡位置。这种调节方法可以自动地调整水泵的实际流量以适应输水量的变化，在火力发电厂中常见于凝结水泵和部分疏水泵的调节。

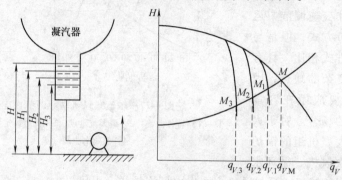

图 4-19 凝结水泵的液位调节

可见，汽蚀调节的明显特点是无需调节设备能自动调节流量，系统简单、不需要人员操作。另外，汽蚀调节没有增加节流损失，尽管发生汽蚀时，泵的效率会有所降低，但总的来说，在低于最大流量时，其轴功率比出口节流调节要低，即汽蚀调节较出口节流调节有一定的经济性，如果管路特性曲线与泵的性能曲线匹配得当，其节电效果也比较显著，例如一些中小型机组，凝结水泵汽蚀调节较节流调节能节电 30% ~ 40%。

液位调节要求水泵的性能曲线 $H-q_V$ 和管路特性曲线都比较平坦。另外，泵内的汽蚀对泵的使用寿命是不利的，水泵的叶轮需要采用耐汽蚀材料。如果汽轮机负荷经常变动，尤其是长期在低负荷运行时，凝结水泵应有再循环管，长期低负荷运行时，应打开再循环门，提高热井水位，以减轻泵的汽蚀。

例 1 某电厂有一冷凝泵，在转速为 1450r/min 时，其性能曲线如图 4-20 中的 $H—q_V$ 和 $N—q_V$ 所示。管路特性曲线如图中的曲线 DE 所示。此时，泵的工况点为 A 点，其性能参数为：流量 $q_V = 35\text{m}^3/\text{h}$、扬程 $H = 60\text{m}$、轴功率 $N = 6.5\text{kW}$。已知水的密度为 1000kg/m^3。问：管路特性曲线不变，当转速提高到多少时，泵的流量为 $70\text{m}^3/\text{h}$？相应的扬程和轴功率各为多少？

解： 根据题意，如图 4-20 所

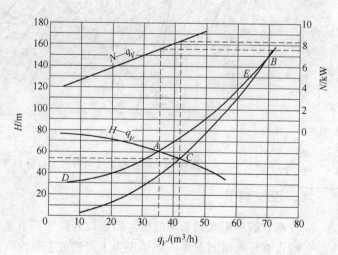

图 4-20 例 1 图

示，在横坐标为 70m³/h 处作垂直线，它与管路特性曲线的交点 B 点，它就是转速提高后泵的工况点。查出该点的扬程为 150m。

过 B 点和原点绘制二次抛物线 $H = K_B q_V^2$，由 B 点坐标求出 K_B。

$$K_B = \frac{H_B}{q_{VB}^2} = \frac{150}{70^2} = 0.0306$$

取若干个 q_V 计算出相应的 H，如下表：

$q_V/$（m³/h）	10	30	50	70
H/m	3.1	27.9	77.5	150

绘制二次抛物线即比例曲线，它与泵扬程性能曲线的交点为 C 点，C 点是 B 点的相似工况点。查出 C 点的性能参数为 $q_{VC} = 42\text{m}^3/\text{h}$、$H_C = 54\text{m}$、$N_C = 8.25\text{kW}$，则效率为

$$\eta_C = \frac{\rho g q_{VC} H_C}{1000 N_C} = \frac{1000 \times 9.81 \times 42 \times 54}{1000 \times 3600 \times 8.25} = 0.7491$$

由于 B 点与 C 点是相似工况点，由比例定律得

$$n_2 = \frac{q_{VB}}{q_{VC}} n_1 = \frac{70}{42} \times 1450\text{r/min} = 2417\text{r/min}$$

B 点与 C 点的效率相等，B 点的轴功率为

$$N_B = \frac{\rho g q_{VB} H_B}{1000 \eta_C} = \frac{1000 \times 9.81 \times 70 \times 150}{1000 \times 3600 \times 0.7491}\text{kW} = 38.2\text{kW}$$

所以，管路特性曲线不变，当泵转速提高到 2417r/min 时，泵的流量为 70m³/h，相应的扬程为 150m，轴功率为 38.2 kW。

例 2　某风机的性能曲线如图 4-21 所示。管路中风门全开时的管路特性曲线为图中的曲线 OE，试计算：

1）当用两台这种型号的风机并联运行时，最大的送风量为多少？两台风机共消耗的轴功率是多少？

2）当所需送风量下降到多少时一台风机单独运行就能满足？如果此时仍采用两台风机并联运行，并且用出口风门节流调节，则多消耗的轴功率为多少？

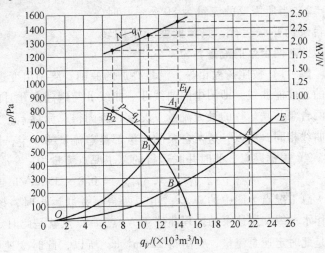

图 4-21　例 2 图

解：1）画出两台风机并联运行时的全压性能曲线，它与风门全开时的管路特性曲线 OE 的交点为 A，则 A 点是并联运行的最大流量工况点，可查得并联运行的最大送风量为 21700m³/h。风机并联时两台风机都是在图中 B_1 点工作，流量为 10850m³/h，由此流量在轴功率曲线 N—q_V 上查得，可得每台风机的轴功率为 2.125kW，两台风机共消耗的轴功率为 $2 \times 2.125\text{kW} = 4.25\text{kW}$。

2）一台风机单独运行的最大流量工况点，是一台风机性能曲线 p—q_V 与风门全开时的

管路特性曲线 OE 的交点，即图 4-21 中的 B 点，B 点的送风量为 14000m³/h。所以，当所需送风量下降到 14000m³/h 时，一台风机单独运行就能满足，由轴功率曲线 $N—q_V$ 查得此时风机的轴功率约为 2.375kW。

如果此时仍采用两台风机并联运行，并且用出口风门节流调节，则并联运行的总工况点为图中的 A_1 点，此时两台风机都是在图中的 B_2 点工作，由 B_2 点流量 7000m³/h 查轴功率曲线 $N—q_V$，可得每台风机的轴功率为 1.875kW，两台风机总的轴功率为 $2 \times 1.875\text{kW} = 3.75\text{kW}$。

所以，当送风量下降到 14000m³/h 时，两台并联运行比一台风机单独运行多耗的轴功率为

$$\Delta N = (3.75 - 2.375)\text{kW} = 1.375\text{kW}$$

例 3 有两台泵并联运行，其中一台泵是定速泵，额定转速为 3000r/min，另一台是变速泵，最高转速为 3000r/min，两台泵在转速为 3000r/min 时的扬程性能曲线相同，如图 4-22 中的曲线 I 所示，阀门全开时的管路特性曲线如图 4-22 中的曲线 DE 所示。试计算：

1）这两台泵并联运行时最大的输送流量 $q_{V\max}$ 为多少？此时两台泵的流量各为多少？

2）当所需要的流量为 80% $q_{V\max}$ 时，两台泵仍并联运行，只降低变速泵的转速，此时两台泵的流量各为多少？

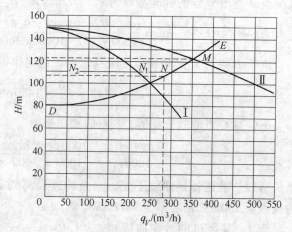

图 4-22 例 3 图

解：1）按照扬程相等、流量叠加的原则，绘制出变速泵为最高转速时与定速泵并联运行的总性能曲线，即图中的曲线 II。曲线 II 与阀门全开时的管路特性曲线 DE 的交点 M，就是两台泵并联运行的最大流量工况点，查图得总流量 $q_{V\max}$ 为 350m³/h。这时两台泵的扬程性能曲线相同，所以，这两台泵的流量都是总流量的一半，即 175m³/h。

2）根据题意，此时并联运行的总工况点流量为

$$q_{VN} = 0.8q_{V\max} = 0.8 \times 350\text{m}^3/\text{h} = 280\text{m}^3/\text{h}$$

总工况点为图中的 N 点，由于两台泵并联运行时，扬程相等、流量叠加，所以，过 N 点作水平线交定速泵的扬程曲线于 N_1 点，N_1 点就是此时定速泵的工况点，该点对应的流量就是此时定速泵流量，查图得 225m³/h，所以，此时变速泵流量为 280 m³/h - 225 m³/h = 55m³/h，此时变速泵的工况点为图中的 N_2 点。

第三节 泵与风机变速运行的措施

实现泵与风机变速的方式主要有三种类型：一是采用固定转速的电动机加无级变速装置；二是采用电动机变速运行；三是采用可变速汽轮机作为泵与风机的原动机。在发电厂大型泵与风机中常用的变速调节方法主要有：液力耦合器变速调节、采用双速电动机辅以进口

导流器或出口节流阀调节、可变速汽轮机变速调节、高压变频器变速调节。

一、液力耦合器

液力耦合器又称为液力联轴器，是一种以液体为工作介质，利用液体动能传递能量的一种叶片式传动机械。按应用场合的不同可分为普通型（离合型）、限矩型（安全型）、牵引型和调速型。应用于泵与风机变速的是调速型液力耦合器，本书所讨论的仅限于调速型液力耦合器（以下均简称液力耦合器）。

（一）液力耦合器工作原理

图 4-23 为调速型液力耦合器结构图，其结构的主要部件是泵轮、涡轮、旋转内套及勺管等。旋转内套连接在泵轮上，同泵轮一同旋转。由泵轮、涡轮、旋转内套构成了两个圆环形腔室，即涡轮和泵轮之间的工作腔及涡轮与旋转内套之间的勺管室，如图 4-24 所示。泵轮和涡轮均有一个半环形腔室，腔室内有 20 ~ 40 片径向叶片。为避免共振，涡轮的叶片一般比泵轮的少 1 ~ 4 片。泵轮和涡轮的间隙很小，只有几毫

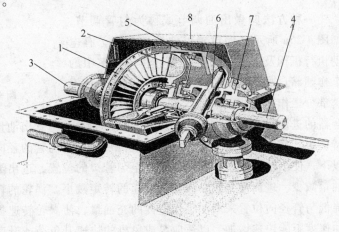

图 4-23　液力耦合器
1—泵轮　2—涡轮　3—输入轴　4—输出轴　5—旋转
内套　6—勺管　7—回油箱　8—机壳

米，工作腔内充有工作介质油。在工作时，与主动轮相连接的泵轮带动着工作腔中的工作油旋转，在离心力作用下，工作油产生如图 4-24a 中箭头所示的圆周运动（称循环圆），泵轮的出油有很大的圆周速度，因而具有较大的动量矩。工作油进入涡轮后，沿着由径向叶片组成的流道做向心运动，将动能传递给涡轮，使涡轮转动，带动连接在涡轮上的从动轴转动，但是涡轮的转动速度低于泵轮转动速度。工作油从涡轮流出时的动量矩较小，进入泵轮后在泵轮流道中流动重新获得能量。如此周而复始，将主动轴的转矩由泵轮和涡轮传递到从动轴上。

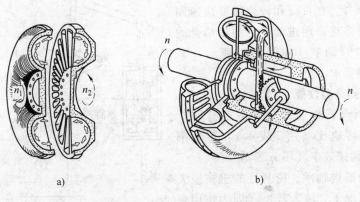

a)　　　　　　　　　　b)

图 4-24　工作腔内介质油的流动

　　液力耦合器正常工作时，工作油由于剧烈的冲击和摩擦而产生热量，使油温升高，这就需要不断地进油、出油形成循环，以带走热量。耦合器外部设有热交换器和油泵。

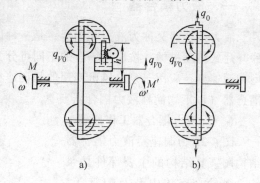

　　工作腔内的油量决定了泵轮、涡轮间传递转矩的大小，因而，改变耦合器工作腔内的充油量就可以改变涡轮和泵轮的速度比，从而达到调速的目的。调节工作油量的方法有以下两种。

图 4-25　勺管和喷嘴的工作原理

　　一种方法叫做出油调节或称为勺管调节，如图 4-25a 所示，即设置可伸缩的勺管，有电动执行机构及连杆控制其行程。在勺管室中的工作油靠自身的动能冲入勺管口，于是勺管将这部分工作油吸出勺管室。在固定转速下，耦合器的进油量、泵轮和涡轮的径向间隙泄油量及勺管出油量保持平衡，使工作室内的油量保持一定。当需要减负荷时，由伺服机构带动提高勺管的径向位置，使勺管口没于油环的液面以下，使出油量大增，直至液位降至勺管口的位置，进出油量重新达成平衡，使工作室内的油量减少，进而使泵轮、涡轮间传递的转矩减小，涡轮的转速下降。增负荷时则相反，通过降低勺管径向位置来增加工作室内的充油量，使涡轮转速提高。但是此方法最大的缺点是进油速度不能快速增加，以适应泵或风机的快速升负荷或升速的要求。

　　另一种方法叫做进油调节，如同 4-25b 所示。来自工作油泵的进油先经过一个调节阀再进入耦合器，调节阀由电动伺服机构控制而改变进油量，出油经固定在旋转内套上的喷嘴喷出，经回油系统流出液力耦合器。喷嘴的流量大小需要精确设计，流量过大，能量损失大；流量过小，则无法控制油温的升高。此方法，由于出油量的限制，不能适应泵或风机紧急降负荷或转速的要求。

　　上述两种调节方法各有其优缺点，可根据实际需要进行选择。在负荷和转速需要快速调节的场合，则更多地采用进油、出油相结合的勺管、进油阀联合调节（如图 4-26 所示）来适应快速调节的要求。

（二）液力耦合器性能

　　表示液力耦合器性能的参数主要有转矩（用 M 表示）、转速比（用 i 表示）、转差率（用 s 表示）和调速效率（用 η 表示）等。

　　在忽略耦合器内轴承、密封处的机械损失及容积损失的情况下，输入转矩（即为作用在泵轮上的转矩 M_P）等于输出转矩（即作用在

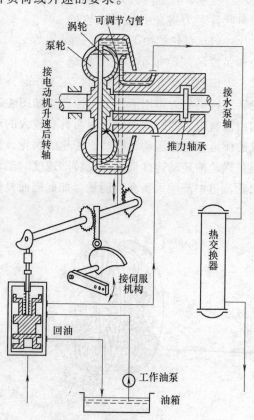

图 4-26　勺管进油阀联合调节示意图

涡轮上的转矩 M_T）。经泵轮和涡轮传递的功率分别为 $M_P\omega_P$ 和 $M_T\omega_T$，则耦合器工作的效率就为

$$\eta = \frac{M_T\omega_T}{M_P\omega_P} = \frac{\omega_T}{\omega_P} = \frac{n_T}{n_P} = i \tag{4-4}$$

由此可见耦合器传递效率与涡轮和泵轮的转速比相等。传递损失率 $1 - \eta = 1 - i = s$，即泵轮和涡轮的传递损失率总与其转差率相等。

图 4-27 所示为泵轮转速不变时不同的工作室充油率 C 下涡轮、泵轮转速比和传递转矩的关系曲线，即耦合器外特性曲线。由图 4-27 可以看出，若转速比不变，随着充油率的增加，所传递的转矩增加；若传递固定转矩，则随着充油率的增加转速比增加。实际上泵与风机运行的阻力矩与转速的关系受负荷特性的影响而情况有所不同，对于滑压运行的给水泵，其阻力矩曲线为 1；对于锅炉送、引风机或无背压的水泵，其阻力矩曲线为 2；对于定压运行的给水泵，其阻力矩曲线为 3。泵与风机的阻力曲线与耦合器外特性曲线的交点即为驱动力矩和阻力矩的平衡点，就是液力耦合器的工况点。

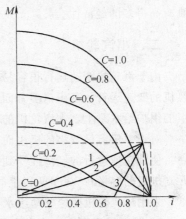

图 4-27 耦合器外特性和工况点

从图 4-27 中也可看出，充油率 C 一定时，转速比越大，耦合器所传递的功率就越小。

泵与风机应用液力耦合器的目的是实现变速调节的经济性，这一点在低负荷运行时尤为重要。但是，耦合器在转差率较大时，其效率（$\eta = i$）也会降低。如果原动机输入至泵轮的有效功率为 N_P、传递至涡轮的有效功率为 N_T，则

$$N_P = \frac{N_T}{\eta} = \frac{N_T}{i} \tag{4-5}$$

而涡轮上的有效功率 N_T 与所带的负载（泵或风机）的轴功率相同，据泵与风机的相似定律知，N_T 与转速 n_T^3 成正比，在泵轮转速不变的情况下，则 N_T 与转速比 i^3 成正比，常用 Ki^3 表示 N_T，则原动机输入至泵轮的有效功率为

$$N_P = \frac{Ki^3}{i} = Ki^2 \tag{4-6}$$

所以耦合器损失的功率

$$\Delta N = N_P - N_T = K(i^2 - i^3) \tag{4-7}$$

为求 i 为多少时损失功率的最大值，现将 ΔN 对 i 求导数，有

$$\frac{d(\Delta N)}{di} = K(2i - 3i^2) \tag{4-8}$$

上式中，当 $i = 0$ 或 $i = 2/3$ 时，上式为零，即此时为功率损失最大值。$i = 0$ 为起动工况（涡轮未转动），显然不合理，即 $i = 2/3$ 时耦合器内的损失为最大值。常数 K 可由耦合器最高效率工况求得，一般可取 $\eta_{max} = i_0 = 0.97 \sim 0.98$，则 $K = \frac{N_0}{i_0^2} \approx N_0$（$N_0$ 为耦合器的额定功率），从而可求出

$$\Delta N_{max} = K(i^2 - i^3) \approx 0.15N_0 \tag{4-9}$$

上述分析的结论是，当液力耦合器的转速比 $i = 2/3$ 时，损失功率的最大值约为耦合器额定功率的 15% 左右，这就为与其他调节方式做比较提供了依据。虽然随着转速比减小，耦合器的效率也减小，但是，在 $i < 2/3$ 时，耦合器的损失不再升高，而是随着转速比降低而减少。这是因为在 i 很小时，耦合器输入的功率，即泵轮上的功率很小，此时的损失当然也很小。这样，虽然液力耦合器调速运行时效率要下降，但是与泵与风机的节流调节相比，具有高得多的经济性。

二、小汽轮机

由于汽轮机变速运行很容易实现，故可以采用小汽轮机直接驱动泵与风机，来实现泵与风机的变速运行。基于诸多方面的原因，采用小汽轮机驱动方式主要应用在大型火力发电机组的锅炉给水泵上。小汽轮机的汽源可以采用主机抽汽或高压缸排汽。

对于单机容量较小的机组而言，由于驱动给水泵的小汽轮机容量相对较小，其内效率不高，使其变速运行的经济性受到一定的限制。目前，根据技术经济比较的结果，一般认为单元制机组的容量在 200MW 以上时，采用小汽轮机驱动给水泵才是最佳方案。

采用小汽轮机变速驱动给水泵的优点主要有：

1）降低了厂用电率，增大了机组的输出电量，大约可使输出电量提高 3% ~4%。

2）提高了给水泵变速运行的效率。对于 250MW 以上的单元制机组，在额定工况下可比应用液力耦合器提高运行效率达 4%，在低于额定工况时提高得更多。

3）减少了厂用电变压器及电器设备的投资。

4）汽动给水泵不受电网频率变化的影响，具有比电动给水泵更好的运行稳定性。

使用小汽轮机变速运行显然存在的一个缺点，就是无法满足单元制机组的机组起动要求，常需设置电动泵作为锅炉上水、点火和低负荷时之用。因此采用汽动给水泵的机组常采用的配置形式为：两台 50% 容量的汽动调速泵和一台 25% ~40% 容量的电动备用泵。电动泵一般都配置有液力耦合器来实现变速。

ND（G）83/83/07—6 型小汽轮机是 300MW 机组配套的给水泵驱动用变速凝汽式汽轮机。按单元制机组给水要求，每台主机需配置两台 50% 容量的给水泵。小汽轮机采用高压和低压两种汽源单独或同时供汽。在机组高负荷运行时，利用主机的第四段抽汽（中压缸排汽，$t = 335.5℃$，$p = 0.762MPa$）为小汽轮机的汽源，称为主汽源或低压汽源。当机组在低负荷运行时，该段蒸汽参数低于小汽轮机的要求，汽源需切换至来自锅炉的新蒸汽，即锅炉的新蒸汽作为小汽轮机的辅助汽源或高压汽源。该型小汽轮机在进汽结构上采用相互独立的高、低压进汽室和喷嘴组，以及独立的主汽门和调节机构，高低压汽源切换时允许两种汽源同时进汽。在高于 40% 额定负荷时，全程由低压主汽源供汽，由低压调节阀调节进汽量来控制转速。当机组负荷低于 40% 时，高压调节阀自动开启，两种不同参数的蒸汽同时进入，随着负荷降低，低压蒸汽逐渐减少。该型小汽轮机可设有专用的凝汽器，凝结水由专用的凝结水泵并入凝结水系统，也可不设专用凝汽器，将小汽轮机排汽引入主机凝汽器。

三、电动机变速运行

火力发电厂泵与风机的电动机变速运行主要是应用交流电动机变速运行的方法，其变速途径可以分为：改变交流电动机的磁极对数的调速方法，即变极调节；改变电源频率的调速方法，即变频调节；改变异步电动机的转差率的调速方法。较常见的具体方法如下：

（一）双速电动机

我们知道，改变异步电动机定子磁极对数可以改变磁场的旋转速度，进而可以改变电动机的转速，这种方法被称为变极调速。大中型电动机的变极调速，常采用双速电动机，它改变磁极对数的方法有两种：一是在电动机定子槽内嵌置两套不同的绕组，叫做双绕组或分离绕组电动机；另一种是在电动机定子槽内仅嵌置一套绕组，通过改变定子绕组的接线方式变极，叫做单绕组电动机。单绕组双速电动机的磁极对数可以成整数倍改变，如4/2、8/4极，也可以成非整数倍改变，如6/4、8/6、10/8等。用于泵与风机变速运行的双速电动机一般宜采用非整数倍的变极方式。

双速电动机有高、低两个转速挡，高负荷时采用较少磁极对数的高速挡运行，低负荷时采用较多磁极对数的低速挡运行，实现有极变速运行，再辅以其他的调节方式以适应任意的转速。实际使用中，双速电动机配合入口导流器调节，常见于风机的变速运行，国产200MW机组的送风机和引风机即为这种方法的应用实例。

双速电动机具有在变速运行时效率高、设备维护方便、投资省等优点，但是该方法也具有不能连续变速、变速时有较大的冲击电流，甚至有些双速电动机不能运转中切换转速的缺点，这些缺点很大程度上限制了双速电动机的应用。

（二）变频调速

改变电源的频率即采用变频器的方法可改变异步电动机转速。变频器的基本组成如图4-28所示，由整流器、中间滤波环节、逆变器及控制电路组成。整流器一般由大功率二极管或晶闸管组成三相桥式电路，它的作用是将恒压、恒频的交流电变为直流电，作为逆变器的直流供电电源。逆变器一般由大功率晶闸管或晶体管等半导体器件组成三相桥式电路，其作用与整流器相反，是将直流电转变为可调频率的交流电。中间滤波环节由电容器或电抗器组成，它的作用是对整流器输出的直流电压和电流进行滤波。控制电路的作用是控制可调频率的变化。根据中间滤波环节的滤波方式的不同，变频器可分为电压型和电流型。在泵与风机变速运行中常用的是电流型变频器。

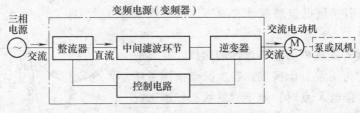

图4-28　变频器的基本组成

变频调速以其调速效率高、调速范围宽、功率因数高、调速精度高等优势，又可以实现真正的软起动，减少对电网的电流冲击和对设备的机械冲击，还可有效地延长设备的使用寿命，因此对于大部分采用笼型异步电动机拖动的泵与风机，变频调速不失为理想的选择。但是，由于变频器较复杂，价格昂贵，运行和维护的要求较高等原因，目前在火力发电厂泵与风机上的应用并不广泛。随着变频器技术的发展和制造成本的下降，变频调速无疑是一种很有发展前途的调速方式。

第四节　泵与风机运行的稳定性

泵与风机在工况点运行时，流体能量得失是平衡的。但是这种平衡有稳定的和不稳定的两种，稳定运行是指当泵与风机工作条件发生小的波动（例如电动机的电压波动、转速波动、风门角度波动、水面压力波动、炉膛负压波动等）时，工况点只是发生小的波动，当外界条件恢复到原来状况时，工况点也随之恢复到原来工况点；不稳定运行是指当泵与风机工作条件发生小的波动时，工况点变动很大，当外界条件恢复到原来状况时，工况点不能恢复到原来工况点。

一、稳定工作区域

图 4-29 所示为具有驼峰形性能曲线的泵，其性能曲线与管路特性曲线的交点有 A、B 两点。该泵在这两点工作时，看起来都符合能量的供求平衡关系，但是 A、B 两点情况却不相同。B 点和前面讲的工况点完全相同，泵可以稳定地运行，而 A 点的情况却不同。虽然在 A 点的能量供求关系是平衡的，但是这种平衡不能维持，当流量波动使 $q_V < q_{VA}$ 时，管路系统需要的能量大于泵所提供的能量，即流量会进一步减小；反之当 $q_V > q_{VA}$ 时，管路系统需要的能量小于泵所提供的能量，即流量会进一步增大。故 A 点不会成为泵的实际工况点。实际上，泵与风机稳定工作的区域是工况点在性能曲线最高点 C 点的右侧，而 C 点的左侧为不稳定工作区，即泵与风机稳定工作的流量 $q_V > q_{Vmin}$。

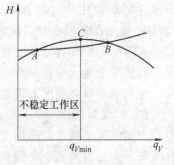

图 4-29　稳定工作区域

二、风机的喘振

喘振是一种发生在风机上的典型不稳定工作状态。在大容积管路系统中工作的风机，由于气体具有易压缩的性质，使风机处于不稳定工作区运行时，流量会出现周期性地反复在很大范围内变化，引起风机强烈振动和噪声，这种现象称为喘振或飞动。

图 4-30 为离心式风机的驼峰形性能曲线，在其驼峰顶点 K 的右侧为正常工作区域。若工况点向流量减小的方向移动，移至 K 点时，处于临界状态。当工况点移至 K 点的左侧，如 B 点，此时的风机出口压力较 K 点的压力减小，但是，由于管路系统容积大，且气体的压缩性较大，管路系统内的压力不会立即随之改变，而是保持在 K 点时的压力。此时管路系统中的压力大于风机出口的压力。为保持风机和管路系统的压

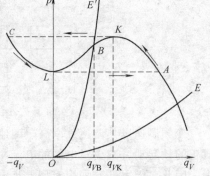

图 4-30　风机的喘振过程

力平衡，实际运行的工况点则会迅速地移至图 4-30 中第二象限的 C 点。此时风机处于"倒灌"状态，且管路系统输出的流量还会在管路内压力的作用下保持在 q_{VK}，于是管路内的压力逐渐降低，与之相配合的风机压力也随之降低，使得运行工况点在风机和管路压力平衡的

情况下移至 L 点。由于管路内的气体继续减少，风机在工况点 L 并不能稳定下来，而是继续向流量增大的方向移动，当流量大于零流量（L 点）时，风机出口的压力增大，由于管路系统中的压力不会立刻随之变化，而是仍保持 L 点的压力，所以风机出口的压力大于管路系统内压力，致使流量迅速增大，实际运行的工况点迅速地移至 A 点。风机在工况点 A 也不能稳定下来，由于从 L 点到 A 点的过程很快，管路系统输出的流量小于风机输送至管路系统中的流量，于是管路内的压力会逐渐升高，与之相配合的风机压力也随之降低升高，使得运行工况点在风机和管路压力平衡的情况下移至 K 点。据此可知，风机此时的工况点自 K 至 C、至 L、至 A、至 K、…，周而复始，形成了风机的喘振现象。如果由喘振造成的系统中压力的波动与系统的固有频率相同或成整数倍，则管路系统就会发生共振现象，这样会造成更大的损害。

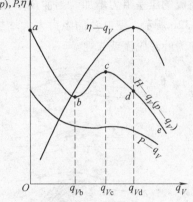

图 4-31　轴流式泵与风机性能曲线

　　同离心式风机产生喘振的原因一样，轴流式风机的工况点进入其驼峰形性能曲线的驼峰顶点（图 4-31 中的 c 点）的左侧也会发生喘振。但是，轴流式风机一般都是采用动叶调节的方法改变工况点，在减小流量时，工况点可以避开不稳定工作区域。

　　由上述分析可知，喘振的发生除了和风机特性有关之外，和管路系统某些特性有密切关系，实际上，喘振是特定情况下的风机特性和管路系统耦合造成的一种特殊现象。虽然喘振常发生在运行的风机上，但是在特定的情况下，也有可能发生在水泵系统中，例如，在泵的压出管路内有气体大量聚集时。

　　防止发生喘振的主要措施有：

　　1）避免选用具有驼峰形性能曲线的风机。

　　2）如果已选用了具有驼峰形性能曲线的风机，可以采用下列防范措施：

　　①　采用合适的调节方法。轴流式风机一般都有不稳定工作区，如采用动叶调节或入口导流器调节，可以避免小流量时的不稳定运行。

　　②　采用再循环系统。当系统所需的流量减小到不稳定区段时，开启再循环门，使通过叶轮的流量保持在较大值。

　　③　装设放气阀。当系统所需的风量小到不稳定区段时，开启风机出口管路上的放气阀，使风机一直在较大流量下工作。

　　④　采用适当的管路布置。对于风机，应避免风机出口管路上有很大的储气空间，调节风门应靠近风机出口；对于泵，应尽可能避免出口管路上有气体大量聚积，调节阀门应靠近泵的出口。

　　除了喘振之外，工程上还有其他不稳定运行的现象，如泵的汽蚀引起的不稳定、大型风机进口处旋转涡流引起的不稳定等、轴流式风机旋转失速等。

三、旋转脱流

　　轴流式风机运行中产生的全风压与流体绕叶片流动的冲角有关。在零冲角下，流体仅受到叶片表面的摩擦阻力。随着冲角增大，动叶片前后的压力差增大，同时在叶片的后缘附近会产生边界层分离，且分离点随着冲角的增加而渐向前移，如图 4-32a、b 所示，叶片前后绕流的压差阻力增加。当冲角增大到某一临界值时，动叶片凸面上的边界层分离严重，如图 4-32c 所示，使叶片的阻力大大增加，升力大大减小，叶片产生的压差急剧下降，这种现象称为叶片脱流或失速。

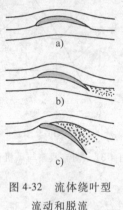

图 4-32　流体绕叶型
流动和脱流

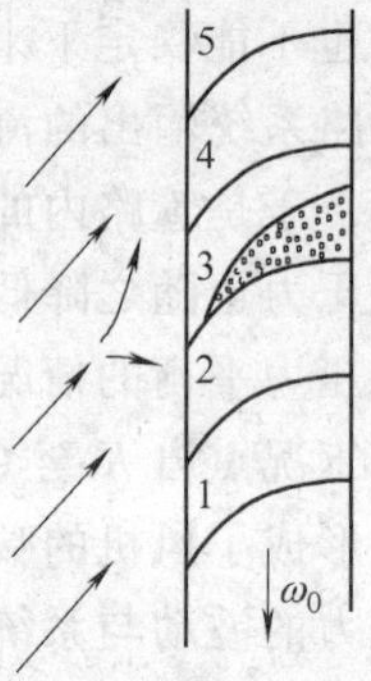

图 4-33　叶栅中旋转
脱流的形成

在动叶栅中，流体对每个叶片的绕流情况不会完全相同，因此脱流也不会在每个叶片上同时产生。一旦在某个叶片上首先发生脱流，而发生脱流的流道中流动受到影响，使流量减小，流道受到阻塞，如图 4-33 中流道 3。其减小的流量就挤入相邻流道 2 和 4，这就改变了进入流道 2、4 的速度方向，使进入流道 4 的冲角增大，使进入流道 2 的冲角减小。于是，接下来流道 4 中发生脱流，而流道 2 则不会产生脱流。同样，流道 4 受到阻塞会使流道 3 的脱流恢复正常，并使流道 5 内发生脱流。所以，个别流道内的脱流会向动叶轮旋转的反方向传播，形成了旋转脱流。旋转脱流的传播速度 ω 小于叶轮的转速 ω_0［约为（30% ~ 80%）ω_0］。轴流式风机环形叶栅上的旋转脱流可以在单个叶片上出现，也可以在多个，甚至十几个叶片上同时出现。

轴流式风机运行时的工况点进入不稳定工作区，必然会发生旋转脱流，甚至所有的叶片均发生脱流现象，图 4-31 中，在 $p—q_v$ 曲线上 c 点的左侧，即为脱流发生的不稳定工作区域。在运行中，避免脱流或旋转脱流，实际上就是保持工况点不进入不稳定工作区域。

旋转脱流会造成叶片前后压力变化，使叶片受到交变力的作用，进而使叶片产生疲劳，乃至于损坏。如果作用在叶片上的交变力的频率和叶片的固有频率形成共振关系，将使叶片产生共振，可导致叶片断裂。

喘振现象和旋转失速都是风机不稳定工况的结果，但不同的是，旋转失速引起的工作不稳定，是由于风机叶轮内流体绕叶片流动出现失速造成的。这种不稳定与风机的管路系统无关，也就是说，不论管路特性曲线如何，只要泵与风机叶轮进口冲角大于发生失速的临界值，旋转失速就会产生。而喘振的发生是由于风机的性能与管路特性共同作用的结果。

四、并联运行时的抢风和抢水问题

"抢风"现象是风机的不稳定工作在并联运行时的表现，发生时会出现一台风机的流量增加到很大，另一台却减至很小甚至出现倒流。此时若稍加调节，会出现相反的情况，原来大流量的风机变为小流量，而原来小流量的则变为大流量。下面以两台性能相同的轴流式风机并联为例，分析发生"抢风"现象的过程。

如图 4-34 所示，如果风机并联工作的工况点在 B 点的右侧，例如图中的 A 点，并不会发生"抢风"现象，其中的每台风机工况点为 A_1。当风机的工况点由 A 点移至 B 点，两台风机的工况点均为 B_1 点，但风机在 B_1 点不能稳定工作。因为只要系统压力及流量稍有波动，流量稍小的一台风机随流量减小其输出的风压下降，这会导致这台风机的流量进一步减小，而另一台风机的流量加大，之后管路系统的风压亦随之下降，直至联合运行的工况点移至 C

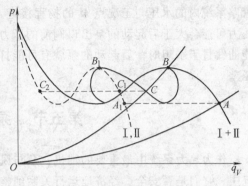

图 4-34 轴流式风机的抢风分析

点才可获得暂时的平衡。此时一台风机的工况点位于 C_1，而另一台风机的工况点位于 C_2，形成了流量一大一小的情况。工况点 C_2 处于严重脱流的工况。这时，如果人为干预，增加小流量风机的流量，使工况点越过鞍形性能曲线底部时，该风机出口风压将随流量的增加而上升，这将排挤另一台风机的流量，使两台风机的工况交换。

"抢风"现象出现时，由于风机内存在严重的脱流，除了造成风机运行效率降低之外，还会使系统的压力和流量波动，使系统运行不稳，甚至可造成阀门等设备的损坏。所以，在运行中应防止"抢风"现象出现。对于离心式风机，在选型时应避免使用性能曲线有驼峰的产品；对于轴流式风机，在低负荷时尽量使用单台风机运行，在高负荷再起动第二台风机，起动时应先关小运行风机动叶开度，避免并联后工况点进入不稳定工作区。运行中，一旦"抢风"现象出现，应先减小系统的总流量（对于锅炉送、引风机，应先降低锅炉的负荷），不可采用开大小流量风机的动叶和挡板的方法。

离心式风机和离心泵也有类似的现象。如果离心泵具有驼峰形性能曲线，并联工作时会出现类似的"抢水"现象。当管路特性曲线位置为图 4-35 中 DE 时，管道特性曲线与泵并联总性能曲线有两个交点 M 和 N。如果工况点为 M，则每台泵工况点均为 M_1，可以稳定工作；如果工况点为 N，则两泵工况点分别为 N_1 和 N_2，水泵 I 在 N_1 可以工作，水泵 II 在 N_2 点不能工作。实际上如果在 M 点工作，常常会因外界的各种扰动造成流量波动而使工况点不可逆的跳至 N 点，即发生"抢水"现象。

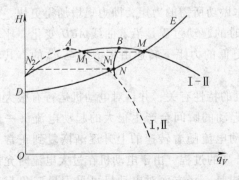

图 4-35 离心泵"抢水"的分析

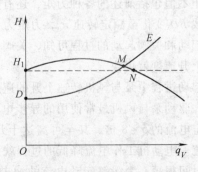

图 4-36 "抢水"的一个极端例子

　　另外，实际中有时会遇到一台泵已经在管路上工作时，起动其他水泵发现不打水的现象，可能的原因如图4-36所示，当有不稳定区的离心泵并联运行时，如果有一台泵工作，管路系统内的水压与工况点M的扬程接近，此时起动另一台泵并开启其出口阀，则管路的压力可能会大于后起动的泵出口阀前的压力（接近H_1），止回阀不能打开。实际上当泵的性能曲线过于平坦时，后起动的泵就有可能打不开出口止回阀，因为止回阀开启还需要一定的压差。

第五节　泵与风机的运行

　　作为热力系统中最重要的辅机，泵与风机实际工作在各种具有不同结构和功能的管路系统中，它们是否安全、经济地运行关系到整个机组的安全性和经济性。实际上，对泵与风机运行的要求更重要的是满足整个系统的需要，所以说，泵与风机的运行问题是一个系统的综合问题，例如，锅炉系统的运行调节就是通过各种泵、风机、阀门和风门的操作来实现的。本书所谈及的运行仅是就泵与风机本身而言的，因此具有一定的局限性。

一、泵与风机的起动特性

　　泵与风机的起动过程是转子从静止到额定转速的加速过程，所谓起动特性，是指将泵与风机的转速由零增加至额定转速所需的旋转力矩随转速的变化关系。在泵与风机转子加速过程中，阻力矩是由加速力矩、各种机械摩擦阻力矩以及流体对转子摩擦阻力矩构成的，这些力矩随转速的增加而增加。

　　图4-37所示为离心泵起动特性曲线。A点的力矩为转速$n=0$时水泵轴承和轴封处的静摩擦力矩，随着转动开始和转速升高，很快转入动摩擦，摩擦阻力矩减小，即B点的力矩。随后的起动过程与水泵阀门的开闭有关，如果水泵在阀门关闭时起动，起动后水泵的旋转力矩随着转速的升高将沿着曲线BC变化，直至额定转速n_0。之后，随着阀门开启叶轮对流体做功使力矩增加至M_0，即此时的起动过程是沿着$ABCD$变化。如果水泵起动时阀门开启，随转速增加而增加

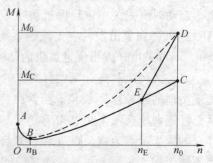

图4-37　离心泵的起动特性曲线

的力矩不但包括前述的各种力矩，还有叶轮对流体做功所需的力矩，即力矩增加得更快，沿着曲线BD变化至额定转速n_0，力矩为M_0，即此时的起动过程是沿着曲线ABD变化。比较开阀起动和关阀起动的过程可知，关阀起动是在更低的力矩下转速由零增加至n_0的，其转速的上升速度就更快。

　　起动过程中泵与风机转速上升的速度与电动机的特性有关，并且对电动机运行有很大的影响。驱动泵与风机最常使用的异步电动机合闸起动的瞬间会产生很大的起动电流（一般为额定电流的5~8倍，甚至可高达十几倍），起动电流随着转速的上升逐渐恢复到正常工作电流。电动机工作电流降低的过程就是其转速升高的过程。由于电动机在过大电流时允许工作时间很短，为缓解起动电流的冲击，实际做法是：一方面对电动机可采用星三角起动器、起动补偿器等措施降低起动电流；另一方面是尽量降低泵与风机起动时的力矩，以使其

转速的升高加快。由上述分析可知，离心式泵与风机在关阀时起动转速上升得快，对电动机的冲击小，所以离心式泵与风机应该在阀门全关的情况下起动，待转速上升至额定转速 n_0 后再开启阀门至需要的开度。

上述分析是在泵与风机出口无背压情况下的，当水泵出水母管存在压力时，只有转速升高到一定程度，水泵出口压力才可以使止回阀打开。如图 4-37 所示，当转速增加到 n_E（E 点），水泵出口止回阀打开，水泵旋转力矩随转速沿着 ED 变化，即此时的起动过程是沿着 $ABED$ 变化，此时的起动力矩仍低于开阀门起动力矩，为降低电动机起动电流亦应全关出口阀门起动。

虽然从降低起动电流的角度要求关闭出口阀起动离心式泵与风机，但是对于离心泵而言，长时间关闭阀门运转是不允许的，因为泵内的各种能量损失最终将转化为热量使水泵过热，面临汽蚀的危险。所以，对于离心泵起动后，待转速升高且起动电流回复至额定电流后，应尽快开启出口阀，并保持流量在允许的最小流量以上，或开启在循环阀门。

对于大型离心式泵与风机，由于其转动惯量较大，所需电动机的起动力矩也较大，起动过程中，电动机会产生很大的冲击电流，冲击电网的严常运行。因此，常采用变速调节的方法，以改善泵与风机的起动条件。

对于轴流式泵与风机，与上述分析有很大不同，在流量为零的关死点的功率为最大值，此时的阻力矩最大，即图 4-37 中关阀门起动时的 C 点位置要高于 D 点，曲线 ABC 非常陡，关阀门起动时的转速增加缓慢，电动机的冲击电流持续时间长。所以，轴流式泵与风机应在开阀门的情况下起动。当轴流式泵与风机采用动叶或静叶调节时，小开度下关死点功率亦小，所以，实际上轴流式泵与风机起动时是在全开管道上节流阀（或挡板）、关闭动叶或静叶的情况下起动，待转速上升至额定转速后再开大动叶或静叶的开度，以减小泵与风机的起动转矩。

二、泵的起停与运行

不同类型以及不同用途的水泵在起动和运行方面的具体要求是不同的，下面仅从一般性的、共性的角度，介绍大、中型水泵起动与运行的一般要求。

（一）泵的起动

起动可分为水泵大修后起动和正常起动两种。现以水泵大修后起动为例介绍如下。

1. 起动前的检查

水泵在检修后，均应经过起动前的全面检查，以确保水泵能安全起动和运行。

1）清理检修现场，确保无安全隐患。

2）对于电动泵，检查电气设备、控制开关、按钮是否正常，连锁保护位置是否正确，检查完毕后联系恢复送电，验证电动机转向。如有问题及时纠正。

3）检查泵体各紧固件确保没有松动情况。联轴器传动正常，保护罩完好。投入盘车或手动盘车无卡涩、无异常响声，转动灵活。

4）轴封工作良好，冷却水、密封水投入且流量、压力符合要求。

5）轴承和润滑油系统工作正常，润滑油温、油压、油位正常，油质合格。冷却系统水量、水压符合要求。润滑油泵连锁试验正常。

6）就地和远程表计和信号显示正常，连锁保护试验正常。

7）进出口阀门严密无泄漏、手动电动调节均灵活。电动机转速调节正常、液力耦合器等调节灵活可靠、准备就绪。汽动泵经全面检查准备就绪。轴（混）流泵调节手动电动调节动作正确、灵活可靠。轴流泵润滑系统正常。

8）阀门位置正确。原则上离心泵出口阀应关闭，轴流泵出口阀应开启且动叶处于关闭位置。应用液力耦合器的水泵起动时要关小勺管开度到规定值。

2. 充水

叶片式泵必须在对泵壳和吸水管注满水，直至完全浸没叶轮，然后才可以起动，否则泵内会有空气存在，水泵吸入口不能形成和保持足够的真空。对于倒灌进水的情况（例如给水泵和前置泵），水泵充水是将泵壳顶部或出口管道上的排气阀打开，再开启水泵进口阀进行充水，当排气阀连续出水时，说明泵内已注满水，之后将排气阀关严，等待起动。对于负压吸水的泵，一种方法是在进出口阀门关闭的情况下，打开排气阀，由专设的注水管将泵内注满水，再关排气阀，待起动并在泵的入口建立起负压后再关注水阀、开进口阀；另一种方法是将泵壳顶部的排气管连接真空系统，排气阀（即水泵抽真空阀）开启后，随着泵壳内负压的升高而使水泵进水（例如某些中小型机组的循环水泵利用汽轮机的真空系统）。

对于大型立式轴流泵和混流泵（300MW 及以上机组的循环水泵均采用这种类型的泵），一般常采用湿坑布置，泵体中的叶轮浸没在水中，这种布置方式的泵起动时不需要充水。

3. 起动

1）水泵满足前述起动条件后，对于输送高温介质的泵，还要充分暖泵（关于暖泵见后续内容）。

2）水泵起动后升速过程中应注意所有测压表、电流表等的读数。特别要注意电流表指示突增后返回的时间和空负荷时电流表的读数，做好记录备查。若发现电流返回较正常情况缓慢，要查找原因并及时处理。

3）检查水泵内部是否有不正常的声音或振动，盘根情况、轴向位移指示是否异常和符合规定等，然后停泵，注意惰走时间并核对是否和前一次大修后的惰走时间一样，并做好记录以便查核分析。待该泵静止后，再次起动，一切正常后，开启出口阀直至流量和压力达到正常情况。水泵起动完全正常时，也可不停泵和第二次起动。

4）对于强制润滑的水泵，起动前必须先起动油泵向各轴承供油。油系统运行 10min 后再起动水泵，以便排除油系统中的空气和杂质，在轴承内建立起稳定的润滑油流。运行后视油温升高情况及时投入冷油器。

5）检查确认密封水、冷却水的工作情况是否正常，密封泄水量是否正常。对于新安装的填料密封需要一定的磨合时间，通过调整密封水压力保证一个较大的泄漏量，待磨合后再调整盘根压盖直至泄漏量合适。

6）离心泵和轴流泵要按照不同要求起动，即离心泵关闭出口阀起动，起动后再开大出口阀；轴流泵全开进出口阀起动，起动后再开大动叶。对于可动叶调节的混流泵，采用关闭动叶开启进出口阀门起动。对于不可调的混流泵，采用关出口阀起动，起动后迅速开启出口阀，以防电动机过载。

离心泵起动时不允许长时间关闭出口阀运行，以防止泵内液体发生汽化，故起动后应尽快开启出口阀。

7）起动完毕并运行正常后，投入连锁保护。

（二）泵的运行及维护

火力发电厂中的一些大型水泵，由于其在工质循环等环节中的特殊地位，它们的运行的可靠性和经济性直接关系到整个机组的运行可靠性和经济性。在水泵运行中需要定期巡回检查，对其状态进行全面而准确的监控，包括定时观察并记录泵的进出口压强、电动机电流、电压及轴承温度等数据，经常检查轴承润滑情况、水泵各级泵室和密封处等主要部位内部声音，发现异常应立即采取相应措施或停机检查处理。

在水泵运行维护中重点检查的内容主要有：

1）轴承和润滑油。轴承的工作允许温度因轴承的种类和润滑油选用的种类而异，运行中必须控制轴承和润滑油的温度在允许的区间内；保证润滑油位正常、油质良好，不能有进水乳化或变黑等现象，应按要求定期更换或添加润滑油和润滑脂。

2）监视水泵的运行参数。这些参数包括：压力表和真空表读数、泵输出流量、电动机的电流及电压、轴承润滑油进出温度、冷却水和密封水进出温度、油位指示、轴向位移和热膨胀指示、平衡室压力等，还应注意振动和噪声的变化，及早发现异常。

3）检查轴封工作情况。轴封部位应没有明显发热，轴封冷却水和密封水的压力和流量应符合要求，填料密封的滴水应符合要求（一般以 30 ~ 60 滴/min 为宜）。对于立式轴（混）流泵，应检查润滑水的供应情况，防止因润滑水中断烧毁轴和轴承。

4）检查泵体、电动机的振动情况。保证水泵本体和电动机的所有轴承处的振动小于该转速下振幅的允许值。

（三）泵的停止与备用

一般停泵的操作内容与起动类似，顺序相反。停泵需注意的事项如下：

1）断开连锁开关，开启再循环阀门，起动辅助油泵，然后按泵的停止按钮。对于变速泵或动叶调节的轴（混）流泵，则应先降低转速或关小动叶至最小流量状态，再进行停泵操作。对于自供冷却水的轴（混）流泵，应按要求切换冷却水源。

2）断开电源后注意观察并记录转子的惰走情况，如果惰走时间过短，则需检查泵内、轴封、轴承等处有无摩擦和卡涩。

3）对于需要投备用的泵，则需将连锁开关打到备用位置投入辅助油泵或保持润滑油系统工作，进出口阀门保持开启（由止回阀阻止水倒流），保持密封冷却水流量。如果是给水泵，则还需投入暖泵系统。

4）对于长期停用或检修的泵，应切断电源和水源，放尽泵内存水，并挂标示牌。

（四）定期试验和切换

此项操作是为了保证泵组的可靠性，内容包括：各种保护试验（如润滑油压力低保护、水压低保护、密封水压力低保护等，其动作是声光报警、切换备用系统和跳闸）及故障联动试验（其动作是运行泵故障跳闸时自动起动备用泵）。定期试验就是定期人为地触发这些保护，以验证这些保护的定值和结果的准确性。

泵定期切换是指对运行泵和备用泵之间定期进行轮换，目的是消除水泵及其附件在长期备用条件下的某种隐患。具体操作可参见上述的正常起停过程，顺序是先起动备用泵，再停止相应的运行泵，然后再操作阀门进行切换。在切换过程中，阀门的操作要缓慢，不能使母管压力的波动过大，否则应停止切换并恢复原状态。

（五）暖泵

随着机组容量的增加，锅炉给水泵起动前暖泵已成为最重要的起动程序之一。高压给水泵无论是冷态或热态下起动，在起动前都有必要进行暖泵。如果暖泵不充分，将由于热膨胀不均，会使上下壳体出现温差而产生拱背变形。在这种情况下一旦起动给水泵，就可能造成动静部分的严重磨损，使转子的动平衡精度受到破坏，结果必然导致泵的振动，并缩短轴封的使用寿命。采用正确的暖泵方式，合理控制金属升温和温差，是保证给水泵平稳起动的重要条件。

暖泵方式分为正暖（低压暖泵）和倒暖（高压暖泵）两种形式。在机组试起动或给水泵检修后起动时，一般采用正暖，即顺水流方向暖泵，水由除氧器引来，经吸入管进泵，由进水段及出水段下部两个放水阀放水至低位水箱（而高压联通管水阀关闭）。如给水泵处于热备用状态下起动，则采用倒暖，即逆原水流方向暖泵，从止回阀出口的水经高压联通管（带节流孔板，节流后压力为 0.98MPa），由出水段下部暖泵管引入泵体内，再从吸入管返回除氧器，也可打开进水段下部的暖泵管阀排至低位水箱（而出水段下部放水阀必须关闭）。这两种暖泵方式均可避免泵体下部产生死区，以达到泵体受热均匀之目的。

泵体温度在 55℃ 以下为冷态，暖泵时间为 1.5~2h。泵体温度在 90℃ 以上（如临时故障处理后）为热态，暖泵时间为 1~1.5h。暖泵结束时，泵的吸入口水温与泵体上任一测点的最大温差应小于 25℃。

暖泵时应特别注意，不论是哪种形式暖泵，泵在升温过程中严禁盘车，以防转子咬合。在正暖结束时，关闭暖泵放水阀后，如果其他条件具备即可起动。而倒暖时，起动后关闭暖泵放水阀及高压联通管水阀。泵起动后，泵的温升速度应小于 1.5℃/min。如泵的温升过快，泵的各部热膨胀可能不均，则会造成动静部分磨损。

三、风机的起停与运行

尽管风机的工作条件及其在系统中的角色和水泵不同，但是在起停和运行操作原理上还是有相当多相似之处的。下面仅就火力发电厂常用的一些大型风机一般性的问题介绍如下。

（一）起停操作

风机的起停操作应注意的问题一般有：

1）轴承冷却水是否畅通无阻，润滑油系统是否工作正常，油位和油质是否符合要求，相关的保护系统是否工作正常。联轴器及防护装置、地脚螺钉等部件完备无松动，盘动转子应无摩擦和异响。调节装置能正常工作且位置正确。

2）风机每次大、小修后，要进行试运，起动风机后应先检查叶轮的转向是否正确、有无摩擦或碰撞，振动是否在允许范围内。无异常现象，连续试运行 2~3h，检查轴承发热程度，当一切正常后，便可正式投入运行。

3）风机吸入侧和压出侧挡板（或导流器）以及动叶的位置符合起动要求。离心式风机起动时，入口挡板与导流器应全部关闭，待起动达到额定转速后开启挡板并调节至所需的位置，防止电动机因起动负荷过大而被烧毁。轴流式风机起动时同样也需将挡板关闭，动叶处于最小角度，起动时应先开启挡板再开启动叶。停止风机时，应先关闭导流器或动叶，再关闭挡板。

4）对于锅炉引风机等高温介质的风机，一般是按输送气体介质的温度（排烟温度）所需功率来选配电动机的，和常温下同容量的风机相比其功率小很多。这类风机在常温下起动时，吸入介质的温度很低，为避免电动机超载，起动后加负荷时其挡板或动叶开度不可过大。

5）对于轴流式风机，出于预防喘振（抢风）的要求，当一台风机运行，起动第二台风机进行并联时，一定要将运行风机的工况点（风压）向下调至风机喘振线最低点以下（见风机特性曲线），第二台风机起动后，开启挡板和动叶使两台风机风压相同，之后才可并联工作。从并联运行的两台风机中停运一台风机时，需将两台风机的工况点同时调低到喘振线的最低点以下，才能关闭准备停运风机的叶片和排气侧挡板（当叶片全部关闭，流量为零时，挡板才可以全部关闭），然后开大要继续运行的风机叶片，直至所需的工况点。

（二）运行

在正常运行中，主要是监视风机的电流，这是因为电流是风机负荷及一些异常情况的标志，是一些事故预警的依据；要经常检查轴承润滑油、冷却水是否畅通、油质油量是否符合要求，轴瓦和润滑油温度、轴承振动是否正常以及有无摩擦的声音等。一般风机正常运行 3~6 个月，应对滚动轴承进行维护一次，包括轴承的检查和更换润滑脂。

四、并联运行时不同泵与风机的负荷分配问题

火力发电厂主要的泵和风机多是以相同型号并联方式运行的，随着机组负荷的变化，需要进行工况调节。原则上，并联的两台或多台泵或风机应同步调节，但是也有例外的情况。如大容量机组的给水泵出于起动和安全运行的需要，常配置汽动变速泵为主泵、电动定速泵为备用泵。电动定速泵主要在起动和事故状态下投入。这就会有了变速泵和定速泵并联运行的机会。图 4-38 所示为变速泵和定速泵并联运行的情况，当变速泵在额定转速 n 时，两台泵并联运行的工况点在 A，此时的定速泵工况点为 A_1；当变速泵的转速下降，如降至 n_3 时，并联工况点降至 B，而定速泵的工况点移至 B_1。由此可见，当总流

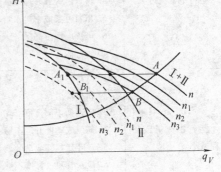

图 4-38 定速泵与变速泵的并联运行

量减小时，定速泵的流量是增加的，这就会造成变速泵转速减至一定程度时，定速泵出现过载，并有汽蚀的可能。实际上为了防止定速泵上可能出现的过载和汽蚀，常在定速泵出口设置调节阀以控制其流量不至于过大。

实际上，使用任何方法调低并联中的一台泵与风机负荷的同时，另一台的负荷会自动增加，这是一种普遍现象。也可以这样理解：两台泵或风机并联即共用一条管道，当一台泵或风机输出流量减小时，另一台输出的流量在管道中占有的份额就会增大，或者说该泵或风机输出的流量在管道中占据的截面面积的比例增大，所以该泵或风机的流量就会增大。除了并联运行时的一台泵或风机调低负荷可能会造成另一台泵或风机过载之外，在泵与风机的停运和切换时，同样会有运行的泵与风机过载和汽蚀的问题。运行中应注意控制。

五、泵与风机的常见故障

叶片式泵与风机设备本体在运行中出现故障有性能方面的和机械方面的两种情况。表 4-1 和表 4-2 分别对泵和风机的故障现象、原因和消除方法进行说明。

表 4-1　叶片式泵常见的性能故障及消除方法

故障现象	故障原因	消除方法
水泵起动后不输水	1. 泵内未充满水 2. 吸水管路或表计密封不严；轴封漏气 3. 吸水池水位低，吸水管入口进气 4. 水泵转向反转或叶轮装反 5. 水泵出口阀体脱落 6. 吸水管、底阀或叶轮堵塞 7. 吸水管阻力或吸水高度过大造成泵内汽蚀 8. 轴流泵动叶调整机构损坏或叶片松动	1. 重新注水，排净泵内空气 2. 检查吸水管、表计、密封水供应情况 3. 提高吸入水位 4. 重新确认电动机转向，修改电动机接线 5. 修理或更换出口阀 6. 检查并清理滤网、底阀，清除杂物 7. 改造吸水管路，降低安装高度 8. 修理动叶调整机构、固定动叶片
水泵不能起动或起动负荷过大	1. 轴封填料压得过紧 2. 未通入密封水 3. 起动时阀门位置不对	1. 调整填料压盖紧力 2. 检查水封管，通入密封水 3. 轴流泵开阀门；离心泵关阀门
运行中电流过大	1. 泵内动静部件摩擦 2. 泵内堵塞 3. 轴承磨损或润滑不良 4. 流量过大或转速过高 5. 填料过紧或密封水量不足 6. 电源电压过高 7. 轴弯曲	1. 停机检修，查找摩擦部件并处理 2. 拆卸清洗 3. 修复轴承，更换润滑油 4. 关小阀门，降低转速 5. 调整填料压盖紧力，开大密封水量 6. 处理电源事故 7. 检修并校直
运行中流量或扬程减小	1. 底阀、滤网或叶轮堵塞 2. 密封环磨损 3. 转速低于额定值 4. 阀门或动叶开度不够 5. 动叶片损坏或动叶调节失灵 6. 吸水管浸没深度不够 7. 吸水管阻力或吸水高度过大，造成泵内汽蚀	1. 清理杂物，拆卸清洗叶轮 2. 更换密封环 3. 查找电动机故障 4. 开大阀门或动叶开度 5. 更换叶片，修理动叶调节机构 6. 延长吸水管长度或提高吸水池水位 7. 改造吸水管路，降低安装高度
轴承过热	1. 轴承安装不正确或间隙不适当 2. 轴承磨损或松动 3. 润滑油质不良或油量不足 4. 润滑油在轴承中循环不良 5. 油系统故障	1. 重新安装轴承并按要求调整间隙 2. 修理或更换轴承 3. 更换、按要求添加润滑油 4. 修理轴承 5. 检查冷却水系统，清洗滤网或换热器
振动和异响	1. 振动问题参见本章第六节叙述 2. 轴承磨损 3. 转动部件松动 4. 动静部件摩擦	1. 参见本章第六节叙述 2. 修理或更换轴承 3. 紧固松动部件 4. 查找原因、调整动静间隙
填料箱过热或冒烟	1. 填料过紧 2. 密封冷却水中断 3. 水封环位置偏移 4. 轴或轴套表面损伤	1. 调整填料压盖紧力 2. 疏通密封水管路，检查阀门有无损坏 3. 重新安装水封环并找准位置 4. 修复轴颈表面，更换轴套

（续）

故障现象	故障原因	消除方法
填料密封漏水过大	1. 填料磨损严重 2. 压盖紧力不足或紧力不均 3. 填料选择和安装不当 4. 冷却水质不良导致轴颈磨损	1. 更换填料 2. 均匀拧紧压盖螺钉 3. 更换填料并正确安装 4. 修复损坏的轴颈，更换密封水源
机械密封泄水量大	1. 转子轴向窜动过大 2. 转子振动过大 3. 机封安装质量不合格或走合不良 4. 摩擦副不正常磨损 5. 泵停用时间过长 6. 机封内部损坏	1. 解体，重新调整转子轴向间隙 2. 查找原因并消除振动 3. 重新安装或更换机封，注意排除密封圈缺陷、弹簧力不均、动（静）环滑动受阻 4. 保证机封冲洗水质、水量，安装时保证清洁内部构件，调整弹簧压力 5. 缩短运行备用轮换周期，保证机封冲洗水质、水量 6. 更换机封

表 4-2　叶片式风机常见的性能故障及消除方法

故障现象	故障原因	消除方法
风压偏高，风量减少	1. 气体成分变化、气温降低或含尘量增加 2. 风道、风门、滤网脏污或被杂物堵塞 3. 风道或法兰不严密 4. 叶轮入口间隙过大 5. 叶轮损坏	1. 消除气体密度增大的原因 2. 清扫风道、风门，开大风门开度 3. 焊补裂口，更换法兰垫片 4. 加装密封圈，焊补或更换叶轮 5. 修理或更换叶轮
风压偏低，风量增大	1. 气体成分改变、气温升高导致密度减小 2. 进风管破裂或法兰、风门处泄漏	1. 消除气体密度减小的原因 2. 焊补裂口，更换法兰垫片
与气动特性曲线相比压力降低	1. 导流器叶片或入口静叶不匹配 2. 风机转速降低 3. 导流器或动叶、静叶调节装置偏差	1. 调整叶片安装角，紧固叶片 2. 查找电动机故障 3. 维修调节叶片调节机构
轴流风机不能调节	1. 控制油压过低或控制油系统泄漏 2. 调节连杆或电动执行器损坏或卡涩 3. 叶片叶柄轴承卡涩 4. 指令信号传输、处理故障	1. 检查油压，消除滤油器阻力大或油系统泄漏故障 2. 修复调节连杆或电动执行器 3. 修理叶片叶柄卡涩摩擦处，修理或更换叶柄轴承 4. 处理信号传输、处理故障
风机内有金属碰撞或摩擦声音	1. 转动部件松动 2. 推力轴承安装不当 3. 导流器叶片松动或焊接处部分开裂 4. 导流器装反 5. 集流器与叶轮碰撞 6. 滚动轴承损坏 7. 润滑油不足	1. 紧固松动的部件 2. 重新安装推力轴承并检查端面的接触情况 3. 查找缺陷叶片并进行修复 4. 重新安装，确保气流旋转方向与叶轮一致 5. 用进风口法兰位置佳垫片调整与叶轮轴向间隙，纠正叶轮的飘偏情况 6. 更换轴承 7. 按规定添加润滑油

第六节 泵与风机运行的几个问题

泵与风机在运行中的故障是多方面的，前述已经有所涉及，此外，泵与风机在运行中还有一些问题。

一、泵与风机的振动问题

泵与风机的振动是运行中的常见问题，严重时危及泵与风机、甚至整个机组的安全。然而，泵与风机的振动问题非常复杂，往往是由多种因素共同作用的结果。所以，对于振动问题，必须深入分析原因，以便于找出相应的对策。大体上，造成振动的原因可以归纳为机械方面的和流体流动方面的两种情况，下面将分别讨论。

（一）机械原因引起的振动

（1）转子质量不平衡引起的振动 在造成泵或风机振动的诸多原因中，转子质量不平衡占多数情况。这种原因造成振动的特征是振幅不随泵与风机的负荷大小或吸水压头的高低而变化，而是与转速的高低有关，振动频率和转速一致。

造成转子质量不平衡的原因很多，例如运行中叶轮叶片的局部腐蚀或磨损；叶片表面不均匀积灰或附着物（如铁锈）；由于机翼形风机叶片局部磨穿致使叶片内进入飞灰；轴与密封圈发生强烈的摩擦，产生局部高温导致的轴弯曲；叶轮上的平衡块重量与位置不对，或位置移动；转子在检修后未找平衡等，这些情况均会造成泵与风机剧烈振动。对此，可采取针对措施消除，尤其是对于高转速泵或风机，检修时必须做静、动平衡试验以寻找不平衡点和量。

（2）转子中心不正引起的振动 如果泵或风机和电动机的轴不同心，或联轴器接合面不平行度达不到安装要求时，就会发生和质量不平衡一样的周期性强迫振动。其频率和转速呈倍数关系，振幅随泵或风机轴与电动机轴的偏心距及偏差角度的大小而变。造成转子中心不正的主要原因是：泵或风机安装或检修后找中心不正；暖泵不充分造成温差使泵体变形；设计或布置管路不合理，其管路本身重量或膨胀推力使轴心错位；轴承架刚性不好或轴承磨损等原因导致的轴心位移。

（3）转子的临界转速引起的振动 当转子的转速逐渐增加并接近泵或风机转子的固有振动频率时，泵或风机的振动振幅就会突然增大，转速低于或高于这一转速，振动明显减弱，泵或风机可平稳地工作。通常把泵与风机发生这种振动时的转速称为临界转速（用 n_c 表示）。泵或风机的工作转速不能与临界转速重合、接近或成倍数，否则将发生共振现象而使泵或风机遭到损坏。

泵或风机的临界转速与转轴的刚度、动静间隙、轴封和轴承形式等因素有关，而且随着转速增高，会出现多个临界转速。随着流速的增高，最先出现的临界转速叫做第一临界转速。泵或风机的工作转速低于第一临界转速的轴称为刚性轴，而工作转速高于第一临界转速的轴称为柔性轴。一般的泵与风机多采用刚性轴，以利于扩大调速范围；对于多级泵，由于其转速高，且轴的长度大，有时采用柔性轴。

（4）油膜振荡引起的振动 滑动轴承中的润滑油膜在一定的条件下迫使转轴做自激振动，称为油膜振荡。对于高速泵的滑动轴承，在运行中轴颈和轴瓦间存在一定的偏心度。当轴颈在运转中失去稳定后，轴颈不仅存在自身的旋转，而且轴颈中心还将绕着一个平衡点转动，称为涡动。涡动的方向与转子的旋转方向相同。轴颈中心的涡动频率约等于转子转速的一半，所以称为半速涡动。如果在运行中半速涡动的频率恰好等于转子的临界转速，则半速涡动的振幅因共振而急剧增大。这时转子除半速涡动外，还发生忽大忽小的频发性抖动，这种现象就是油膜振荡。显然，柔性转子在运行时才可能产生油膜振荡。消除的方法是使泵轴的临界转速大于工作转速的一半。常用方法有选择适当的轴承长径比、选择合理的油楔形状和降低润滑油粘度等。

（5）动静部件之间的摩擦引起的振动　若由热应力而造成泵体变形过大或泵轴弯曲，及其他原因使转动部分与静止部分接触，发生摩擦。这种摩擦力作用方向与轴的旋转方向相反，对转轴有阻碍作用，有时使轴剧烈偏转而产生振动。这种振动是自激振动，其频率与转速无关，等于转子的自振频率。

（6）基础不良或地脚螺钉松动　基础下沉，基础或机座的刚度不够或安装不牢固等均会引起振动。例如泵或风机基础混凝土底座打得不够坚实，泵或风机地脚螺钉安装不牢固，则其基础的固有频率与某些不平衡激振力频率相重合时，就有可能产生共振。这种振动往往在泵与风机高负荷时加剧。

（7）平衡盘设计不良引起的振动　例如平衡盘本身的稳定性差，当工况变动时，出现"窜梭"现象，造成泵的低频振动，同时平衡盘与平衡座之间发生碰磨。为增加平衡盘工作的稳定性，可调整轴向间隙和径向间隙的数值、在平衡座上开螺纹槽、调整平衡盘的尺寸等。

（二）水力振动

水力振动主要是由于泵内或管路系统中流体的不正常流动引起的，它与泵及管路系统的设计、制造方面的因素有关，也与运行工况有关。产生水力振动的原因如下。

（1）水力冲击引起水泵振动　由于离心泵叶片后的尾迹涡流要持续很长一段的距离，当水流由叶轮叶片外端经过导叶和蜗壳舌部时，就要产生水力冲击，形成有一定频率的周期性压力脉动。这种压力脉动传给泵体、管路和基础，引起振动和噪声。若各级动叶和导叶组装位置均在同一方向，则各级叶轮叶片通过导叶头部时的水力冲击将叠加起来，引起振动。这种振动的频率为

$$f = \frac{zn}{60} \tag{4-10}$$

式中，z 为叶片数；n 为转速（r/min）。

如果这个频率与泵本身或管路的固有频率相重合，将产生共振，问题就会更加严重。防止水力冲击的措施是：适当增加叶轮外直径与导叶或泵壳与舌之间的距离，或者变更流道的型线，以减缓冲击和减小振幅；组装时将各级的动叶出口边相对于导叶头部按一定节距错开，不要互相重叠，以免水力冲击的叠加，减小压力的脉动。

（2）汽蚀引起的振动　离心泵在发生汽蚀时，汽蚀的冲击力与泵组的固有频率满足共振条件时，则发生共振，会产生剧烈振动；同时，振动会诱发更多的汽泡发生和溃灭，两者互相激励、互相强化使振动加剧，形成汽蚀共振。对于大容量高速给水泵，在设计和运行上注意防止汽蚀的发生尤为重要。

（3）风机进口处旋转涡流引起的振动　一些大型离心式风机在某一工况下，气流在轴向

导流器后、叶轮进口前的一段空间内存在一定程度的涡动现象，造成气流进入风机叶轮时的速度在圆周方向不对称，从而造成风机低频振动。有些离心泵在小流量时也出现这种振动。

（三）原动机引起的振动

驱动泵与风机的各种原动机亦会产生振动。如泵或风机由小汽轮机驱动时，小汽轮机会有各种振动问题，在此不多叙述。若泵或风机由电动机驱动，则电动机亦会因电磁力引起振动，具体可归纳为：

（1）磁场不平衡引起的振动　泵或风机运行中，当电动机的一相绕组发生断路时，则电动机内的电源磁场不平衡，定子受到变化的电磁力的作用而振动。此时电动机如继续工作，其他两相电流增大，电动机会振动并发出噪声，其振动频率为转速乘以极数，若这种振动与定子机架固有频率相同，则会产生强烈的振动。

此外，由于电源电压不稳、转子与定子偏心和气隙不均匀等原因也会导致由于磁场不平衡而引起的振动。

（2）笼型异步电动机转子笼条断裂引起的振动　在笼型异步电动机转子的笼条或端环断裂时，如果断裂的笼条超过整个转子槽数的1/7，则电动机会发出嗡嗡声，机身会剧烈振动。此时若带有负荷，电动机转速会降低，转子发热，断裂处可能产生火花，电动机不能安全运转，甚至会突然停下来。

（3）电动机铁心硅钢片过松而引起的振动　电动机铁心硅钢片叠合过松会引起电动机振动，同时产生噪声。

（四）不稳定工作引起的振动

泵与风机在不稳定工作时，常伴随着振动。旋转脱流、喘振和抢风的现象都会有叶轮中流体的流动在圆周方向上分布不均的现象，从而发生振动。要避免这种振动，就必须避免不稳定工作的发生，其措施见上节的叙述。

不同振动频率时产生振动的可能原因汇总于表 4-3 中，以便读者查找分析。

表 4-3　泵与风机常见的振动类型及原因

振动频率	振动原因	原因规类
0~40%工作转速	油膜共振，摩擦引起的涡动，轴承松动，密封松动，轴承损坏，轴承支承共振，壳体变形，不良的收缩配合，扭转临界振动	1
40%~60%工作转速	1/2 转速的涡动，油膜共振，轴承磨损，支承共振，联轴器损坏，不良的收缩配合，轴承支承共振，转子摩擦，密封处摩擦，扭转临界振动	1
60%~100%工作转速	轴承松动，密封松动，轴承损坏，不良的收缩配合，扭转临界振动	1, 2
工作转速	转子不平衡，横向临界振动，扭转临界振动，瞬时扭转振动，基础共振，轴承支承共振，轴弯曲，轴承损坏，推力轴承损坏，轴承偏心，密封摩擦，叶轮松动，联轴器松动，壳体变形，轴不圆，壳体振动	3
2 倍工作转速	不对中心，联轴器松动，密封装置摩擦，壳体变形，轴承损坏，支承共振，推力轴承损坏	1, 2, 3
n 倍工作转速	叶轮叶片或导叶叶片共振，压力脉动，不对中心，壳体变形，密封摩擦，齿轮装置不精密	3, 4

（续）

振动频率	振动原因	原因规类
频率非常高	轴摩擦，密封，轴承，齿轮不精密，轴承抖动，不良的收缩配合	3，4
非同步频率	管路振动，基础共振，壳体共振，压力脉动，阀振动，噪声，轴摩擦，汽蚀	5

注：1. 有关轴承的振动问题：低稳定型轴承，过大的轴承间隙，轴瓦松动，润滑油内有杂质，润滑油性质（黏度，温度）不良，因空气或流程使润滑油起泡，润滑不良，轴承损坏。

　　2. 有关密封装置问题：间隙过大，护圈松动，间隙太紧，密封磨损。

　　3. 有关机组设计问题：临界转速，连接套松动，温差过大，轴不同心，支承刚度不够，支座或支承共振，壳体变形，推力轴承或平衡盘缺陷，不平衡，联轴器不平衡，轴弯曲，不良的收缩配合。

　　4. 有关系统的问题：扭转临界振动，支座共振，基础共振，不对中，管路载荷过大，齿轮啮合不精确或磨损，管路机械共振。

　　5. 有关系统流动问题：脉动，涡流，管壳共振，流动面积不足，$NPSH_1$ 不足，汽蚀。

　　在运行中，必须注意监测泵与风机的振动，当发现振动严重时，要及时分析原因，及时处理。当振幅超过允许的极限时，必须停止泵或风机的运行，防止造成更严重的后果。判别转动机械振动严重程度的大致标准可参见图 4-39，曲线自下至上表示由优到劣的不同振动等级，由此可对泵与风机振动的程度进行评估。

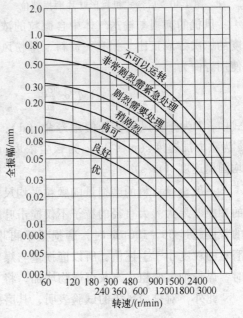

图 4-39　旋转机械振动允许值

二、输送含尘气体风机的磨损问题

　　燃煤电厂的引风机、排粉机等的工作条件较差，气流中含有的煤粉颗粒、飞灰颗粒或未燃尽的碳颗粒等固体颗粒会对风机的叶片和机壳表面产生冲击，使叶片和机壳产生磨损。同时，这些固体颗粒也会沉积在风机叶片上。由于固体颗粒造成的磨损和沉积是不均匀的，从而破坏了风机的平衡，引起振动。尤其是制粉系统中的排粉风机，由于煤粉浓度较大，风机的磨损情况会更加严重。

（一）风机的磨损部位及影响因素

　　风机叶片形式对磨损的程度、部位有直接影响。表 4-4 所示为叶片形式与叶片耐磨程度的关系，从耐磨角度考虑，输送含有较多粉尘的风机以采用径向直板叶片为宜。图 4-40 所示为后弯式机翼形叶片风机的磨损情况，严重磨损部位在靠近后盘一侧的出口端和叶片头部。这种叶片头部磨损后，叶片的空腔易进灰尘，造成转子平衡被破坏而引起振动。风机进风口的形式对叶轮磨损部位有明显的影响，如 7—5.23（29）型排粉风机，装有普通圆柱形进风口时，磨损部位如图 4-41 所示；当改装喇叭形进风口以后，叶片进口磨损变为均匀，如图 4-42 所示。

　　气体中所含微粒的硬度、形状和大小对风机磨损的程度有直接影响。微粒硬度越高，风机中的流道壁面就被磨损得越快；具有尖锐棱角表面的颗粒，比具有光滑表面的颗粒对金属的磨损严重；尺寸较大的颗粒对流通部件的磨损也较大。另外，风机磨损与流通部件材料的硬度有关，硬度越大耐磨性越好；而且还与材料的成分有关，如碳钢通过淬火提高硬度，对耐磨性也有所提高，但是不成正比。所以，要提高材料的耐磨性，既要提高材料硬度，也要选用耐磨材料。

表4-4　叶片形式与磨损的关系

叶片形式	径向直板叶片	径向出口叶片	平板加厚叶片	空心机翼形叶片
耐磨程度	高	偏高	中等	偏低

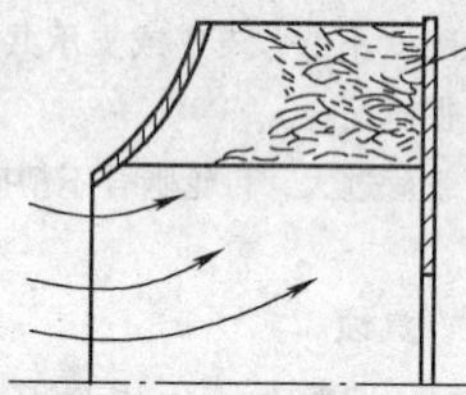

图4-40　后弯式机翼形叶片磨损部位　　　　　a)进口磨损　　b)出口磨损　　c)根部磨损

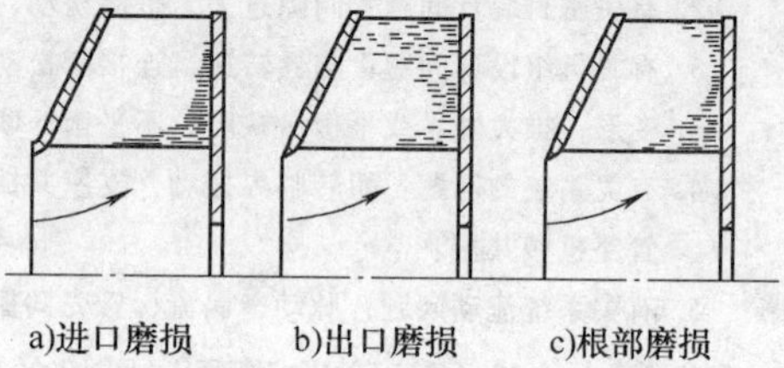

图4-41　叶片磨损部位

风机的磨损与输送气体中含微粒的浓度成正比、与圆周速度的三次方成正比。据有关资料，排粉风机径向直板式叶片的使用寿命为

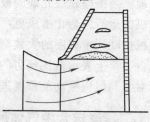

图4-42　装有喇叭形进风口的风机叶片磨损情况

$$T \propto \frac{\delta g}{cu^3} \qquad (4\text{-}11)$$

式中，T 为排粉风机实际使用寿命（d）；δ 为叶片厚度（m）；g 为重力加速度（m/s^2）；c 为含尘浓度（g/m^3）；u 为叶片平均圆周速度（m/s）。

一般金属材料的磨损量随颗粒平均尺寸的增大而增加。颗粒尺寸增大，因其惯性对壁面的冲撞效果大。大直径的粒子不仅撞击叶片的工作面，还会撞击叶片的非工作面。但当颗粒的粒度超过 $50 \sim 100 \mu m$ 时，磨损量不再增加而趋于一定值。在排粉风机和锅炉引风机中，磨粒的粒度小于上述值，所以磨损量与煤粉或煤灰颗粒的尺寸成正相关。如锅炉超负荷运行时，煤粉细度变粗，飞灰可燃物增加，将导致排粉风机和锅炉引风机的磨损加剧。

此外，对排粉风机的试验表明，其磨损量与风机转速的二次方成正比，即

$$m \propto Bn^2 \qquad (4\text{-}12)$$

式中，m 为磨损量；B 为锅炉的送粉量；n 为风机的转速。

（二）防磨措施

对于面临严重磨损的风机（排粉机），需要在风机设计、制造和使用中采取防磨措施，以提高其使用寿命。可采用的措施主要有如下几种：

1）在风机叶片容易磨损部位，用等离子喷镀一定厚度的硬质合金层，或堆焊硬质合金（如高碳铬锰钢等硬质合金）。

2）在风机叶片表面进行渗碳处理，使金属表面形成硬而耐磨的碳化铁层，同时保持钢材内部柔韧性。如某电厂对引风机叶片进行渗碳处理后，叶片表面硬度可达到洛氏硬度50HRC以上，磨损速度由过去每月1mm减小到0.1mm，使用寿命延长10倍。

3）选择合理的叶型以减少积灰和振动。使用机翼型叶片的风机效率固然高，但是这种叶片形式应用在引风机上，存在因叶片磨穿使叶片腔内积灰造成叶轮失去平衡的情况，所

以，应尽量避免在引风机等输送含尘气体的风机上使用机翼形叶片。

4）风机机壳可采用铸石作为防磨衬板，其耐磨性比金属衬板高几倍，甚至几十倍。

除上述方法外，对除尘器加强日常维护和管理以提高除尘效率，对锅炉加强燃烧调整，改善煤粉细度，降低飞灰可燃物以及降低风机转速等，都会延长风机的使用寿命。

三、泵与风机的噪声问题

噪声是现代生活的重要环境污染。在电力生产过程中存在比较严重的噪声，人们长期处在噪声环境中，对健康十分有害。另外，噪声还对某些仪器设备有影响。治理噪声是火力发电厂内环境保护的重要内容。各种水泵、风机是电厂中重要的噪声源，据有关部门的测试，电动给水泵为 96~97dB，100kW 凝结水泵为 104dB，引风机为 88~106dB，排粉机为 95~110dB 等。为保护人员的健康，国际标准化组织规定了按不同的作用时间允许的噪声级，见表 4-5。

表 4-5　不同的作用时间允许的噪声级

作用时间	8h	4h	2h	1h	30min	15min	8min	1min	30s
允许噪声级/dB	90	93	96	99	102	105	108	117	120

在风机内，噪声的来源有因叶轮旋转所致气流压力脉动产生的旋转噪声、因边界层分离形成的漩涡噪声，还有轴系的机械振动产生的噪声，噪声源通过轴系、机壳、管系形成复杂的共振关系并向四周传播。在泵内，噪声的来源与上述风机内的情况类似，分为液体噪声源和机械噪声源，液体噪声源造成的压力脉动通过轴系、机壳、管系向环境传播。

对泵与风机噪声的控制一方面要改进噪声源；另一方面是阻断噪声的传播。改进噪声源就是要提高泵与风机的制造工艺和设计水平，使泵与风机过流部件尤其是叶轮具有更好的流体动力学特性和使转动部件具有更好的机械特性。阻断噪声的传播可采用吸声、隔声、隔振和消声等方法。

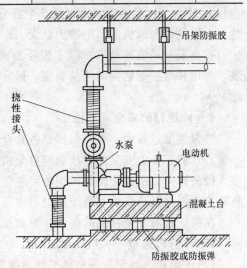

图 4-43　离心泵隔离振动的措施

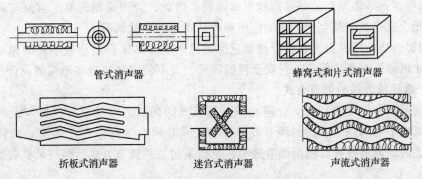

管式消声器　　　蜂窝式和片式消声器

折板式消声器　　　迷宫式消声器　　　声流式消声器

图 4-44　消声器原理示意图

图 4-43 所示为隔绝泵体振动的产生，降低噪声向外传播的措施。对于风机除了可采用各种隔绝振动的措施外，还以在风机的进口或出口使用消声器来减低噪声。图 4-44 所示为各种消声器原理示意图。

第七节　泵与风机的节能改造和选择

一、泵与风机的节能概述

近年来，我国随着经济的发展电力生产规模剧增，但是电能的使用效率和发达国家尚有较大差距，这对经济的可持续发展和强国中兴形成了羁绊。节能问题日益受到社会的重视，已成为我国现代化建设的一项基本国策。电能生产中所消耗的一次能源在我国能源消耗中占有非常重要的位置，因此电力生产过程的节能问题意义重大。

在国内火力发电厂的厂用电占总发电量的 7% ~ 10%，而各种水泵和风机的电耗占机组厂用电的 75% 左右。这说明，泵与风机是火力发电厂中消耗电能最大的一类设备，另一方面，目前我国电力生产中也存在着效率不高的问题。据统计，我国泵与风机类的平均设计效率仅为 75%，比发达国家水平低 5 个百分点，系统运行效率比发达国家水平低 20 ~ 25 个百分点，因此泵与风机的节电潜力巨大。

提高泵与风机的效率，除了需要提高设备的制造工艺和设计水平外，合理地选择、安装、使用和维护是解决问题的关键。做好泵与风机的节能工作，需要关注如下几个方面的问题。

（一）运行的安全可靠性

电力生产过程中，泵与风机是各种介质循环和输送的动力，可以说泵与风机是发电厂的心脏，它们工作的安全性直接影响整个机组的安全可靠性。发电机组非正常停机往往会造成重大经济损失，所以为提高机组的可靠性，在泵与风机的设计和选择上通常都是以必要的牺牲效率来提高泵与风机和整个机组可靠性。

在保证机组安全性的前提下，提高泵与风机的经济性是最重要的任务。

（二）合理选型

1）正确地选择泵与风机的工作参数和裕量，即要保证工作参数有足够的裕量又必须防止参数过高而造成运行效率的过多降低。

2）选择高效节能型产品是提高效率的前提。因此，合理选型需要了解泵与风机的产品系列的性能、规格，以及生产厂商的信用和产品质量的评估情况。

3）选择合适的原动机，包括合理确定原动机的类型和选择运行效率高的原动机，同时在确定原动机裕量时既要保证运行安全性的需要，又不使原动机过多地偏离设计工况。

（三）选择最合适的调节方式

根据机组负荷变动的特征，合理选择泵与风机的调节方式是泵与风机节能的另一个关键。泵与风机不同的调节方式的调节效率有较大的差异，图 4-45 所示为离心式风机采用不同调节方式时的调节效率。所谓调节效率，是指采用某种调节方式后泵与风机装置的实际运行效率。

但是，泵与风机采用哪种调节方式的经济性更好，和调节效率却不是同一个概念。因为影响经济性的因素包括设备初投资、运行费用、设备管理费用和维修费用，调节效率仅决定运行费用这一项。要保证经济性，需要对不同的选型方案（包括调节方式）进行经济性分析比较才能得出结论。图 4-45 显示，离心式送风机采用简易导流器效率最低、采用变频调速时最高，而经济性分析的结果却是：机组带基本负荷时采用轴向导流器的经济性最好、采用轴向导流器加双速电动机的经济性次之、采用变频调速的经济性最差；机组带调峰负荷时采用轴向导流器加双速电动机的经济性最好、采用晶闸管串级调速的经济性次之、采用简易导流器的经济性最差。

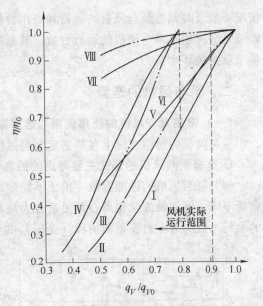

图 4-45　离心式风机采用不同调节
方式时的调节效率

Ⅰ—简易导流器　Ⅱ—轴向导流器　Ⅲ—简易
导流器加双速电动机　Ⅳ—轴向导流器
Ⅴ—液力耦合器　Ⅵ—油膜滑差离合器
Ⅶ—晶闸管串级调速　Ⅷ—变频调速

由于设备初投资和维护等费用会随着技术的发展进步而降低，所以经济性分析的结果会随着时代而不同，例如，当大容量高电压的变频器实现国产化后，泵与风机使用变频调速的经济性会大幅度提高。

（四）改进或改造原有的泵与风机

为使原有泵与风机达到节能的目的，需要在经济性分析的基础上对造成其效率低的各个方面进行改进或改造。这方面的工作主要包括以下几个方面：

1）选择产品质量可靠、效率高的新品，淘汰、更换掉那些技术落后、性能低下、效率低效的泵或风机。

2）为泵与风机的运行选择更高效的调节方式和运行方式。

3）通过对泵与风机进行改造来消除其与系统不匹配的情况，包括经测算后重新设计叶轮、拆除一级叶轮、对叶片进行切割或加长的改造等手段改变原来的参数，以达到让泵与风机的扬程（全压）和流量更好地符合机组运行的需要

4）改造管路系统，包括根治管道内的积灰垢堵塞、泄漏等问题，尽可能减小管路的阻力，使进入泵与风机入口的流速分布均匀等。

（五）保证泵与风机的安装、检修质量

提高泵与风机的安装、检修质量对其运行的经济性有明显的影响。一方面，按要求合理确定动静间隙，既减小了泄漏量又不能产生摩擦，并且修复因磨损或汽蚀等原因破坏的流通部件的型线，保持叶轮盘面和流道内的光滑，这些都是影响泵与风机效率的因素；另一方面，通过合理确定检修周期，提高检修质量，可以延长设备的使用寿命。

（六）采用经济的运行方式

使泵与风机的运行工况保持在高效区是经济运行的关键所在。需要说明的是以下三个方面：第一，运行人员应掌握不同类型泵与风机的特性和现状，尽可能多地使用经济性好的设备和调节方法；第二，运行人员应牢记各种类型泵与风机高效工况参数，在多台并联运行的

情况下能及时调整泵与风机的运行和备用台数；第三，就是根据使用条件，通过对系统进行经济性分析确定泵与风机的运行台数。其目的是使整个系统的经济性为最好，这方面典型的例子就是循环水泵。

二、泵与风机的选型

（一）常用泵与风机的使用范围与选用原则

泵与风机的选型实际上包括选定泵与风机的形式（即种类）和选定它们的规格。

1. 选择泵与风机的形式主要考虑的因素

（1）泵与风机的性能参数 由于不同形式泵与风机的结构及原理不同，其参数的特征也有所不同，例如轴流泵比离心泵更适合大流量、低扬程。图 4-46 和图 4-47 表示了不同类型的泵与风机所对应的流量和扬程（全压）的范围，在选择泵与风机时可据此确定形式。

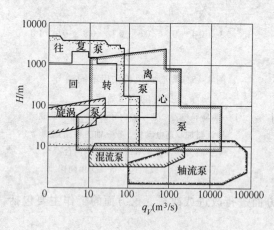

图 4-46　泵的参数与型式

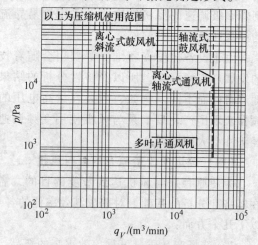

图 4-47　风机的参数与型式

（2）泵与风机所输送流体的性质

1）对于有毒、易燃、易爆、贵重的介质，在输送过程中一般应符合不允许泄露的原则，要求泵的密封部分安全可靠，符合这些要求的有屏蔽泵、磁力泵及隔膜泵等。

2）输送腐蚀性流体时，需要对过流部件和轴封等采用耐腐蚀材料制造，符合这些要求的有各种形式的耐腐蚀泵。

3）对于输送含有杂质的，尤其是含有固体颗粒的液、气态介质，设计上应考虑防止流道的堵塞和磨损，过流部件应选用既耐腐蚀又耐磨损的金属材料制造，适应这种要求的有灰渣泵、排粉风机等。

4）对于输送高温介质，结构设计上需考虑高温金属机械强度和热膨胀的影响，采用耐高温、高压材质制造的过流部件，和耐高温、高压的轴封及冷却装置，如给水泵等。

5）对于输送高黏性液体，可选用转子泵，如往复泵、螺杆泵、齿轮泵等。

（3）泵与风机的安装位置与环境条件

1）泵与风机的安装条件（如需要安装在室内还是室外、在地面上还是在液面下、在液面下的是单泵头部分还是连同电动机一起等）决定了水泵的结构特征，对应的就是特定形式的泵，如液下泵、潜水泵等。泵的安装位置也决定了选择卧式还是立式。

2）泵与风机的使用温度：如在高温和低温下使用时，要考虑材料在高温和低温下的性能；如输送液体氧的低温泵，需考虑金属和非金属部件冷脆现象；如锅炉用循环风机，则需要考虑金属的耐高温特性和轴承的散热问题。

此外，影响泵与风机形式选择的因素还有对噪声的要求、对使用环境空气湿度的要求等，还有就是电网的条件，包括电网频率（我国的电网频率为50Hz，有些国家为60Hz）和电压等级。

2. 选择泵与风机参数（即确定其规格）**的主要原则**

1）在选择泵与风机之前，应该广泛地了解泵与风机的生产商和产品情况，如泵与风机的品种、规格、质量、性能的总体评价以及生产商的信用等，以便做出选择的初步方案。

2）所选择的泵或风机必须满足运行中可能的最大负载，其正常工况点应尽可能靠近设计工况点，使泵与风机能长期在高效区运行。

3）合理确定流量及扬程的裕量。裕量取得过小满足不了安全工作的需要，裕量取得过大会使工况点偏离高效率区，一般流量裕量为（5% ~ 10%）q_{Vmax}，扬程（全压）裕量为（10% ~ 15%）H_{max}。当比转速较大时流量裕量取小值，扬程（全压）裕量取大值；比转速较小时相反。对一些特殊用途的泵与风机，对裕量的要求超出了上述范围，如我国《火力发电厂设计规程》规定，锅炉引风机流量裕量不低于10%，全压裕量不低于20%，汽包锅炉的给水泵流量裕量为锅炉最大连续蒸发量的10%，扬程裕量为20%。由泵与风机所需要的最大流量和扬程加上相应的裕量即为选择泵与风机所需的计算流量和计算扬程。

4）如果有两种及以上的泵与风机可供选择时，在综合考虑各种因素的基础上，应优先选择效率比较高、结构简单、体积小、重量轻、设备投资少、调节范围比较大的一种。

5）选择的泵与风机性能曲线形状合适，保证在工作区无汽蚀、喘振等不稳定现象。

6）在选择泵与风机时应尽量避免采用串联或并联工作。当无法避免时，应尽量选择同型号、同性能的泵或风机进行联合工作。

对于泵和风机在具体选型的方法上又有所不同，故需分别介绍。

（二）泵的选型方法

泵的选型主要有下列两种方法。

1. 利用泵的性能表选择

首先初步确定计算流量、计算扬程和泵的类型，在该形式泵的性能表中查找与所需要的计算流量和扬程相一致或接近的一种或几种型号的水泵。若有两种或两种以上都能基本满足要求，则优先选用比转速高、结构尺寸小、重量轻的泵。如果在这种形式泵系列中找不到合适的型号，则可换一种泵或暂选一种型号接近要求的泵，通过改变叶轮直径，改变转速等措施，使之满足生产要求。

表4-6给出了S系列单级双吸离心泵部分型号性能参数，以供学习时参考。水泵性能规格表由水泵厂提供，表中每一个型号的性能参数都有三行数据，一般的规律是：中间一行的数值表示最佳工况，上下两行数据之间的范围表示高效率区域或厂家推荐工作区域。选型时应使已确定的计算流量和计算扬程同时与性能表列出的中间一行的数值都一致，或是相接近，而又都落在上、下两行的范围内，以确保所选水泵运转在高效率区域。

对于那些对工作效率要求比较高的水泵，还需要校核流量、扬程或效率的偏差。选定泵的型号后，根据泵在管路系统中的情况，判断在流量、扬程变化过程中工况点是否都在高效区内。对于吸入高温液体或高吸程的泵，还需要对汽蚀性能进行校核。若不满足要求，则需另行选择。

表 4-6　S 系列单级双吸离心泵部分型号性能参数

泵型号	流量 q_V / (m³/h)	扬程 H/m	转速 n/(r/min)	功率 /kW 轴功率	电动机功率	效率 η (%)	必需汽蚀余量 NPSHr/m	重量 /kg
100S90	60 80 95	95 90 82	2950	25.5 30.1 33.7	37	61 65 63	2.5	120
100S90A	50 72 86	78 75 70	2950	17.7 23 26	30	60 64 63	2.5	120
150S100	126 160 202	102 100 90	2950	50 59.8 68.8	75	70 73 72	3.5	160
150S78	126 160 198	84 78 70	2950	40 45 52.4	55	72 75.5 72	3.5	150
150S78A	111.6 144 180	67 62 55	2950	30 33.8 38.5	45	68 72 70	3.5	150
150S50	130 160 220	52 50 40	2950	25.3 27.3 31.1	37	72.9 80 77.2	3.9	130
150S50A	111.6 144 180	43.8 40 35	2950	18.5 20.9 24.5	30	72 7 70	3.9	130
150S50B	103 133 160	38 36 32	2950	17.2 18.6 19.4	22	65 70 72	3.9	130
200S95	183 280 324	103 95 85	2950	83.1 91.7 100	132	62 79.2 75	5.3	260
200S95A	198 270 310	94 87 80	2950	74.5 85.3 91.1	110	68 75 74	5.3	260
200S63	216 280 351	69 63 50	2950	54.8 58.3 66.4	75	74 82.7 72	5.8	230
200S63A	180 270 324	54.5 46 37.5	2950	38.2 45.1 47.3	55	70 75 70	5.8	230
200S42	216 280 342	48 42 35	2950	34.8 38.1 40.2	45	81 84.5 81	6	180
200S42A	198 270 310	43 36 31	2950	30.5 33.1 34.4	37	76 80 76	6	180

2. 利用泵的系列型谱选择

由相似定律知道，通过改变泵的转速可以改变泵的工作范围，另外还可通过切割叶轮外

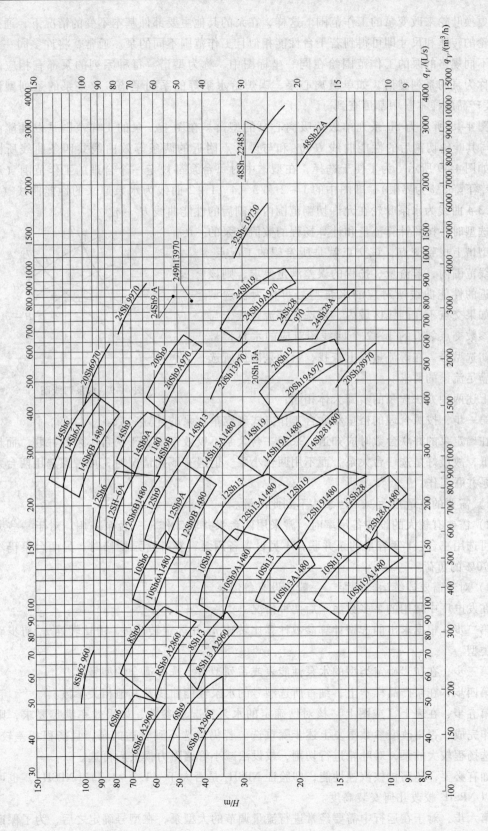

图 4-48 Sh 系列单级双吸离心泵的型谱

径或更换叶轮来改变泵的工作范围。这样，在泵的其他主要部件基本不变的情况下，通过改变叶轮的转速和尺寸即可得到若干台性能相似且工作范围不同的泵。通常，将许多同一类结构、不同规格的泵的工作范围绘在同一坐标图中，称为型谱。每种系列的泵都有相应的型谱，称为泵的系列型谱，如单级离心泵、锅炉给水泵等的系列型谱。这些泵的系列型谱在"泵类产品的样本"中都可查到。

图 4-48 所示为 Sh 系列单级双吸离心泵的型谱。在图上，泵的工作范围是以性能曲线 $H\text{-}q_V$ 与其叶轮切割后的性能曲线 $H'\text{-}q_V$ 和与设计点附近的两条等效曲线共四条曲线所围成的，如图 4-49 所示。为了便于选择，在型谱中对每台泵都规定一个合理的工作范围（通常以效率下降 8% 为界限），即图中的 $1-2$ 和 $3-4$。$1-2$ 曲线为水泵原来的性能曲线（$H-q_V$）；3-4 曲线为水泵叶轮在允许切割范围内切割后的性能曲线 $H'-q_V$。

选型时，按照计算流量和计算扬程的数值在泵的系列型谱上找到交点，该交点就是所希望的工况点。在四线范围内，若流量、扬程的误差满足要求，则该点临近的性能曲线所对应的水泵型号可作为初选型号。如果交点不在四线区域内，可选在等流量线上与计算参数交点邻近的 $1\sim2$ 个四线图对应的水泵型号作为初选型号。在等流量线上查找，目的是确保所选的泵满足流量的要求。

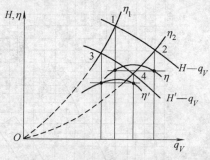

图 4-49　水泵四线图

上述两种方法选泵的步骤大体相同：

第一步，按照合理的裕量和联合工作方式确定单台泵的计算参数。

在确定泵的并联台数时应知道，采用一台大泵不仅效率要高于两台小泵的并联，而且造价也低，故最好是选一台大泵，而不用两台小泵。但遇有下列情况时，可考虑选用两台泵或多台泵并联工作：

1）需要的流量很大，一台泵达不到此流量。

2）需要有较大的设备备用率时，常采用两台泵并联工作，一台泵备用。对于一些大型泵，可选用三台、1/3 容量的泵并联，不另设置备用泵，在一台泵检修时，另两台泵仍然可承担 70% 的负荷。

3）对于需要连续运转的泵，一般应设有备用泵。

在发电厂中常用的泵多数属于后两种情况。

第二步，根据求出的选型计算参数计算比转速 n_s 并选定转速 n，由比转速 n_s 初步确定泵的类型。

第三步，在初步确定类型的水泵性能表或系列型谱上选择适合的型号。

第四步，在泵产品样本上，细查所选型号的水泵性能曲线及其他相关参数。

第五步，在表上（或图上）核对已确定的水泵工况点参数，如果效率满足要求，则选型工作完成，否则改变参数重复上述步骤重选。若仍然选不到合适的泵，且扬程相差较多，则可选扬程较大的泵，对叶轮进行切割，或设法减小管路阻力损失后再选。

如有必要，还需校核汽蚀性能，即验证 $NPSH_a$ 是否大于 $(1.1\sim1.3)\,[NPSH]$。也可反过来以 $NPSH_a$ 校改几何安装高度。

第六步，对于在运行中需要经常进行流量调节的大型泵，在型号确定之后，为了保证其经济性，要通过技术经济比较选定合适的调节方式。最后经过综合分析，选定一种水泵。

（三）风机的选型方法

风机设计规范中的工作参数是按标准入口状态确定的，而风机在实际使用条件下工作参数会因风机的吸入压力、介质温度和密度而异，因此在选型之前必须将使用条件下风机吸入参数换算为标准参数。参数换算实际上就是将风机在使用条件下，其设计流量所对应的全压和轴功率换算成符合规范的标准吸入状态下的全压和轴功率。可由下式计算。

全压
$$p_0 = p\frac{\rho_0}{\rho} = p\frac{101325}{p} \times \frac{273 + t}{273 + t_0} \tag{4-13}$$

轴功率
$$N_0 = N\frac{\rho_0}{\rho} = N\frac{101325}{p} \times \frac{273 + t}{273 + t_0} \tag{4-14}$$

式中，p_0、N_0 为风机进口设计标准状态下相应的全压和轴功率；t_0 为制造厂提供的风机进口设计标准状态下相应的温度（对于一般用途的通风机，$t_0 = 20℃$。对于引风机，则根据引风机的容量而定，$t_0 = 25 \sim 140℃$）；p、N 为在使用条件下的吸入压力和轴功率；t 为在使用条件下风机进口气流温度。

在合理确定了风机参数裕量的基础上，用上述方法可计算出风机的选型计算参数 p_0 和 N_0，以供风机选型之用。

风机选型方法有三种。

1. 利用风机性能表选择

具体做法与利用性能表选择水泵相同，这里不再重复。

2. 利用风机性能选择曲线选择

把同系列而不同规格的风机的全压、功率、转速与流量的关系绘制在同一张对数坐标图上的这些曲线，就是风机性能选择曲线。图 4-50 所示为 G4—13（4—72）型风机性能选择曲线，图中 No 为机号，是叶轮直径（单位 m）乘以 10 后取整。图中有 No、转速 n 和风机轴功率 N 三组等值线和一系列高效率工作区的性能曲线。

具体选择步骤如下：

第一步，根据风机是否为联合工作，确定单台风机的最大流量和最大全压。

第二步，按合理的裕量确定风机计算参数，并换算成标准状态下的计算参数。

第三步，按上述确定的计算参数计算出风机比转速 n_s，确定风机的系列及其选择曲线。

第四步，根据计算参数查取选择曲线，即在 p—q_V 坐标图上由计算参数确定的交点所对应的型号即为所选风机，这就确定了所选风机的机号（直径 D_2）、转速和功率。若流量和全压交点不在性能曲线上，如图 4-51 所示的交点在 1 点，则沿该点的等流量线（保证流量要求）向上查找，找到与之接近的两条性能曲线并与等流量线相交的 2 点和 3 点，这两条性能曲线所对应的型号即为所选的两个参考的型号。在两性能曲线最高效率点上即可查到对应的机号、转速和轴功率。

第五步，对所选型号的风机进行技术经济综合比较，最后选定一种。

3. 利用风机的无因次性能曲线选择

无因次性能曲线代表了相似的同类风机的性能，用它可做不同类型风机的性能比较，所以用无因次性能曲线选择风机，比较容易确定风机的类型。选择风机时的步骤如下：

第一步，先确定使用状态的计算参数并将其折算成标准状态的计算参数（q_{V0}、p_0），再根据换算后的计算参数和转速求出风机比转速 n_s。

第二步，根据需要和限制，查出与 n_s 相近的几种类型风机的无因次性能曲线，得到对应的无因次性能参数 $\overline{q_V}$、$\overline{p}$、$\overline{N}$ 及 η。

第三步，综合比较后选出一种最合适的类型。

第四步，根据无因次参数、转速和风机计算参数（q_{V0}、p_0 等）由第三章关于无因次性能曲线求出所选风机的叶轮直径 D_2。若用 p_0 和 q_{V0} 分别求出的 D_2 不相等，其差未超过允许值时，求出的 D_2 合格，否则再按上述步骤重选。也可以先不确定转速，由无因次系数 $\overline{q_V}$、$\overline{p}$ 直接求出 D_2，在产品系列机号中选择与 D_2 相等或接近的 D_2'，再由 D_2' 按第三章中介绍的无因次性能曲线求出转速 n。然后在现有的电动机产品中选出转速与 n 相近的电动机，用电动机的转速 n' 取代 n。再用新确定的转速 n' 和叶轮直径 D_2' 重新求 $\overline{q_V}$、$\overline{p}$，在无因次性能曲线图上检验该工况点，若该工况点恰好位于无因次性能曲线上或很靠近曲线，则说明 n' 和 D_2' 合适，否则需重新确定。

第五步，在上述过程确定了风机的类型（即系列型号）、机号 No 和转速 n 后，就可以根据其他要求在现有的风机系列产品中选择适合此次选型设计要求的风机了。其他要求主要是指确定风机的出口方向、传动方式、轴承支撑方式等。

三、泵与风机叶轮的切割

或是由于泵与风机的选型失败，或是由于在实际工作中管路系统的变化，现实中常有泵与风机工况点长期偏离最佳工况点的情况，严重时使泵与风机的工作效率明显下降。如果泵与风机的流量和扬程都有过大的裕量，可用叶轮叶片切割的方法来减小叶轮的外径 D_2 以适应性能参数的要求，达到节能增效的目的。

（一）叶片的切割定律

由泵与风机的基本方程式可知，叶轮的扬程或全压与其外径 D_2 的大小密切相关。因此改变叶轮的出口直径，会使泵与风机性能发生变化，使性能曲线平移。泵与风机叶轮切割前后其流量、扬程（全压）、轴功率的变化规律就是泵与风机的切割定律。

对应于低比转速和中、高比转速泵与风机，切割定律有不同的公式。

低比转速的泵与风机

$$\frac{q_V'}{q_V} = \left(\frac{D_2'}{D_2}\right)^2 \tag{4-15}$$

$$\frac{H'}{H} = \left(\frac{D_2'}{D_2}\right)^2 \qquad \frac{p'}{p} = \left(\frac{D_2'}{D_2}\right)^2 \tag{4-16}$$

$$\frac{N'}{N} = \left(\frac{D_2'}{D_2}\right)^4 \tag{4-17}$$

中、高比转速泵与风机

$$\frac{q_V'}{q_V} = \frac{D_2'}{D_2} \tag{4-18}$$

$$\frac{H'}{H} = \left(\frac{D_2'}{D_2}\right)^2 \qquad \frac{p'}{p} = \left(\frac{D_2'}{D_2}\right)^2 \tag{4-19}$$

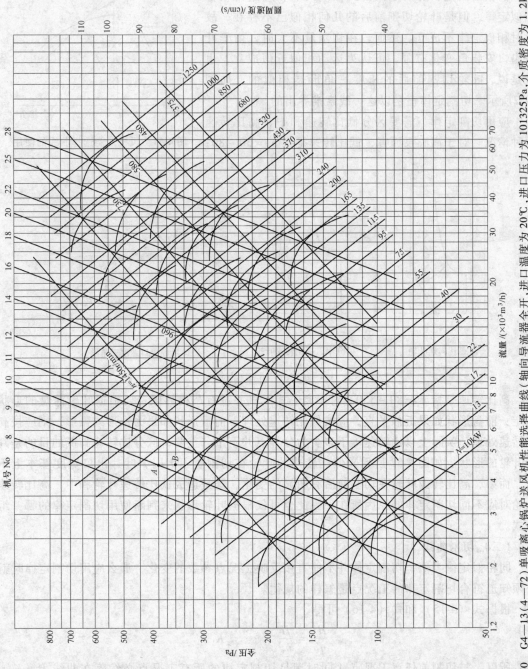

图 4-50　G4—13（4—72）单吸离心锅炉送风机性能选择曲线（轴向导流器全开，进口温度为 20℃，进口压力为 101325Pa，介质密度为 1.2kg/m³）

$$\frac{N'}{N} = \left(\frac{D_2'}{D_2}\right)^3 \qquad (4\text{-}20)$$

式中，加上角标"'"的量表示切割之后的量。

需指出的是，切割定律公式在形式上和应用时很像相似定律，但是叶轮切割前后的几何相似已不存在，故此时相似定律不成立。然而，在切割量不大时，由于叶轮出口安装角变化有限，可认为运动相似近似成立，也就是说，叶轮切割前后的速度三角形是相似的，如图4-52所示。切割定律正是以这一线索推导出的。

应用切割定律，需要区分低比转速和中、高比转速两种情况。对于离心泵而言，低比转速是指 $n_s = 30 \sim 80$；

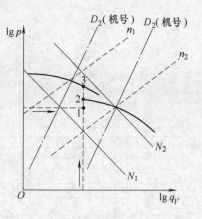

图 4-51　风机性能选择曲线的使用

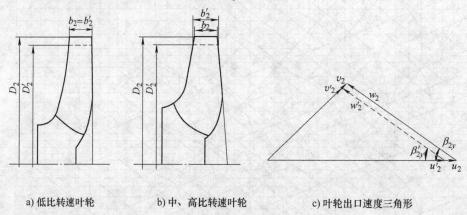

a) 低比转速叶轮　　　b) 中、高比转速叶轮　　　c) 叶轮出口速度三角形

图 4-52　叶轮切割

中、高比转速是指 $n_s = 80 \sim 350$。对于离心式风机并没有严格界限，要根据叶轮前盘的形状而定：前盘形状如果近似平直，应按低比转速处理；前盘形状如果为锥形或弧形，则应按高比转速处理。实际上以比转速等于多少为分界点并不十分重要，区分比转速高低的目的是判断叶轮的形状。如图4-52所示，低比转速的叶轮在切割量不大时，叶片出口宽度基本上不变，而中、高比转速叶轮在切割前后有明显的变化，这是造成低比转速叶轮和中、高比转速叶轮对应不同切割定律的原因所在。因此也可仅根据叶轮形状来判断使用切割定律的哪一组公式。

（二）切割曲线

同相似定律类似，切割定律并不能直接反映工况点参数的变化，那么应用切割定律时就必须知道符合切割定律的工况点是怎样的规律。

根据式（4-15）和式（4-16）可得

$$\frac{H'}{q_V'} = \frac{H}{q_V} = \cdots = K_1$$

所以，与切割前任意工况点 A 同时满足切割定律的所有工况点必然落在曲线 $H = K_1 q_V$ 上，这条曲线就称为低比转速泵与风机的切割曲线。同样方法可以推导出中、高比转速泵与风机的切割曲线方程为 $H = K_2 q_V^2$。

图4-53中分别给出了低比转速和中、高比转速泵与风机的切割曲线，图中的原工况点

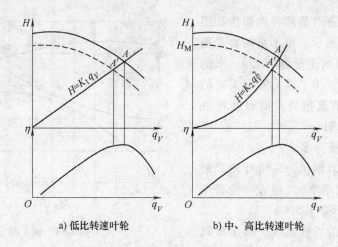

a) 低比转速叶轮　　　　　　　b) 中、高比转速叶轮

图 4-53　泵与风机叶轮切割曲线

A 在叶轮切割后变为 A'。值得注意的是，只有在同一条切割曲线上的工况点才满足切割定律，且原性能曲线上每个工况点各自只能对应一条切割曲线。这一点和比例定律的应用非常相似。

要进行叶轮切割，首先要利用切割定律来确定切割量，这就要通过做切割曲线来寻找到与切割后工况点（希望达到的）之间满足切割定律而又在原性能曲线上的另一个工况点。

（三）切割定律的应用

切割定律的应用，首先应根据叶轮形状或比转速大小确定选用合适的公式，然后通过所需的工况点作切割曲线，与原性能曲线交得一工况点，这个工况点与所需工况点之间满足切割定律。由此求出切割后的直径 D_2'，则切割量即为 $\Delta D_2 = D_2 - D_2'$。

在进行叶轮切割时要注意以下问题：

1）切割定律是在一些近似和假设的条件下得出的，因此不是一个精确的关系式，存在着较大误差。故在切割时要分多次试探切割、避免一次切割超量。一般总的最大相对切割量为：离心泵 $\Delta D_2/D_2 = 9\% \sim 20\%$；离心式风机 $\Delta D_2/D_2 = 7\% \sim 15\%$。比转速较大时取小值；比转速较小时取大值。

2）叶轮切割往往破坏了叶轮的动、静平衡，因此，切割后要作转子平衡试验。

3）离心泵叶轮切割后要用锉削的方法修复叶片的末端。一方面，锉削叶片工作面，以恢复原来叶片出口角；另一方面，锉削叶片背面，扩大叶轮出口有效面积，使流量增加。锉削应深入到流道内一定的深度，使叶片均匀过渡到正常厚度。

4）对于低比转速泵与风机，可以将叶片与叶轮同时切割或只切割叶片保留前后盖板。对于高比转速离心泵，可采用斜切，即前盖板的切割量小于后盖板的切割量，也可以只切叶片，保留前后盖板。

5）对于多级离心泵，如果多余扬程低于单级叶轮扬程的 1/5 时，只切割末级叶轮即可，且只切叶片；若多余扬程大于单级扬程的 1/5 时，则需切割除了首级叶轮之外的各级叶轮；多余扬程达到一个单级叶轮扬程时，则可拆除一级叶轮。

6）在泵与风机出力不足的情况下，可以将叶轮的叶片加长。其加长量的计算和切割的方法相同，但是一定要进行叶轮、轴的强度和功率校核计算，以免电动机过载。

例 4 某两级单吸离心泵的转速为 1450r/min，叶轮外径为 250mm，其性能曲线如图

4-54 所示，阀门全开时管路特性曲线如图
4-54 中的曲线 DE 所示。由于泵的容量选
得过大，实际所需的流量为 10L/s，水的
密度为 1000kg/m³。为了满足实际需要的
流量，以及减小节流损失，拟对叶轮外
径进行车削，试计算：

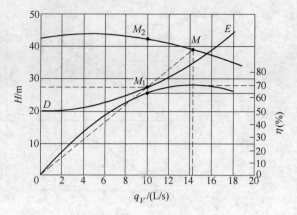

1）叶轮车削量为多少？

2）与节流调节相比，采用叶轮车削
措施可节约多少轴功率？（假设叶轮每车
削 10%，泵效率下降 1.5%）

图 4-54　例 4 图

解：1）查泵的性能曲线，得出最高
效率点的参数为：流量为 14.25L/s、扬
程为 39.5m。由于是两级泵，所以该泵的比转速为

$$n_s = \frac{3.65n\sqrt{q_v}}{(H/2)^{3/4}} = \frac{3.65 \times 1450 \times \sqrt{14.25/1000}}{(39.5/2)^{3/4}} = 67.4$$

由于比转速小于 80，所以该泵是低比转速离心泵。根据题意，过流量为 10L/s 的垂直
线与曲线 DE 的交点 M_1 就是泵叶轮车削后的工况点，M_1 点的性能参数为：流量为 10L/s、
扬程为 27.5m。由于是低比转速泵，所以过 M_1 点和原点作车削直线，它与泵扬程曲线 H—
q_v 的交点 M，就是 M_1 点车削前的相应工况点，M 点的性能参数为：流量为 14.25L/s、扬程
为 39.5m、效率为 70%。

用 M 点和 M_1 点流量计算叶轮车削后的直径：

由车削公式　$\dfrac{q_v'}{q_v} = \left(\dfrac{D_2'}{D_2}\right)^2$　得

$$D_2' = \sqrt{\frac{q_{VM1}}{q_{VM}}}D_2 = \sqrt{\frac{10}{14.25}} \times 250\text{mm} = 209.4\text{mm}$$

用 M 点和 M_1 点扬程计算叶轮车削后的直径：

由车削公式　$\dfrac{H'}{H} = \left(\dfrac{D_2'}{D_2}\right)^2$　得

$$D_2' = \sqrt{\frac{H_{M1}}{H_M}}D_2 = \sqrt{\frac{27.5}{39.5}} \times 250\text{mm} = 208.6\text{mm}$$

上面两种方法计算出的结果有较小偏差，这是由于查图误差所导致，为了保证车削后的
流量、扬程能满足需要，取上述两直径的大值，即车削后叶轮外径为 209.4mm，车削量为
（250 − 209.4）mm = 40.6mm，相对车削量为 40.6/250 = 0.1624 = 16.24%。

2）已知叶轮每车削 10%，泵效率下降 1.5%，现车削了 16.24%，所以效率下降了
（16.24/10）× 1.5% = 2.44%，已知 M 点的效率为 70%，故 M_1 点的效率为 70% − 2.44% =
67.56%。

M_1 点的轴功率为

$$P_{M1} = \frac{\rho g q_{VM1}H_{M1}}{1000\eta_{M1}} = \frac{1000 \times 9.81 \times 10 \div 1000 \times 27.5}{1000 \times 0.6756}\text{kW} = 4\text{kW}$$

如果不对叶轮进行车削，而采用出口节流调节，当流量为 10L/s 时，泵工况点为图 4-54 中的 M_2 点，查图得其性能参数为：流量为 10L/s、扬程为 42.5m、效率为 64%。此时泵的轴功率为

$$P_{M2} = \frac{\rho g q_{VM2} H_{M2}}{1000 \eta_{M2}} = \frac{1000 \times 9.81 \times 10 \div 1000 \times 42.5}{1000 \times 0.64} kW = 6.5kW$$

所以，与节流调节相比，采用叶轮车削措施可节约轴功率 2.5kW。

思考题及习题

4-1 何谓泵与风机的并联、串联工作？泵与风机并联或串联工作时，其性能参数如何变化？为什么在选用并联工作方式时一般选性能相同的泵或风机？

4-2 一台离心泵在管道系统中的工作流量为 $100m^3/s$，并联相同型号的一台离心泵后，总流量变为 $200m^3/s$ 吗？为什么？

4-3 何谓泵与风机的调节？泵与风机常用的调节方法有哪些？各适用于哪种场合？

4-4 实现泵与风机变速运行的方法有哪些？各有何特点？

4-5 简述液力耦合器的工作原理和性能特点。在什么情况下液力耦合器的损失功率最大？

4-6 泵与风机工作的不稳定是指什么？不稳定工作有哪些现象？如何避免？

4-7 离心式风机产生喘振的原因是什么？防止风机喘振的主要措施有哪些？

4-8 如何理解泵与风机的抢风、抢水现象？

4-9 泵与风机在起动时常采取怎样的措施来降低起动电流？

4-10 轴流式送风机或引风机起动过程中如何避免抢风？应如何起动第二台风机？

4-11 水泵并联运行时，关小其中一台泵的调节阀，另一台泵的流量和功率如何变化？

4-12 水泵并联运行时，起动第二台泵有时会不打水，为什么？

4-13 高压给水泵在起动前为何需要进行暖泵？怎样暖泵？

4-14 泵与风机运行中发生振动的原因是什么？如何减轻振动？

4-15 泵与风机的磨损有哪些影响因素？如何减轻磨损？

4-16 离心式送风机采用变频器调节的效率最高，但实际上却很少采用，为什么？

4-17 在运行过程中，应如何保持泵与风机的工况在高效区？

4-18 泵与风机选型的原则、方法和步骤如何？

4-19 怎样利用水泵型谱和风机性能选择曲线选择泵与风机？

4-20 为什么不同比转速的叶轮适用的切割定律不同？

4-21 进行叶轮切割时如何合理地确定切割量？

4-22 为了提高管道系统内的风量，用两台相同型号的风机串联在一起工作。单台风机的性能曲线如图 4-55 所示。一台风机在管道系统中工作时的全压 $p = 2400Pa$。试确定串联工作时每台风机的全压、流量及效率各是多少？

4-23 并联工作的两台性能不同的离心泵，性能曲线及管道特性曲线均绘于图 4-56 中。试确定并联工作的总流量及扬程，并求出每台泵的流量及稳定并联工作的区域。

4-24 两台性能完全相同的离心式风机按并联方式向锅炉输送燃烧所需的空气，其中一台的性能曲线绘于图 4-57 中。送风管道的特性曲线方程式为 $p = 2.6q_V^2$。问当一台送风机停止工作后，送风量为并联工作时送风量的百分之几？

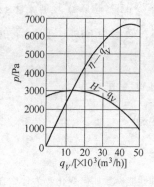

图 4-55　题 4-22 图

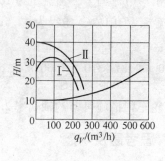

图 4-56　题 4-23 图

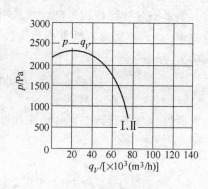

图 4-57　题 4-24 图

4-25　某台通风机的 $p-q_V$ 性能曲线如图 4-58 所示，它在一管路中工作时，流量为 14000m³/h。由于在风机选型时考虑不周，风机容量选得过小，系统实际所需的流量为 20000m³/h，现考虑再并联一台风机来满足需要。

1）绘制出该管路的管路特性曲线；

2）该选用多大流量和静压的风机来并联？假设不考虑选型时风机流量和静压的裕量。

4-26　锅炉燃烧所需要的空气由一台离心式风机供给，其风量 $q_{V1}=120000$m³/h，转速 $n=960$r/min，风机的性能曲线绘于图 4-59 中。试比较利用节流调节和变速调节两种方法使风量降低到 $q_{V2}=80000$m³/h 时的轴功率为多少？并求出节流调节的实际运行效率及变速调节的转速 n_2 为多少？

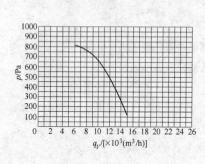

图 4-58　题 4-25 图

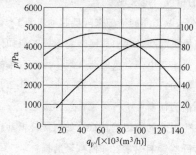

图 4-59　题 4-26 图

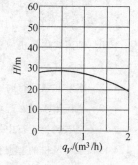

图 4-60　题 4-27 图

4-27　离心泵在已知转速下的性能曲线如图 4-60 所示。在转速 $n=1450$r/min 时的流量 $q_V=1$m³/s，此时由压力表读得出口压力 $p_g=215$kPa，由真空表读得进口真空 $H_V=367$mmHg。吸水池水面与管道出口的压力都为大气压力且位置高差为 10m。若泵的进、出口直径相等，当采用变速调节时，问转速升高到多少时其流量为 1.5m³/s？

4-28　图 4-61 所示为 DG500—200 型锅炉给水泵在转速 $n=2970$r/min 时的性能曲线。已知给水管道系统的特性曲线方程式为 $H=1700$m $+19400q_V^2$。水泵年运行时间为 8000h，给水系统需要的流量 $q_V=100$L/s。试问采用节流调节比变速调节的方法每年要多消耗的电能为多少？

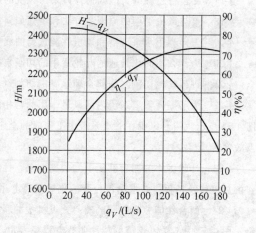

图 4-61　题 4-28 图

第五章　电厂泵与风机的应用

第一节　给　水　泵

一、给水系统概述

给水系统是指除氧器与锅炉省煤器之间的设备、管路及附件等。给水系统的主要功能是在机组各种工况下，将除氧器水箱中的凝结水通过给水泵提高压力，经过高压加热器进一步加热之后，输送到锅炉的省煤器入口，为锅炉省煤器提供数量和质量都满足要求的给水。此外，给水系统还分别向汽轮机高压旁路、各级过热器和再热器提供减温水。给水系统的最初注水来自凝结水系统。给水泵将给水提升足够压力，以便能进入锅炉后克服其中受热面的阻力，在锅炉出口得到额定压力的蒸汽。理论上给水在锅炉中吸热是一个定压过程，实际上由于存在压力损失，所以给水泵出口处是整个系统中压力最高的部位。

典型的 600MW 超临界机组的给水系统如图 5-1 所示。该系统包括一台除氧器、三台给水泵、三台前置泵和三台高压加热器，以及给水泵的再循环管道、各种用途的减温水管道以及管道附件等。

给水系统的主要流程为：除氧器水箱→前置泵→流量测量装置→给水泵→3 号高压加热器→2 号高压加热器→1 号高压加热器→流量测量装置→给水操作台→省煤器进口集箱。

给水系统配置两台 50% 容量的汽动给水泵作为正常运行泵，一台 30% 容量的电动调速给水泵作为机组起动和汽动给水泵故障时的备用泵。电动给水泵在机组正常运行期间处于热备用状态，当汽轮机甩负荷或汽动给水泵突然出现故障时，电动给水泵能立即投入运行。电动给水泵能够自动跟踪汽动给水泵的运行状态，并可以与汽动给水泵并列运行。

给水泵传送的流体是高温的饱和水，发生汽蚀的可能性较大。要使泵不发生汽蚀，必须使有效汽蚀余量大于必需的汽蚀余量。泵必需的汽蚀余量随转速的二次方成正比地改变，因此，高速泵所需的汽蚀余量比一般水泵高得多，其抗汽蚀性能大大下降，当滑压运行的除氧器工况波动时极易引起汽蚀。

为防止给水泵汽蚀，每台给水泵前都安装一台低速前置泵。前置泵的转速较低，所需的汽蚀余量大大减少，加之除氧器仍安装在一定高度，故给水不易汽化。当给水经前置泵后压力提高，增加了进入给水泵的给水压力，提高了泵的有效汽蚀余量，能有效防止给水泵汽蚀，并可大幅度降低除氧器的布置高度。

除氧器水箱有三根出水管分别接至给水泵组的三台前置泵。汽动给水泵的前置泵由单独配备的电动机驱动，与给水泵不同轴；电动给水泵的前置泵与电动给水泵通过液力联轴器同轴连接。前置泵的进水管道上设置一个电动闸阀和一个粗滤网。前置泵的入口水管上进口电动阀后还设置了泄压阀，以防止该泵组备用期间进水管超压。在该泵组备用期间，前置泵的进口阀关闭，进水管可能由于备用给水泵出口的止回阀泄漏而超压。泄压阀的出口接管进入一个敞开的漏斗，方便运行人员监视。

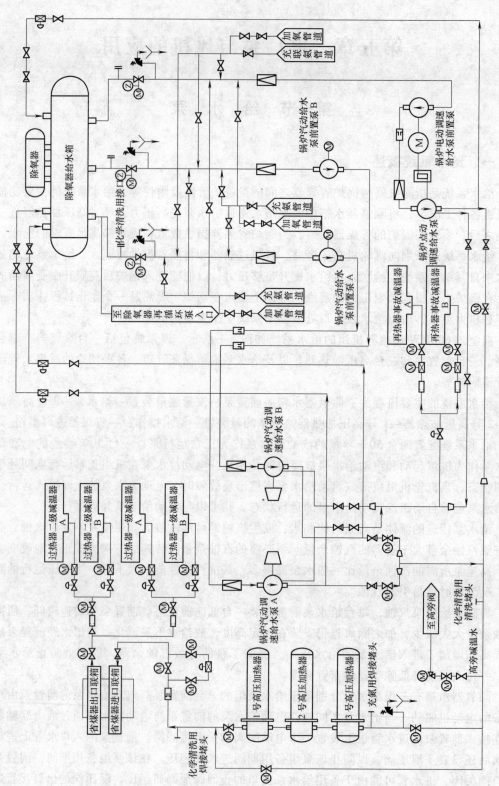

图 5-1 600MW 超临界机组的给水系统

　　由于给水泵及其前置泵是同时起停的，因此在前置泵出口至给水泵进口之间的管道上不设隔离阀。管道上设有流量测量装置和精滤网，给水泵最小流量再循环控制阀的信号就取自这里。给水泵的出口管道上装有止回阀、电动闸阀。设置止回阀的作用是当工作给水泵和备用给水泵在切换，工作给水泵停止运行时，防止压力水倒流，引起给水泵倒转。

　　三台给水泵出口均设置独立的再循环装置，其作用是保证给水泵有一定的工作流量，以免在机组起停和低负荷时发生汽蚀。最小流量再循环管道由给水泵出口管路上的止回阀前引出，并接至除氧器给水箱。

　　最小流量再循环装置由两个隔离阀和一个电动调节阀组成。给水泵起动时，阀门自动开起；随着给水泵流量的增加，阀门逐渐关小；流量达到允许值后，阀门全关。当给水泵流量小于允许值时自动开启。

　　每台给水泵都设有暖泵管路。暖泵管路中的热水循环通过停用泵的外壳，机组起动前通水暖泵，使其处于热备用状态。

　　给水泵中间抽头水供再热器减温用。从三台给水泵的中间抽头各引出一根支管，每根管上装一个止回阀和一个隔离阀。三根管子最后汇合成一根总管，通往再热器减温器。给水泵至高压加热器的给水总管上引出一根支管，为汽轮机高压旁路提供减温水。

　　三台给水泵出口管道在闸阀后合并成一根给水总管，通往3号高压加热器。给水系统设置三台全容量卧式双流程的高压加热器。高压加热器系统设置自动旁路保护装置，其作用是一旦加热器故障，可及时切断加热器与给水管道的连接，给水经过旁路流向锅炉，保证连续向锅炉供水。600MW超临界机组的高压加热器系统配置一套由三个电动闸阀组成的给水大旁路系统，3号高压加热器入口和1号高压加热器出口分别设置一个，另外一个旁路阀与它们并联。当任何一台高压加热器发生故障时，关闭高压加热器组的进、出水阀，给水经旁路阀向锅炉省煤器直接供水。

　　1号高压加热器出口到省煤器进口集箱的管道上装有流量测量装置、给水操作台和止回阀。给水操作台是由给水总管及阀门，和与之并联的若干根较细的小流量旁路管道及其上的调节阀和隔离阀组成。一般旁路管道的管径由细到粗，以满足机组在不同负荷下对给水流量的需求。600MW超临界机组的给水操作台仅保留一根小流量旁路管道，其作用是在机组起停和低负荷（小于15%）时供水，由电动旁路调节阀开度调节给水流量。在锅炉给水量大于15%时，切换至给水总管，给水流量由调速泵直接调节。

二、给水系统的运行

（一）起动

　　给水系统的设备和管道在起动运行之前应全部充满水并排走系统内部的积存空气，各给水泵起动之前，应将其轴承润滑和冷却系统投入运行，并进行暖泵。

　　各泵满足起动要求后，应依次起动电动给水泵的前置泵和电动给水泵，其前置泵的入口闸阀全开，给水泵的出口电动闸阀处于全关位置。起动初期，给水经给水泵最小流量再循环管返回除氧器水箱。其出口电动闸阀随锅炉给水调节自动投入，并逐渐开大。当锅炉给水需求量大于给水泵所需要的最小流量时，再循环阀自动关小直至关闭。

　　电动给水泵运行一段时间后，锅炉点火，当负荷逐渐增加至30%MCR左右时，可以起动一台汽动给水泵。先起动与汽动给水泵匹配的前置泵，给水通过再循环管回到除氧器水箱。前置泵运转正常后，手动开启给水泵驱动小汽轮机的高压主汽阀，同时开启给水泵的出口电动阀，汽动给水泵投入运行。在其出口给水压力达到给水母管中给水压力之前给水仍由再循环管回到除氧器给水箱，然后该汽动给水泵开始向给水母管送水。此后，逐渐增加汽动给水泵的转速，增大给水流量，同时减少电动给水泵的流量。这时电动给水泵仍继续运行直至汽轮机负荷大于 50% MCR，第二台汽动给水泵投入运行为止。当汽轮机的负荷增加，抽汽压力和流量能够驱动给水泵汽轮机时，给水泵汽轮机的低压主汽阀自动开启，逐步切换到四段抽汽供汽；与此同时，高压主汽阀逐渐关小直至完全关闭，高压汽源处于热备用状态。

高压加热器根据机组起动运行情况，确定投运时间。

（二）正常运行

正常运行期间，在机组不同负荷下，要求两台汽动给水泵组和三台高压加热器全部投入运行。给水泵汽轮机转速投入自动调节，电动泵自动备用。给水流量由小汽轮机转速进行调节。即使机组负荷降至 50% MCR 以下时，仍要求两个汽动给水泵均保持运行。其原因是：①汽轮机负荷低于 50% 以后，抽汽参数较低，没有足够的能量驱动一台汽动给水泵满出力运行，如果将一台给水泵的汽源切换至新蒸汽，虽然单泵能维持机组约 60% 的负荷，但热经济性较差；②给水泵汽轮机起停操作过多，不便于机组快速增加负荷。

（三）非正常运行

1）一台汽动给水泵或其前置泵解列。当机组负荷大于 60% MCR 时，任何一台汽动给水泵或其前置泵解列，电动给水泵组应立即自动投入。电动给水泵与另一台汽动给水泵并列运行时，机组负荷不受影响。电动给水泵用改变泵的转速的方式来调节泵出口的给水压力和流量。

若机组负荷小于 60% MCR，一台汽动给水泵或其前置泵解列，则可以不必起动备用电动给水泵，但另一台汽动给水泵必须采用高参数主蒸汽驱动，也可满足锅炉给水量的要求。

2）汽轮发电机组甩负荷。汽轮发电机组甩负荷时，给水系统的运行按照停机过程处理。机组甩负荷时，电动给水泵自动投入运行。运行中的汽动给水泵因失去 4 段抽汽而切换由新蒸汽驱动，然后逐渐关闭汽动给水泵的隔离阀，最后汽动给水泵停运。随着给水量的下降，电动给水泵通过再循环管运行，直至给水需求量为零，电动给水泵停机。

3）高压加热器解列。由于疏水不畅或管子泄漏，引起高压加热器汽侧水位超过最高位时，高压加热器自动旁路保护系统动作，给水走旁路，三台高压加热器解列。

（四）正常停机

随着机组负荷的降低，两台汽动给水泵逐渐降低负荷。当机组负荷降至 40% MCR 时，汽动给水泵小汽轮机自动开启高压主汽阀，由新蒸汽驱动。当负荷低于 30% MCR 时，投入给水泵最小流量再循环，并逐渐停用一台汽动给水泵。当汽轮机负荷降至规程规定负荷以下时，可停运高压加热器。应注意给水温度降低速度在规定的范围内。

根据运行情况，起动电动给水泵，停汽动给水泵，由电动给水泵维持锅炉的最小给水流量直至停止给水。

三、给水泵及其前置泵的结构

（一）汽动给水泵前置泵的结构

由沈阳水泵厂为 600MW 超临界机组配套生产的汽动给水泵前置泵的型号为 DSJH 10 ×

$12 \times 15H$—E，由于产生的扬程不高，所以前置泵均为单级泵。

图5-2所示为 DSJH10 $\times 12 \times 15H$—E 型前置泵的纵剖面。该泵为单级双吸泵，叶轮设计成双吸式，主要是为了提高泵的抗汽蚀性能，同时，双吸叶轮不产生轴向力。前置泵的泵壳为螺旋形蜗壳，为了平衡径向力，泵壳为双蜗壳结构且为径向结合面。

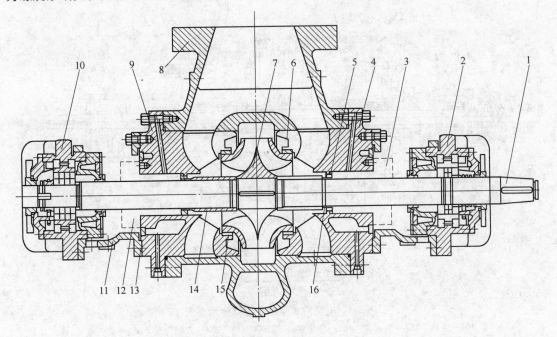

图5-2 汽动给水泵前置泵结构

1—泵轴 2—滚动轴承 3—机械密封（驱动侧） 4—泵盖 5—喉部衬套100
6—壳体密封环 7—叶轮 8—泵体 9—泵盖 10—滚动轴承 11—托架
12—机械密封（自由侧） 13—水冷腔盖 14—叶轮螺母
15—壳体密封环 16—间隔套

叶轮是封闭式的双吸式结构，叶轮用键与轴进行轴向定位，用轴套使叶轮在轴上进行轴向定位。在叶轮吸入口处有平式的密封环，动环装在叶轮上，静环安装在泵壳上，它们之间有足够的间隙，允许受热膨胀。密封环磨损后可以调换。

泵轴成轴端收缩（锥形），便于泵的半联轴器安装。轴承置于叶轮的两侧，为滑动轴承。轴承用润滑油润滑，并用油环旋转上油。在泵的一侧（不装联轴器侧）设有推力轴承，平衡双吸叶轮残余的轴向力。

在泵轴承的外侧装有冷却风机，对轴承进行冷却，使在运转时轴承温度不高。

泵的轴端密封采用机械密封。机械密封又称端面密封，它是一种带有缓冲机构，并通过与旋转轴基本垂直并做相对转动的两个密封端面进行密封的装置。

（二）电动给水泵前置泵的结构

由沈阳水泵厂为600MW超临界机组配套生产的电动给水泵前置泵为 YNKn400/300JC 型离心泵。水泵采用轴向端盖分开式结构，转子可轴向抽出，检修时不需拆卸进、出水管路，只需卸下自由侧端盖即可将整个泵转子抽出检查，使得检修极为方便。水泵转子采用两端支承，使转子运行更加稳定可靠。水泵的轴向力由双吸叶轮自行平衡，残余轴向力由双向止推轴承来承受。轴承采用自润滑或强制润滑均可的结构。

　　YNKn 型离心泵是单级双吸卧式蜗壳泵，其结构如图 5-3 所示。

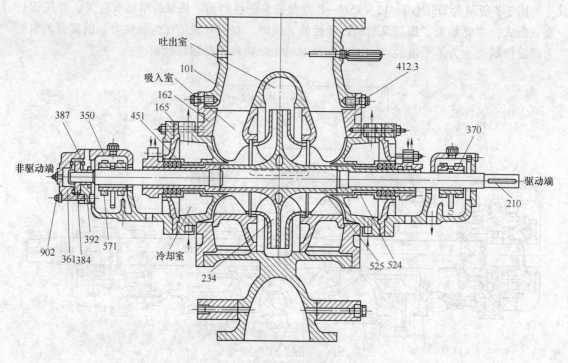

图 5-3　电动给水泵前置泵结构示意图

101—泵体　162—吸入盖　165—冷却室盖　210—泵轴　234—双吸叶轮　350—轴承体
361—前端轴承盖　370—径向轴承　384—推力盘　387—推力瓦　392—推力轴承瓦支座
412.3—O 形密封圈　451—填料函体　524—轴保护套　525—挡套
571—镫形环　902—双头螺栓

　　吸入盖（162）用双头螺栓紧固在泵体（101）上面，填料函体（451）、冷却室盖（165）和轴承体（350）全部采用双头螺体紧固在吸入盖（162）上。为防止连接处泄漏，在吸入盖（162）与泵体（101）之间以及填料函体（451）与冷却室盖（165）之间用 O 形密封圈来密封。为保护泵轴在运行中不致磨损和被输送液体腐蚀，在泵轴（210）的两端均采用挡套（525）和轴保护套（524）。同时挡套还起着使叶轮在轴向定位的作用，轴保护套利用丝扣在轴封部位拧紧在轴上，其丝扣方向与旋转方向相反。

　　双吸叶轮（234）用键径向固定在泵轴上，并依靠推力轴承将其轴向固定在泵体中间。由于泵所有的过水部件都是对称设计和布置的，泵在运行中产生的轴向力并不大。

　　整个泵的转子由两个强制润滑的径向轴承（370）径向支承，并且靠安装在泵前端的扇形块推力轴承实现轴向定位。轴承是借助于镫形环（571）固定在轴承体（350）上。当轴向力是指向泵的驱动端时，它通过固定在轴承体（350）前端的推力轴承瓦支座（392）来传递。当轴向力是指向泵的前端时，它由前端轴承盖（361）来吸收。前端轴承盖用双头螺栓（902）固定在轴承体（350）上。推力轴承供油量可通过装在油管上的节流喷嘴来调整，有压力表进行调整监测。径向轴承和推力轴承由强制润滑系统通过管路供给润滑油。

　　（三）给水泵的结构

　　机组正常运行时，由两台容量为 50% 的汽动给水泵承担给水升压任务，其各由一台给水泵汽轮机驱动，另有一台容量为 30% 的电动调速给水泵作为备用，由电动机驱动。由沈阳水泵厂引进国外技术制造的、为 600MW 超临界机组配套生产的汽动给水泵（主给水泵）型号为 14 × 14 × 16A—5stageHDB，电动给水泵（备用给水泵）型号为 8 × 10 × 14A—7stageHDB。两种水泵均采用机械密封，四油楔滑动轴承 + 推力轴承的轴承形式，旋转方向为逆时针（从给水泵汽轮机向给水泵方向看）。

汽动给水泵（主给水泵）和电动给水泵（备用给水泵）的结构相似，其结构如图 5-4 和图 5-5 所示。

1. 外筒体和内蜗壳

水泵的内蜗壳位于外筒体的内部，外筒体由沿着水平中心线每侧的两个底脚支撑着。泵盖（059）和吸入盖（059-1）分别由加厚的六角螺母和垫圈紧固到筒体上，连接处采用密封垫（744）加以密封。

内蜗壳内部装有转子总成。蜗壳采用了双涡室设计方式，纵向中开为两半。壳体研合连接形成密封，而不使用密封垫。两个半壳体由加厚的六角螺母、垫圈和有头螺钉紧固在一起。

2. 转子总成

转子总成由泵轴、叶轮（176）、首级轴套（217）和平衡套（218）组成，以上每个旋转组件用热套方式及相应的中开环和轴向键保持定位。转子总成还包括一系列的静止部件，分别是：首级轴套中间套，次级、三级中间套，五级、六级中间套，四级中心轮毂口环，七级中心轮毂口环，次级、三级及四级泵体口环（205），小径泵体口环，大径泵体口环，五级、六级、七级泵体口环。

3. 轴承体及轴承

给水泵具有纵向中开的特殊结构，轴承体（287 和 288）位于泵轴（167）的两端。水泵吐出端的轴承体（288）含有一个径向轴承和一个推力轴承，而水泵吸入端的轴承体（287）则含有一个径向轴承。径向轴承为中开套筒轴承，推力轴承则是瓦块式结构。轴上安装的挡油环可防止轴承体的漏油，挡油环由螺钉紧固到泵轴上。

推力轴承总成由一个安装在轴上的推力盘（658）和两套位于推力盘两侧的静止罩环组成。带有校直盘（653）和轴瓦的罩环支撑着平面内的推力垫，使其自身对正推力盘的旋转平面，使推力轴承推力载荷较均匀。

4. 润滑

水泵采用的润滑剂为非洗涤性、不起泡沫的中等透平机油。

四、给水泵组的运行

（一）汽动给水泵及其前置泵的起停条件

当满足下列条件时，汽动给水泵才能起动：

1）汽动给水泵的进、出口阀已经打开。

2）汽动给水泵进口压力高于 0.8MPa。

3）汽动给水泵出口处的最小流量阀已打开。

4）汽动给水泵的放气阀已打开。

5）除氧器水位高于低—低水位。

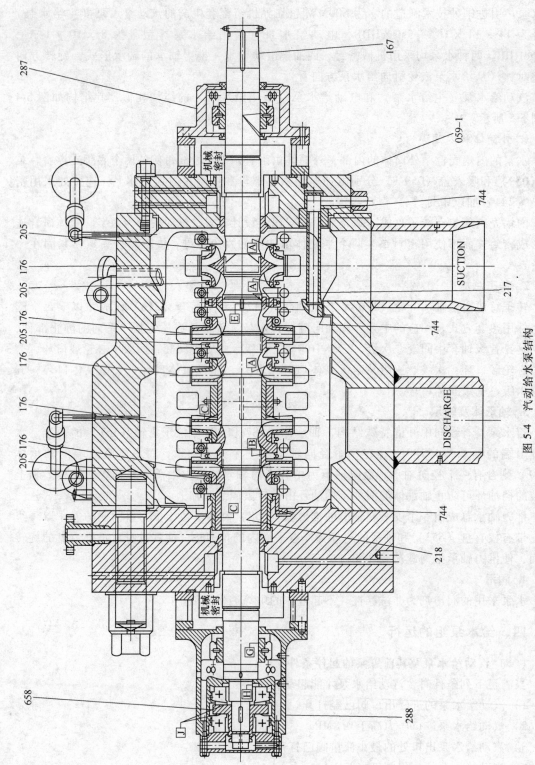

图 5-4 汽动给水泵结构

059-1—吸入盖 167—泵轴 205—泵体口环 176—叶轮 217—首级轴套 218—平衡套 287、288—轴承体 658—推力盘 744—密封垫

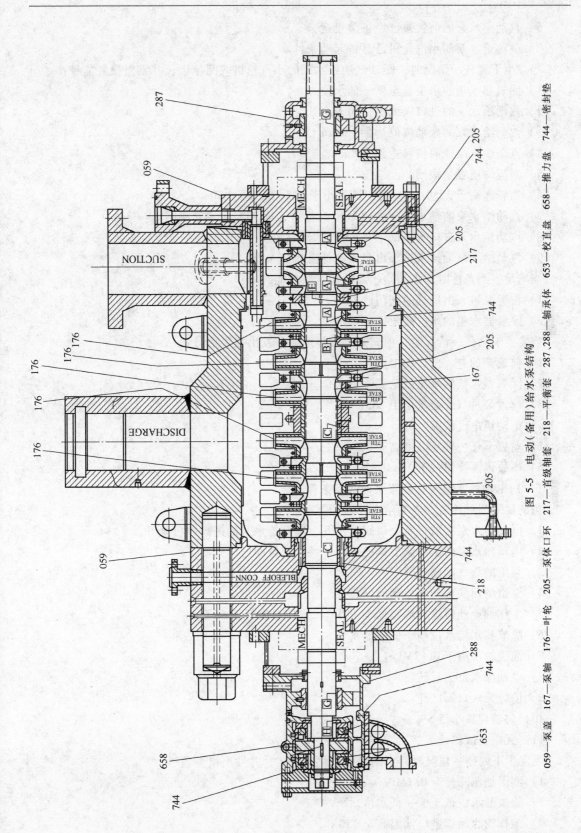

图 5-5　电动（备用）给水泵结构

059—泵盖　167—泵轴　176—叶轮　205—泵体口环　217—首级轴套　218—平衡套　287,288—轴承体　653—校直盘　658—推力盘　744—密封垫

6）汽动给水泵的前置泵已经正常投运。

7）驱动给水泵的小汽轮机已具备起动条件。

当发生下列任一情况时，驱动汽动给水泵的小汽轮机跳闸停运，并发出报警信号：

1）除氧器水箱的水位低至低—低水位。

2）汽动给水泵的进口阀或出口阀未全开。

3）汽动给水泵的振动幅值达到 $130\mu m$。

4）汽动给水泵轴向位移达到 0.8mm。

5）对应的前置泵跳闸。

6）当转速高于 3250r/min 时，流量小于 285t/h，延时 30s。

7）汽动给水泵的轴承温度高达 90℃ 时报警，达 95℃ 时手动跳闸。

8）汽动给水泵进口水压低于 0.8MPa，延时 5s。

9）汽动给水泵轴封水进、出口压差低至 0.06MPa。

当满足下列条件时，汽动给水泵的前置泵才能起动：

1）前置泵进、出口处的阀门已打开。

2）除氧器水箱的水位高于低—低水位。

当发生下列任一情况时，前置泵跳闸停运，并发出报警信号：

1）前置泵的进、出口阀未全开。

2）除氧器水箱的水位低至低—低水位。

3）前置泵进口处流量小于 285t/h。

4）电动机电气故障。

5）前置泵任一轴承温度高于 95℃。

6）事故停泵按钮按下。

（二）电动给水泵及其前置泵的起停条件

当满足下列条件时，电动给水泵才能起动：

1）电动给水泵的前置泵进口阀已全开、电动给水泵的进口阀已全开。

2）电动给水泵的出口调节阀已全开、最小流量阀已全开。

3）泵组的放气阀已打开。

4）泵组的闭式冷却水控制阀已打开。

5）工作油冷油器进口油温低于 110℃，出口温度低于 55℃。

6）除氧器水箱水位高于低—低水位。

7）润滑油压高于 0.17MPa。

8）电动给水泵无反转。

9）前置泵入口阀已开。

10）勺管位置小于 5%。

11）无电气故障。

当发生下列任一情况时，电动给水泵跳闸停运，并发出报警信号：

1）润滑油压降低至 0.1MPa。

2）除氧器水位低至低—低水位。

3）工作油冷油器进口油温高至 130℃。

4）任一轴承温度高于95℃。

5）电动给水泵入口压力低于1.0MPa，延时30s后。

6）前置泵进口阀或电动给水泵出口阀未全开。

7）前置泵进口流量小于197t/h，延时300s后。

8）液力耦合器输入轴轴振高于170μm，输出轴轴振高于125μm，基轴轴振高于123μm。

9）电动机电气故障。

10）事故跳闸按钮按下。

（三）给水泵组的运行和维护

汽动给水泵组和电动给水泵组的运行方法大致相同，以下将其通称为给水泵组，或简称为泵组。

1. 泵组起动前的检查

泵组起动前应做好全面的检查工作，主要有：

1）电动给水泵的电动机已单独完成试运转，各项设计技术参数符合设计要求；驱动给水泵的小汽轮机进行单独试运转，其调速系统的性能符合设计要求，除了要求其转速、转向、振动值等符合设计要求外，尤其是自动超速跳闸试验，要求在动作转速时能够可靠地关闭小汽轮机的供汽。

2）检查机械密封、轴端密封冷却水系统和轴端密封冷却器，打开冷却水隔离阀，充分开启冷却水节流、截止阀，检查冷却水的流量，并注意可靠地排出冷却水系统内的空气。

3）注水。将整个给水系统的所有容积充满合格的水，打开旁路阀周围的进口阀，使水充满进口管路、泵体和排出管路直至出口排出阀，直到排气管路不再逸出空气为止；排出所有压力表管路内的气体，直到空气不再排出。打开最小流量管路的截止阀，检查最小流量系统上控制阀的工作性能是否可靠。

4）起动投运油系统（包括工作油系统和润滑油系统），检查给水泵的油系统和电动给水泵液力耦合器油系统的工作性能是否符合设计要求。

5）检查整个系统中所有监测仪表和控制机构是否符合设计要求，是否性能稳定、可靠。

6）起动投运冷却水系统，检查前置泵机械密封处的泄漏量，检查给水泵轴封节流衬套的注入水系统工作是否正常。

2. 泵组起动前的准备工作

电动给水泵的电动机及其液力耦合器已做好起动准备；驱动给水泵的小汽轮机已做好起动准备；给水箱已充水且水位高于低一低水位；冷却水系统已投运；给水泵及其前置泵已暖泵且效果良好；电动给水泵液力耦合器的辅助油泵已投运且运行正常；液力耦合器、电动机、电动给水泵的油压达到设计要求；汽动给水泵的润滑油和工作油泵投入工作，油压达到设计要求；所有监测仪表、控制机构已能够可靠地执行任务。

若以上条件已经达到，则电动给水泵的电动机可以起动，汽动给水泵小汽轮机可以开始盘车。

电动给水泵起动开始阶段的转速约为1500r/min，汽动给水泵初始阶段应慢慢增速直到3250r/min，此时应注意防止最小流量管路上的压力阀意外关闭。

检查油压及轴承温度，泵的压力，最小流量管路中流体的声音及温度，所有轴承工作是否平稳，轴密封工作情况和注水系统工作情况是否正常；再次检查前置泵机械密封处的泄漏量和给水泵轴封节流衬套注水系统的工作情况。

投运冷却水系统，冷却水供应至冷却水室、前置泵轴端密封冷却器、润滑油冷却器、主油泵冷却器及电动机冷却器，并观察其流动情况。

检查前置泵机械密封冷却水回路的磁性分离器工作情况，如有堵塞，则进行清理。

打开最小流量回路人工控制隔离阀，关闭给水泵出口管路的阀门。

3. 起动

起动电动给水泵的电动机，此时液力联轴器输出转速约为3250r/min，并注意液力联轴器从该转速到最大输出转速的时间应不超过15s。

起动汽动给水泵的前置泵，打开最小流量阀。当出口压力达到稳定状态时，打开出口阀，并起动汽动给水泵（即小汽轮机起动）。当小汽轮机的转速达到2500r/min、泵的输出流量大于等于350t/h时，关闭前置泵的最小流量阀。

检查前置泵的机械密封温度，监视前置泵、给水泵、液力联轴器及电动机的轴承温度。

升高给水泵的转速，直到泵的出口压力几乎达到泵在正常工作时的压力。

打开给水泵的出口阀。

4. 泵组的监视

根据给水泵的性能曲线图，监视泵工作的极限曲线。

监视最小流量阀开关（开或关）的位置：电动给水泵流量小于 $300m^3/h$ 时打开最小流量阀，流量等于 $500m^3/h$ 时关闭最小流量阀；汽动给水泵流量小于 $350m^3/h$ 时打开最小流量阀，流量等于 $600m^3/h$ 时关闭最小流量阀。

检查轴封注入水系统的泄漏情况。

从起动至满负荷期间应加强监视。

监视前置泵机械密封出口循环水温度，80℃时报警，95℃时停泵。

监视前置泵、给水泵、液力联轴器、电动机的轴承温度；汽动给水泵组轴承温度达到80℃时报警，90℃时停泵。

监视油压。当辅助油泵工作时，给水泵处的油压为0.22MPa，如降低到0.2MPa时则停泵。

监视滤网前后压差的情况，压差为70kPa时报警，压差为85kPa时滤网停用，进行清理。

监视前置泵机械密封的泄漏情况。

监视前置泵与给水泵流量的平衡情况。

监视轴封注水系统的泄漏情况。

监视电动给水泵的工作油压力，当压力为220kPa时，发出报警信号。

5. 停泵

逐渐降低给水泵转速，由其他给水泵承担负荷；打开最小流量阀，并观察其开或关的位置；当给水泵转速降到最低转速时，关闭小汽轮机的进汽阀，测定惰走时间，起动辅助油泵；当给水泵组转速降到适当数值时（尚未停转），投入盘车；停用前置泵；关闭暖泵系统；关闭给水泵出口阀（注意：盘车情况下，进口阀必须仍然打开着）；当给水泵圆筒体温度降至80℃

以下时，停用给水泵轴封注入水系统、停止冷却水供应、盘车退出、油系统停运。

第二节 凝结水泵

一、凝结水系统

凝结水系统指由凝汽器至除氧器之间与主凝结水相关的管路和设备所组成的系统。凝结水系统的主要作用是将凝汽器热井中的凝结水由凝结水泵送出，经精除盐装置、轴封冷却器、低压加热器输送至除氧器，同时还对凝结水进行加热、化学处理和除杂质。此外，凝结水系统还对凝汽器热井水位和除氧器水箱水位进行必要的调节，以保证整个系统安全可靠运行。凝结水系统还向各有关用户提供水源，如有关设备的密封水、减温器的减温水、各有关系统的补给水以及汽轮机低压缸喷水等。

由于热力循环中有一定流量的汽水损失，在凝结水系统中必须给予补充。补充水源来自化学除盐水。

典型的 600MW 超临界机组的主凝结水系统如图 5-6 所示。

凝结水系统包括两台 100% 容量凝结水泵、凝结水精处理装置、一台轴封加热器、四台低压加热器、一台凝结水补水箱和两台凝结水补水泵。为保证系统在起动、停机、低负荷和设备故障时运行的安全可靠性，系统设置了为数众多的阀门和阀门组。

凝结水的流程为：低背压凝汽器热井——→凝结水泵——→凝结水精处理装置——→轴封冷却器——→8 号低压加热器——→7 号低压加热器——→6 号低压加热器——→5 号低压加热器——→除氧器。

机组在正常运行时，利用凝汽器内的真空将凝结水储存水箱内的除盐水通过水位调节阀自动地向凝汽器热井补水。当正常补水不足或凝汽器真空较低时，可通过凝结水输送泵向凝汽器热井补水；当正常补水不足或凝汽器处于低水位时，事故电动补水阀打开；当凝汽器处于高水位时，通过放水阀，将系统内多余的凝结水排至凝结水储存水箱。

每台机组设有两台全容量的凝结水泵，它们安装在凝汽器坑里，正常运行时一台运行，一台备用。在凝结水泵的进口处设有滤网，滤网上游附设安全阀。每台凝结水泵出口管道上均设有再循环回路，使凝结水泵在起动或低负荷下做再循环运行。凝结水泵出口处各设有止回阀、电动隔离阀。在它们之后，两根凝结水管合并为一根凝结水母管，该母管上接有一根向密封水系统和凝结水泵轴封供水的支管，管上设有止回阀、电动隔离阀和电磁阀。止回阀能够防止凝结水倒流入水泵。两台凝结水泵及其出口管道上均设置抽空气管，在泵起动时将空气抽至低背压凝汽器。

为确保锅炉给水品质，亚临界和超临界机组的凝结水系统中都加入凝结水精处理装置，防止由于凝汽器铜管泄漏或其他原因造成凝结水中含盐量增大。

凝结水精处理装置的进、出口管道上各装有一只电动隔离阀，同时与之并联一条旁路管道，装有电动旁路阀。在起动充水或运行中装置故障需要切除时，旁路阀开启，进、出口阀关闭，凝结水走旁路；装置投入运行时，进、出口阀开启，旁路阀关闭。

经凝结水精处理装置后的凝结水进入轴封冷却器。轴封冷却器进口的凝结水管路上设置流量测量孔板，测量凝结水流量。

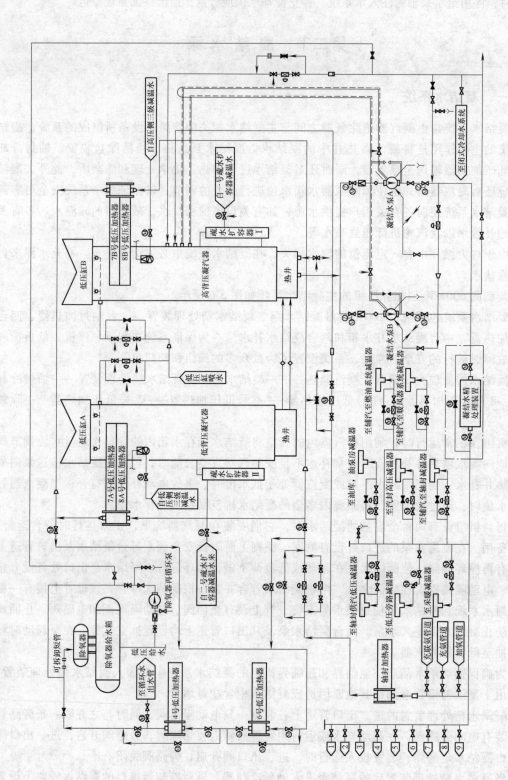

图 5-6 600MW 超临界机组的主凝结水系统

在机组起动或低负荷时，凝结水的流量远小于额定值，但如果凝结水泵的流量小于允许的最小流量，水泵有发生汽蚀的可能。同时轴封冷却器的蒸汽是来自汽轮机轴封漏汽，无论是起动还是负荷变化，这些蒸汽都要有足够的凝结水来使其凝结，因此为兼顾在正常运行、起动停机和低负荷运行时机组、凝结水泵及轴封冷却器各自对流量的需求，轴封冷却器后设有再循环管。必要时使部分凝结水经再循环阀返回凝汽器，以加大通过凝结水泵和轴封冷却器的凝结水流量。再循环流量取凝结水泵或轴封冷却器最小流量的较大值。而连接轴封冷却器进出口管道的旁路阀则能够调节通过凝结水泵和轴封冷却器的凝结水流量，使其分别满足两者的要求。

凝结水最小流量再循环装置由一个调节阀、两个隔离阀和一个旁路阀组成，其后设置流量测量装置。正常运行时，隔离阀全开，旁路阀关闭。调节阀检修时，关闭两侧隔离阀，开启旁路阀。

除氧器水箱水位调节装置安装在轴封冷却器和8号低压加热器之间，由并联的主、副调节装置和一只旁路阀组成。主、副调节装置均由一个调节阀和其前后的两个隔离阀组成。当除氧器水箱水位升高且机组负荷减少时，调节阀关小，反之则开大。

主、副调节阀共用一个电动旁路阀，当调节阀故障检修时，凝结水通过旁路阀进入8号低压加热器。若两只调节阀同时故障，则除氧器水位无法自动调节。

在流经低压加热器的凝结水回路上设有旁路，而且配有电动隔离阀，即8、7号低压加热器合用一个大旁路，6、5号低压加热器为单独小旁路，可分别将上述低压加热器从凝结水系统中隔离。

5号低压加热器出口管道上引出一路排水管接至循环水排水管道，排水管道上设有一个电动闸阀和一个止回阀。该管道只在机组起动期间使用，以排放水质不合格的凝结水，并对凝结水系统进行冲洗。当凝结水的水质符合要求时，关闭排水阀，开启5号低压加热器出口阀门，凝结水进入除氧器。

在凝汽器底部也接出一根排污管道，管道上装设手动闸阀，在机组投运前冲洗凝结水管道时，将不合格的凝结水排至循环水坑。

凝结水母管上还接有若干支管，分别向下列用户提供水源：①高压加热器事故疏水扩容减温水；②凝汽器真空泵分离水箱补水；③主机和小汽轮机真空破坏阀密封水；④闭式冷却循环水系统高位水箱补水；⑤各类减温水；⑥低压缸的喷水减温；⑦至凝汽器内形成水幕保护；⑧凝结水储存水箱。

一台600MW超临界机组一般设置一台$300m^2$的凝结水补充水箱，为系统提供起动充水和运行补水，并为调节凝汽器及除氧器水位时起调节容器作用。补充水箱的水源为来自化学水处理车间的除盐水，其水位由进水管上的调节装置控制。调节装置由一个气动薄膜调节阀和其前后的隔离阀以及与之并联的旁路阀组成。

补充水箱出口连接两台凝结水补水泵，用于在机组起动时向凝结水系统上水。泵入口设有隔离阀和滤网，出口设有一个止回阀和一个电动闸阀。闸阀出口管道上接出最小流量再循环管路，返回补水箱。

与补充水泵及其管道并联的是机组正常运行时的补充水管道，管道上装设一个闸阀和一个止回阀。机组正常运行期间，停运凝结水补水泵，通过这根旁路管道，依靠补充水箱和凝汽器真空之间的压差向凝汽器补水。在进入凝汽器前的补水管路上设有流量测量喷嘴和用以维持热井水位的水位调节装置。凝汽器水位调节装置由一个电动调节阀、两个隔离阀和一只电动旁路阀组成。

二、凝结水系统的运行

1. 起动

凝结水泵起动前，必须做好下列准备：①凝结水补充水箱充水到正常水位，补充水管道充水，补充水泵灌水准备投运；②凝结水系统、除氧器给水箱已经冲洗完毕，凝结水系统已充水放气，凝汽器热井和给水箱均充水；③凝结水泵出口再循环门开启，凝结水最小流量再循环、除氧器给水箱水位、凝汽器热井水位和凝结水补充水箱水位等自动调节装置做好运行准备；④向凝结水泵提供密封水。

起动凝结水泵后，凝结水走再循环管路，向低压加热器注水。打开 5 号低压加热器的放水阀，放出不合格的主凝结水，直至品质合格，引入除氧器。

当凝汽器真空能满足向热井自流补水时，应停运补充水泵。各种水泵的密封水切换至凝结水供给。

2. 正常运行

机组正常运行时，凝结水系统根据汽轮机负荷要求，在各种变工况下运行。除氧器给水箱水位、凝汽器热井水位和凝结水补充水箱水位均可自动调节，维持正常水位。如果凝结水量较低，自动投入最小流量再循环装置。

3. 非正常运行

（1）低压加热器解列　由于疏水不畅或加热器管束泄漏，引起加热器汽侧水位过高时，则该加热器解列。关闭其进、出口水侧隔离阀，凝结水走旁路。这时应对机组负荷做相应的限制。

（2）汽轮机甩负荷　汽轮机甩负荷时，除氧器给水箱水位调节阀自动关闭，暂时中断凝结水进入除氧器。减少除氧器压力下降速度，以防止给水泵汽蚀。这时凝结水通过最小流量再循环管道运行。

当辅助蒸汽投入运行时，除氧器压力相对稳定，应重新开启给水箱水位自动调节阀，凝结水恢复流至除氧器，以准备机组并网带负荷。

4. 正常停机

机组开始减负荷，关闭凝结水补充水箱的水位调节阀，降低水箱水位。当负荷逐渐减小，凝结水不能满足轴封冷却器流量要求时，投入最小流量再循环运行。汽轮机解列后，关闭除氧器给水箱和凝汽器热井水位调节阀，给水箱低水位运行至给水泵解列。当所有接至热井的疏水中断，凝结水停止流入热井，且凝汽器真空破坏后，停运凝结水泵。

三、凝结水泵主要性能

凝结水泵的作用是将凝汽器热井中的凝结水的压力提高到一定值，使其能够经过低压加热器加热后进除氧器。600MW 超临界机组凝结水泵的配置一般为两台（一台运行，一台备用），凝结水泵流量大小的选择主要与机组凝汽器的凝汽量有关，扬程的高低与除氧器的工作压力以及低压加热器系统阻力有关，其大致参数如下：

泵吸入口径为 800mm；泵吐出口径为 500mm；泵流量为 1400～1600m³/h；泵扬程为

330～340m；泵转速为 1480r/min。

凝结水泵在高度真空的条件下输送凝汽器热井中处于饱和水状态的凝结水，由于这一特殊要求，凝结水泵应具有较低的汽蚀余量。大型凝结水泵首级叶轮采用双吸形式，以降低泵的汽蚀余量，使泵具备高的吸入性能。水泵的叶轮，特别是首级叶轮，材质应有良好的抗汽蚀性能。同时也要求泵有较高的效率和较宽的高效区，泵的 q—H（流量—扬程）特性曲线应尽量平缓，这样在流量变化较大的情况下，其扬程变化较小，以适应机组运行工况变化的要求。同时，凝结水泵的关闭点扬程不应太高。

国内某 2×600MW 超临界机组配置两台长沙水泵厂生产的 C720—4 型凝结水泵，该水泵的主要性能参数如下：

流量为 1450m³/h；扬程为 339m；转速为 1480r/min；效率为 83.5%；汽蚀余量（NPSHr）为 3.8m；电动机功率为 2000kW。

四、凝结水泵的结构

600MW 超临界机组用凝结水泵，一般采用地坑立式外筒形多级空间导叶离心泵。长沙水泵厂生产的 C720—4 型凝结水泵可以满足 600MW 超临界机组的性能要求。该泵具有以下特点：①首级叶轮采用双吸形式，以降低泵的汽蚀余量，使泵在具有高的吸入性能的同时也具有较高的效率；②泵的抗汽蚀性能好，泵基础下长度小，可以减小凝结水泵泵坑的开挖深度，减少凝结水泵的基建费用；③外筒形结构，密闭性能好，满足凝汽器的负压运行条件；④凝结水泵的轴向力，可由电动机承受，也可以由泵本体承受；⑤泵轴封可以采用机械密封，也可以采用软填料密封；⑥泵小型化程度高，结构紧凑，占地面积小；⑦泵运行可靠，结构合理，便于装拆检修。

C720—4 型凝结水泵结构如图 5-7 所示。

凝结水泵主要由吸入喇叭口 1、双

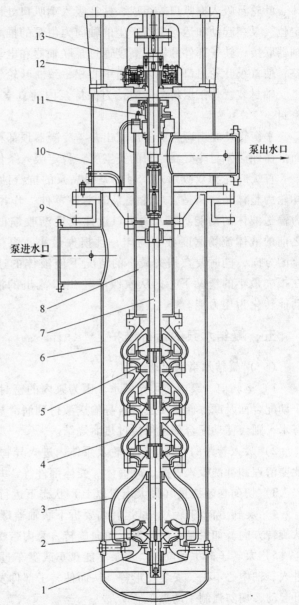

图 5-7　C720—4 型凝结水泵

1—吸入喇叭口　2—双吸首级叶轮　3—泵体　4—导叶体 5—次级叶轮　6—外筒体　7—主轴　8—压水接管　9—安装垫板　10—吐出弯管　11—机械密封或填料密封部件 12—推力轴承部件　13—电动机支座

吸首级叶轮 2、泵体 3、导叶体 4、次级叶轮 5、外筒体 6、主轴 7、压水接管 8、吐出弯管 10、机械密封或填料密封部件 11 及推力轴承部件 12 等组成。

　　泵为地坑立式外筒形多级带空间导叶离心泵。水泵本体通过压水接管用螺栓与吐出弯管相连接，安装在带有安装底板的外筒体内。转子部件由导轴承径向支承，轴承由泵自身水润滑。轴封为填料密封，泵本体通过螺栓紧固在吐出弯管下法兰，由压水接管、导叶体、泵体、叶轮及吸入喇叭口等组成，并在吸入喇叭口处设置径向支撑，使其在外筒体内可以牢固定位。泵在起动和运行中所产生的轴向力由泵的推力轴承承受，电动机轴与泵轴通过刚性联轴器联接，转子部件的轴向高度通过泵联轴器和电动机联轴器之间的调整螺母进行上、下调整，使首级叶轮出口与泵体流道中心相一致。叶轮、轴套等通过键固定在轴上。

　　轴封装置位于填料函体内，为保持泵内的真空状态，要通过 0.1～0.2MPa 压力水进行密封。

　　平衡管从吐出弯管的下部引出并与冷凝器顶部相接，将外筒体内的空气排至冷凝器，从而平衡外筒体与冷凝器之间的真空度，稳定吸入条件，保证水泵的正常运行。

　　首级叶轮为双吸形式，目的是提高泵的抗汽蚀性能，次级叶轮为单吸形式。首、次级叶轮为整体精密铸造。叶轮是泵的主要零件，作用是在效率最高的情况下把机械能转化为输送液体的动能。吸入喇叭口设计成逐渐收缩的喇叭状，使输送介质在进入叶轮入口之前的液体流场速度分布均匀，且损失最小。泵体收集从叶轮出口流出的液体，改变液流的方向，同时要在损失最小的情况下使液体的速度能转化为压力能。空间导叶体也要在损失最小的情况下，把从次级叶轮出口流出的液体收集，改变液流的方向，把液体的动能转化为压力能。

五、凝结水泵的运行维护

（一）凝结水泵的起动

　　1）运转前，泵内必须充满水。因为泵内的密封环、级间衬套、轴承、轴封装置等的各个动配合面及摩擦面需要通过自身输送液得到润滑与冷却，所以泵内必须有水。如果泵内没有水，则会使动配合部位很快过热而烧结。

　　2）吸入管路的清理。当叶轮及泵体内进入异物时，会使叶轮造成损坏或加速磨损，因此要清理和冲洗吸入管路、外筒体、壳体部件等，并确认无异物残留。

　　3）切勿在超流量（最大流量以上）状态下运行。

　　4）旋转方向的确认。试运转前要拆下联轴器螺栓，分离联轴器，由电动机单独旋转确认旋转方向。如果泵长时间发生逆向旋转，泵内带螺纹的零件会因此而松动造成事故。

　　5）泵转子的手动旋转。当泵不能盘车或盘车过程受阻不均时，证明泵内有锈蚀、异物进入、轴中心不正、安装变形等，从而使转子部件发生卡阻，因此要在找出原因并排除后方可起动，切勿强制手动盘车。

　　6）起动前的确认事项。无论是试运行还是正常运行，凝结水泵起动前都必须仔细检查，确认水泵入口阀门处于全开状态；确认水泵的进口压力在规定值以上；水泵内已完全充满了水；已打开至凝汽器的排气阀，完全排去泵内气体；水泵的出口阀门已关闭；联轴器联接螺栓、螺母无松动。

　　7）当泵的出口压力达到规定值后，缓缓开启出口阀门。若在出口阀门处于闭合状态下长时间持续运转，则由于泵内液温上升而会发生烧结。

8）吸入侧装有过滤器时，应注意它前后的压力，当压力差增加时，表示过滤网上积有泥砂、杂物。此时必须停泵对过滤器进行清洗。

9）运转开始时，压力达不到、液体回落的原因多半是由于空气的侵入。其原因是吸入侧的水平部分较长而中途产生空气层、或封液不完全吸入侧连接不良引起的，此时打开排气阀，就会喷出含有无数细泡的白色液体，这时就必须排除原因。但也可应急性地放尽细泡，泵又可运转一段时间。

（二）凝结水泵的停机

1）首先关闭出口阀。若先关入口阀，则泵会发生汽蚀，造成无水烧结。

2）关闭电源后，确认泵的转动由快变慢直到停止，切勿快速制动停泵。另外记录好泵停止的惯性时间，供下次运转时参考。

3）水泵停止后，再关闭入口阀及其他小配管的阀门。

4）运转中停电时，须先拉闸断路停机保护。

（三）凝结水泵长期停运后的保养

凝结水泵长期不用时，必须每月起动一次，每次保持 60min 左右的运转。同时注意对轴、联轴器等外露加工面进行防锈保护。当气温过低时，泵内的水可能冻结，使泵本体受到破坏，因此泵停运后一定要排尽余水。

（四）凝结水泵运行时禁止事项

1）不得在规定流量范围以外（最大流量以上）运行。

2）水泵绝对不能无水空转和逆向旋转。

3）不得在平衡管路上有阀门处于关闭状态下起动（运转）水泵。

4）不得在轴封水流动不畅的状态下起动（运转）水泵。

第三节 循 环 水 泵

一、循环水系统

循环水系统是用来向凝汽器提供冷却水，将汽轮机的排汽冷却成凝结水，并带走排汽在凝汽器内所释放的热量。此外，系统还向除灰系统和开式冷却水系统提供水源。

某电厂循环水系统如图 5-8 所示。该系统主要包括冷却塔、进水盾构、进水工作井、循环水泵房、循环水进水管道、凝汽器、循环水排水管道等部分。该机组配有 3 台循环水泵，夏季运行 3 台，冬季运行 2 台。水经过拦污栅后，经过循环水泵的加压，先进入低压凝汽器，再进入高压凝汽器，从高压凝汽器出来的水通往冷却塔。水在冷却塔内冷却后循环使用。

在循环水管路上配备了凝汽器胶球清洗系统，用于清洁凝汽器管道。

二、循环水泵的结构

某电厂循环水系统配备的循环水泵是立式、可调叶片、外筒型、定速混流泵，每台泵的容量为 50% 额定负荷，其结构如图 5-9 所示。循环水泵主要由泵壳、泵轴、叶轮及其调节装

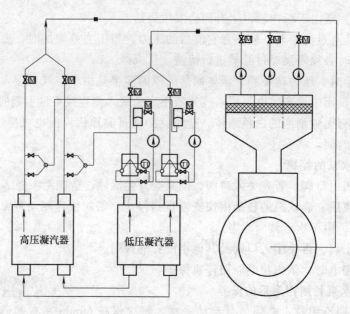

图 5-8　循环水系统示意图

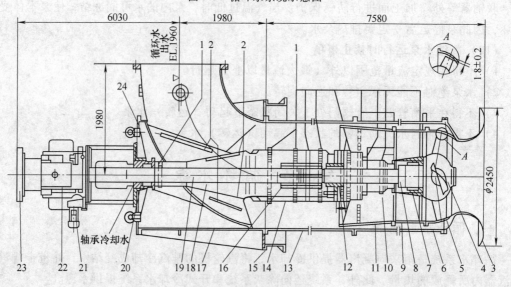

图 5-9　循环水泵剖面图

1—牺牲阳极块　2—牺牲阳极棒　3—进水喇叭口　4—叶轮　5—叶轮室　6—下壳体
7—下轴承　8—下泵轴　9—扩压段　10—泵轴下套管　11—锥形管　12—中轴承
13—中壳体　14—泵轴中套管　15—循环水泵基座　16—泵轴联轴器　17—出水
弯头　18—泵轴上套管　19、20—上轴承　21—叶轮调节装置的驱动电动机
22—叶轮调节装置　23—泵轴联轴器法兰　24—上部端盖

置、驱动电动机等部套组成。

　　循环水泵的壳体由进水喇叭口、下壳体、中壳体、出水弯头以及上部端盖共五大部分组成，各部分之间均采用法兰与螺栓、止口连接方式，其间各自镶有 O 形密封圈。

　　循环水泵的内壳体主要由叶轮室、扩压段和锥形管三大部分组成，其间采用法兰与螺栓、止口的连接方式。扩压段内还装有导流筋板和循环水泵的下轴承座，叶轮室位于进水喇叭口内侧的洼窝内，两者之间镶有密封圈。

循环水泵的泵轴为一空心轴，泵轴内还装有用于调节叶轮位置（即叶片角度）的芯轴。泵轴和芯轴均由上、下轴两部分组成，其间都用垂直、对开式套筒联轴器连接。循环水泵的下泵轴通过螺栓与叶轮毂连成一体；上泵轴则通过泵轴联轴器与电动机相连接。整个泵轴共设有三个导向轴承，分别位于上泵轴的中部、下泵轴的上部和叶轮毂的上部，推力轴承则位于电动机的上轴承处。导向轴承均为橡胶轴承。在泵轴和叶轮毂的轴颈处均装有不锈钢轴套。循环水泵轴外面装有轴套管，并分成下、中、上泵轴套管三部分，三者之间也采用法兰与螺栓、止口的连接方式，套管的材料为含镍铸铁。此外，在泵轴上套管的外缘还设有导流板，以使循环水泵出水沿导流板流向出水弯管。

循环水泵的叶轮主要包括叶轮体、叶轮毂、调节螺母、调节拨叉、传动销、曲柄、叶片和叶轮端盖等主要部件，均采用耐腐蚀的材料。

调节叶轮的工作原理如下：通过叶轮毂与下泵轴的螺栓联接，使整个叶轮组件与循环水泵轴连成一体。当循环水泵处于停运或循环水泵轴（包括叶轮组件）与芯轴处于同步转速时，芯轴（外螺纹）与调节螺母（内螺纹）之间没有相对转动，叶片则处于某一位置；当芯轴与调节螺母之间发生相对转动时，调节螺母在其外缘处平键的作用下产生上下移动（芯轴只做相对转动，不做上下移动），带动调节拨叉也随之做上下移动；传动销在调节拨叉下部的弧形槽内移动，并带动曲柄转动，叶片产生转动，将叶片调节至一个新的位置。通过叶片位置指示装置将叶片所处角度传送至控制盘，并做就地指示。

叶轮调节机构主要包括驱动电动机、涡轮涡杆传动装置、差动齿轮组、上下行星齿轮、芯轴齿轮、泵轴齿轮以及齿轮箱等部件，它是一套混合轮系的传动、调节机构。循环水泵叶轮叶片的运行角度为 5°～24°；其整定值范围为 3°～26°。当循环水泵叶轮的叶片角度达到或超过整定值时，则通过行程开关切断叶轮调节装置驱动电动机的电源，以避免发生事故。

三、循环水泵的运行与维护

（一）循环水泵的起动条件
只有全部满足下列条件时，循环水泵才允许起动。

1）循环水泵进口水位高于 0.9m 以上。

2）驱动电动机的转向标志正确，试转正常，连锁试验良好。

3）循环水泵的润滑、冷却水系统已正常运行。

4）检查填料的压盖是否压得均匀。

5）压力表计齐全，表门开启。

6）排气阀手动隔离门开启，防止泵起动时产生水锤现象。

7）当环境温度低于 -5℃ 时，起动前应将上导瓦轴承润滑油温加热到 15℃。

8）检查叶轮调节机构是否灵活、可靠，即将循环水泵叶片角度活动全行程，以防卡涩。

（二）循环水泵的起动
首先确认循环水泵电动机的轴承冷却水及循环水泵轴承润滑油投入正常；然后打开排气阀；设置循环水泵出口蝶阀开关在"联动"状态；将泵的出口阀开至 30°，起动循环水泵运行；将泵的出口阀继续开启至全开；三台循环水泵起动的时间间隔为1min。起动失败后不能立即起动，避免产生水锤现象，故每次起动要在该泵的出口蝶阀关闭2min后再起动。检查循环水泵电流、振动和出口压力正常；投入循环水泵电动机空冷器系统。

（三）正常运行

在循环水系统正常运行中，应使循环水泵的出口压力保持正常，电动机电流稳定，振动正常。检查循环水泵及其电动机的冷却水系统和润滑油系统运行正常。确认循环水泵出口蝶阀始终全开。检查填料的压紧情况，防止泄漏。维持冷却塔水池水位1.5m以上，否则应补水。冬季投入循环水系统时，冷却塔旁路门应开启，随着机组负荷的增加，循环水温升至18℃后，关闭旁路门，但要加强外围配水，防止冷却塔结冰。经常检查循环水泵进口吸水井水位，应不低于7.5m。冬季和刮风要严防冰块和杂物堵塞滤网。三台循环水泵运行时，注意检查循环水母管不超压，循环水系统无泄漏。

（四）循环水泵停运

循环水泵停运前，应将冷却塔水池水位保持在低位（1.2m），关闭出口阀至10°时，停泵。停泵后，立即全关循环水泵出口门，检查水泵不倒转。停止循环水泵电动机空冷器系统。

第四节　水环式真空泵

一、真空抽气系统

对于凝汽式汽轮机，起动时需要在汽轮机的气缸内和凝汽器中建立一定的真空，正常运行时也需要不断地将由不同途径漏入的不凝结气体从汽轮机及凝汽器内抽出。真空系统就是用来建立和维持汽轮机的低背压和凝汽器的真空。低压部分的轴封和低压加热器也依靠真空抽气系统的正常工作才能建立相应的负压或真空。

抽真空设备有射水式抽气器、射汽式抽气器、水环式真空泵等多种，其中水环式真空泵是目前大中型机组中广泛采用的抽气设备，具有使用安全、操作简便、运行经济、工作可靠、自动化程度高、结构紧凑、检修工作量小等许多特点。600MW超临界机组多采用水环式真空泵作为抽气设备。真空泵工作时还必须配备一套相应的附属设备，如热交换器，汽水分离器及其阀门管道等，共同组成真空抽气系统，也称真空泵组。

图5-10为600MW超临界机组的真空抽气系统图。系统配有三台50%容量（直接空冷机组配有三台100%容量）的水环式真空泵组。泵组由水环式真空泵及其电动机、汽水分离器、机械密封水冷却器、高低水位调节器、泵组内部有关连接管道、阀门及电气控制设备等组成。

凝汽器壳体上有两个抽空气的接口，其位置由凝汽器制造厂确定。凝汽器抽空气管道上均安装水封截止阀（正常运行时常开）。各真空泵入口依次装设水封阀（正常运行时常开，仅在其中一台需要检修时才关闭）、气动蝶阀和止回阀。

由凝汽器抽吸来的气体经气动蝶阀进入由低速电动机驱动的水环式真空泵，被压缩到微正压时排出，通过管道进入汽水分离器。分离后的气体经汽水分离器顶部的对空排气口排向大气；分离出的水与补充水一起进入机械密封水冷却器。被冷却后的工作水一路喷入真空泵

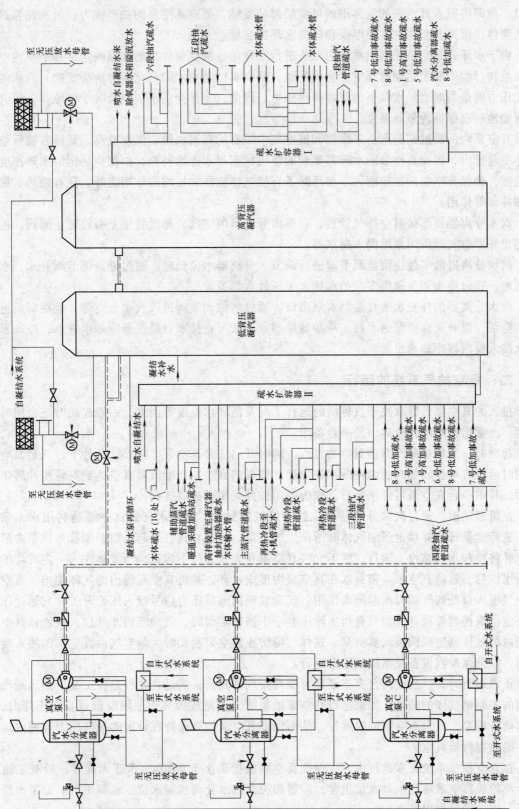

图 5-10　真空抽气系统

进口，使即将吸入真空泵的气体中的可凝结部分凝结，提高真空泵的抽吸能力，另一路直接进入泵体，维持真空泵的水环厚度和降低水环的温度。

由于水环式真空泵是利用水作为工质进行工作的，所以泵体内的水温决定了各小室内空间在旋转过程中所能达到的真空。也就是说，最高真空是由水的汽化压力所决定的，而水的汽化压力就是当时当地水温下的饱和蒸汽压力。因此，工作介质水应当及时予以冷却，使其尽可能地一直保持为最低温度。

真空泵内的机械密封水由于摩擦和被空气中带有的蒸汽加热，温度升高，且随着被压缩气体一起排出，因此真空泵的水环需要新的冷机械密封水连续补充，以保持稳定的水环厚度和温度，确保真空泵的抽吸能力。水环除了有使气体膨胀和压缩的作用之外，还有散热、密封和冷却等作用。

汽水分离器顶部接对空排气管道，以排出分离出的空气。排气管道上可设置止回阀，用于防止外界空气经备用泵组倒入凝汽器。

汽水分离器的水位由流量调节阀进行调节。分离器水位低时，通过进口调节阀补水；水位高时，通过排水调节阀将多余的水排入无压放水管道。

汽水分离器的补充水来自凝结水泵出口，通过水位调节阀进入汽水分离器，经冷却后进入真空泵，以补充真空泵的水耗。冷却器冷却水一般可直接取自凝汽器冷却水进水，冷却器出水接入凝汽器冷却水出水。

二、真空抽气系统的运行

投入的真空泵台数取决于汽轮机的运行工况及循环水温度等因素，一般起动时三台同时投运，正常运行时两台投运，另一台备用。

起动时，为加快凝汽器抽真空的过程，同时开启三台真空泵。在设计条件下，三台真空泵同时运行，可在较短时间内在凝汽器内建立需要的真空。当凝汽器真空达到汽轮机冲转条件时，其中一台真空泵可停止运行，作为备用，并关闭其进口蝶阀。

泵组起动前，通过汽水分离器向泵组充机械密封水。由于水环式真空泵是利用水来密封、进行能量转换并带走压缩气体时所产生的热量，因此在真空泵起动前必须首先向泵内灌水，并将冷却水回路投入运行，绝不允许真空泵在无水条件下运行。当泵体注入一定高度的密封水以后，起动真空泵，密封水在真空泵内形成水环，并将真空系统内的气体排出。真空泵空气吸入口处的气动蝶阀起隔离作用。气动蝶阀的前后压力信号接入压差开关，它通过压差整定值来控制蝶阀开关。只有当实际压差小于该整定值时，气动蝶阀才开启，凝汽器真空系统内的气体通过蝶阀吸入真空泵。这样，可防止真空泵起动时大量空气由真空泵倒灌入凝汽器，以确保凝汽设备及系统的正常运行。

正常运行时，一台或两台真空泵即可维持凝汽器真空，满足在各种运行工况下抽出凝汽器内的不凝结气体的需要。如果运行真空泵抽吸能力不足或因其他原因凝汽器真空下降时，可起动备用泵，三台真空泵同时运行，从而保证真空泵始终保持在设定的抽气压力范围内运行，确保凝汽器真空。

在真空抽气系统正常运行中，应保证真空泵的振动小于 $65\mu m$，声音无异常；检查主机和小汽轮机真空破坏门水封水位正常；应密切关注汽水分离水箱水位、水温正常。如果水位降低，则应随时加以补充。

三、真空泵组的性能特点及水环式真空泵的结构

（一）真空泵组的性能特点

广东省佛山水泵厂有限公司引进德国西门子公司 2BE 水环式真空泵先进制造技术，按德国 DIN 技术标准生产的改进型 2BW4 353—0EK4 真空泵组是一种广泛应用于 600MW 超临界机组配套的真空泵组。其主要性能特点有：

1）单泵两端分别设有两个观察盖板，可以打开观察泵的运行情况；在检修时，可以更换泵的易损件——阀片。

2）在汽水分离器的上下两侧分别设有高、低水位控制器各 1 套，依据差压原理进行工作，能自动保证水位的动态平衡；另外还装有上下限水位报警开关，能最大限度地保证汽水分离器内的正常工作液位。

3）真空泵组吸气管内侧安装两个喷头。它们能够对从凝汽器抽来的汽气混合物（大部分是蒸汽）进行预冷却，降低了进气温度，对提高真空泵的真空度有很大辅助作用。

4）泵组设有一套汽蚀保护装置，可避免夏天在高真空时因循环水温过高产生汽蚀现象。

5）泵组设有一套止回阀，在停机时，自动将系统隔开。

6）设有一套灵敏度高、密封性能良好的气动蝶阀，能在失去气源或电源的情况下自动复位，将凝汽器同系统分开，以保证系统真空度。

7）真空泵设有一套排水系统。在泵停运时，将泵体内水排空，避免冬天冻坏设备；泵在运行前，能从液位计观察泵的水位。

8）真空泵的主要部件（如叶轮、分配板、泵体）采用不锈钢制造，有更好的抗汽蚀性能，而且可以保证主机运行多年而性能不降。

9）对真空泵转子轴向定位的轴承进行了改进，采用两个锥轴承进行转子的轴向定位，克服了传统真空泵采用一个双挡边轴承和一个球轴承作转子的轴向定位而容易窜动的缺陷。

10）整套机组配有必要的控制元件，可实现自动、遥控、就地控制等控制方式。

（二）水环式真空泵的结构

图 5-11 是某 600MW 机组水环式真空泵结构示意图。真空泵主要由泵体、转子、轴封、端盖、轴承、供水管路、轴封供水管路和自动排水阀等部分组成。

真空泵的主轴由电动机通过减速齿轮驱动。前、后端盖和中间隔板沿垂直中心线分割成两个气室，即进气室和排气室。当真空泵的叶轮旋转时，从凝汽器引出的抽气通过管道进入右侧的进气室，经第一级叶轮 2 压缩后，由右侧排气室通过真空泵上部的管道交叉连接引入左侧的进气室；再经第二级叶轮 4 压缩后，由左侧的排气口排入汽水分离器。真空泵工作时，必须不断地补充合格的除盐水，以便充灌水环。工作时，一部分水随同气体一起被排出，而排出的这部分水经汽水分离器之后又可以继续使用。在真空泵的下部设有排污阀，可以在运行时连续排污。

四、水环式真空泵的运行

（一）起动条件和准备

真空系统投入运行前必须确认其汽水分离器的水位在规定值范围之内，而且无真空泵跳

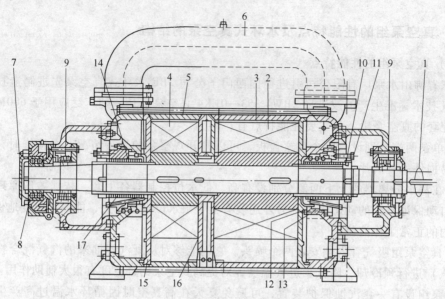

图 5-11 水环式真空泵结构示意图

1—轴 2—第一级叶轮 3—第一级外壳 4—第二级叶轮 5—第二级外壳 6—连接管
7—轴承端盖 8—滚珠轴承 9—滚柱轴承 10—填料压盖 11—密封冷却水进口
12—前端盖 13—填料冷却与密封水出口 14—填料中间环 15—后端盖
16—中间隔板 17—密封填料

闸信号。同时凝结水系统（凝结水泵起动且运行正常）和冷却水系统已经投入；热态无功时，还需确认机组的轴封系统也已经投入。

真空泵的起动准备工作主要有：

1）按系统检查真空系统各阀门处于正常位置。

2）所有连锁保护试验已做且全部合格。

3）开启真空泵汽水分离器水箱补水阀门。

（二）起动

1）起动一台真空泵，检查并确认凝汽器抽真空母管电动门自动开启。当其入口压力值小于 12kPa 时，检查真空泵的入口阀，应自动开启。

2）依次起动三台真空泵。起动后，检查其起动电流和返回时间正常，电流不超限。

3）根据情况停用一台真空泵作备用。

（三）运行监视

泵组在运行中振动不大于规定值，若振动明显增大或有明显的异声，应立即起动备用真空泵，停用原运行泵。

真空泵电动机轴承温度小于 90℃，线圈温度小于 135℃。

（四）切换与停用

若要切换备用真空泵，则应先手动起动备用泵，待其正常运行后方可停用原运行泵。

停止真空系统：只有在机组停机后根据需要或事故情况下接到值长令，方可停止真空系统运行。

解除真空泵备用连锁，依次停用真空泵；检查关闭真空泵入口阀、凝汽器抽真空母管电动门、真空泵汽水分离水箱补水门、冷却水门。

事故情况下需要破坏真空时，应用真空泵停止功能组停止真空泵。

当真空泵发生故障时，要记录真空度、供水压力、供水温度、轴承温度及电动机电流等参数。

第五节　送风机与引风机

风机是火电厂锅炉设备中重要的辅机之一，也是电厂主要耗电设备之一。在锅炉上应用的主要是送风机、引风机和一次风机。离心式风机具有结构简单、运行可靠、制造成本低、效率较高、噪声小及抗腐蚀性能好的特点。

随着锅炉容量的增大，对风机的结构、性能和运行调节提出了更高更新的要求，但离心式风机的容量已受到叶轮材料强度的限制，不可能使风机的容量随着锅炉容量的增加而按比例增加。目前有些国家采用增加风机的台数来适应锅炉容量的增加，但对大容量锅炉（600MW 机组）来说，采用轴流式送风机是目前发展的趋势。引风机、一次风机有的采用轴流式，有的采用离心式。大容量离心式引风机采用双吸双速离心式风机。

一、送风机

送风机的作用是向炉膛供给燃烧所必需的空气，其风压一般不超过 14715Pa，输送是在接近室温下进行的，工作介质一般比较洁净。引进型 600MW 机组锅炉一般采用轴流式送风机，它具有结构紧凑、占地面积小，调节方便，可调叶片使风机高效运行范围广等优点。

（一）ANN 型轴流式送风机结构

ANN 型轴流式送风机结构如图 5-12 所示。

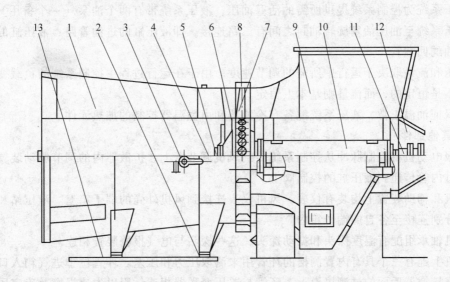

图 5-12　ANN 型轴流式送风机结构

1—扩散器　2—滑座　3—液压调节装置　4—旋转油封　5—液压缸　6—轮毂
7—叶片　8—叶轮机壳　9—进气箱　10—主轴承装配组　11—联轴器
12—联轴器护罩　13—滑轨

1. 静止部件

ANN 型轴流式送风机的静止部件包括进气箱、叶轮机壳和扩散器。静止部件依照规定的压力条件设计，并用螺栓固定在水泥座上。用于支撑扩散器的滑轮紧固在混凝土基础上。进气箱上的导叶确保空气沿着叶片流动。风机转子的主轴安装在位于进气箱内筒内的轴承箱上。在轴承和内筒端部的电动机之间装有联轴器，通过检修门可以进入进气箱。

叶轮机壳位于进气箱和扩散器之间，通过特殊定位销对中，为最大限度地减小叶片尖端至机壳之间的间隙，机壳内表面为机加工面。

扩散器与叶轮机壳相连，它的作用是将风机动压转变为静压。扩散器安装在滑轮上，这样在检修时可轴向移动扩散器。

风机叶轮平衡和叶片尖端至外壳的间隙测量均在扩压段安装后进行。叶轮平衡通过扩压器的内筒进行，间隙测量通过扩压器的空气流道进行，因此，在连接扩压段和风道的过渡段内必须设有人孔门。

消声器置于送风机进气处，可以减少风机运行产生的噪声。

2. 转动部件

ANN 型轴流式送风机的转动部分包括主电动机主轴和风机主轴，它们之间通过挠性联轴器连接。主轴连同径向和推力轴承一起安装在进气箱的内筒内。

轮毂与主电动机分别位于主轴的两端，液压调节装置也安装在主轴上，铸铝叶片通过位于能转动的叶片枢轴上的专用螺钉安装在轮毂上，轮毂内部调节部件可将液压活塞的调节动作传递给叶片。

通过叶轮机壳上的检修门可以更换叶片。

3. 液压系统

液压系统为控制系统提供所需的活塞油压，液压系统带有两个油泵（一个备用）。

液压系统至油压活塞旋转油封之间有三路连接，即液压缸的进油管路、液压缸的回油管路和泄油的回油管。

油压和流量取决于运行中所需的调节速度。由于在运行过程中控制系统的负载变化，因而油压不是恒定的，而流量则基本上恒定。

为保证油温正常，液压系统配备有冷油器和由恒温器控制的加热元件。

4. 其他部件

伺服电动机将控制脉冲从控制系统传到风机调节臂上，扩散器内的调节驱动装置将调节运动通过内管传递到液压缸的控制阀上。

风机和辅助装置上均装有仪表，风机仪表连接到风机外壳的端子箱上。液压站和油站上的仪表分别连接至各自的端子箱内。

风机轴承组配有温度探头和振动探头，这些探头与电气报警装置相连。

风机上配有三个具有内置测槽的环管用来测取压力和压差。环管位于进气箱入口、入口锥和紧靠扩散器后面的过渡风道上。环管与差压变送器相连，用以失速报警及确定风机当前的工况点。

失速监测装置包括测量装置和与其相连的差压开关，安装时差压开关应连接到电气报警系统（失速监测）上。当风机在失速区运行时，失速监测装置会发出报警信号。

挠性连接位于进气箱出口法兰和扩散器出口法兰处，可以补偿管道系统不可避免的热膨胀和消除机械振动的传递。

（二）轴流式送风机的运行维护

1. 起动

（1）起动前的准备工作

为了保证送风机的顺利起动，必须做好相应的准备和检查工作，确保符合风机的起动条件。

1）送风机液压油站的投运。液压油站是大型动叶可调轴流式送风机的配套设备，它为动叶调节装置和循环润滑提供液压油，在送风机起动前要先起动液压站的运行。

2）按辅机通则进行起动前检查。

3）确认送风机出口挡板，动叶调节装置送电，就地检查送风机动叶控制执行机构完好，置于远控位置。检查送风机动叶及出口挡板关闭，且与 CRT 画面一致。

4）确认送风机一台液压润滑油泵运行，另一台投入备用，润滑液压油系统运行正常。

5）确认同侧空气预热器二次风出、入口挡板在开启位置。

（2）起动步骤

1）确认送风机起动条件具备。

2）起动一台送风机，确认其出口挡板联开，否则应手动开启。

3）检查电动机电流、振动及声音正常，逐渐开启动叶。

4）起动第二台送风机前必须检查确认该风机无倒转现象，否则应采取停止倒转措施。

2. 正常运行

1）送风机调节时应尽可能两台同步调节，避免两台风机负荷偏差过大。

2）检查液压油箱、轴承箱油位在 1/2 ~ 2/3 处，且油质良好，液压油温正常且在 15 ~ 50℃内。

3）送风机轴承温度小于 85℃，振动振幅小于 31μm，电动机轴承温度小于 80℃，电动机绕组温度小于 130℃。

4）检查液压油系统工作正常，液压油油压大于 0.7MPa，冷油器滤网投入正常，滤网前后压力小于 0.45MPa，否则应及时处理。

5）检查送风机动叶开度就地指示和远方一致，执行机构工作正常，连接牢靠。

3. 停运

（1）正常停运

1）将待停送风机动叶由"自动"切换至"手动"方式。

2）缓慢关小待停送风机动叶，直至全关。

3）当待停送风机动叶全关，炉膛负压正常后，停止送风机运行。

4）检查送风机出口挡板应联关，否则手动关闭，就地检查送风机停运后无倒转现象。

（2）送风机顺控停运步骤

1）关送风机动叶。

2）停止送风机，停运结束。

在某些特殊情况下，常需要紧急停止送风机的运行。常见的紧急停运情况有：送风机保护拒动、送风机电流突然升高并超过额定值、送风机或电动机着火、送风机运行危及人身安全以及送风机或电动机内部发出强烈的摩擦声。

二、引风机

引风机的作用是抽吸燃料在炉膛燃烧后所形成的烟气。对于燃煤锅炉，由于烟气中含有固体颗粒，容易使风机磨损，所以应选择耐腐蚀、耐高温和耐磨的材料或采取在叶片容易磨损部位堆焊硬质合金等措施以提高耐磨能力。为减少磨损，引风机的转速常常比送风机低。引风机常见的形式有双吸双速离心式和轴流式风机。

（一）引风机的结构

现以沈阳鼓风机厂引进德国 KKK 公司技术生产的 AN 系列静叶可调轴流式风机为例进行说明。

KKK 公司系列轴流式风机是按"脉冲"原理进行工作的。由于气流在风机叶轮子午面上加速，所以叶轮的进、出口静压几乎是相等的（逆压力梯度小，可保证风机的高压力系数，并保证叶轮的高效率），被输送的介质在叶轮中所产生的加速度将使总能量（特别是动能）增加，而布置在叶轮下游的后导叶，对叶轮出口的旋转气流进行整流，并部分转换成静压后输送到扩散器里。扩散器则进一步回收动能，使之成为可利用的静压，以保证叶轮的高效率。风机性能的调节，是通过改变安装在风机叶轮上游导叶的安装角来实现的，这样可以保证流量总是与不断变化的负荷相匹配。

AN 系列风机主要由进气箱、集流器（锥筒）、进口导叶及其调节驱动装置、锥筒、带后导叶的主体风筒（含测振仪表）、叶轮及轴承组（含测温仪表）、扩散器、冷风系统（包括管路及冷却风机）、联轴器等部件组成。所有的定子件均由钢板焊接而成，为了增加整体钢性，带有加强筋及法兰。由于该风机体积庞大，所有部件都有水平剖分面。主体风筒与后导风筒形成一个整体，上游与过渡风筒 I、进口导叶调节装置、过渡风筒 II、进气箱相连；下游与扩散器相连，是热膨胀时的基础点。当介质温度高而产生膨胀时，以主体风筒为基准向两侧移动。

悬臂式叶轮通过法兰用螺栓接在既短又坚固的短轴上。电动机在风机的进气端，通过带护筒的金属膜片联轴器与叶轮相连，以传递扭矩。联轴器由电动机端半联轴器、中间加长轴、中间短节、连接盘（叶轮半联轴器）和膜片等组成。中间加长轴介于电动机端半联轴器与中间短节之间，中间短节另一端通过膜片与连接盘相连，连接盘最后与叶轮相连。

主轴承组通过法兰用螺栓紧固在主体风筒的内筒中，而内筒通过径向布置的后导叶（共 36 片）牢牢固定，刚性良好。

轴承箱采用整体形式，轴承为滚动轴承，支撑端为圆柱滚子轴承，止推端为角接触径向球轴承，采用背靠背布置方式。轴承采用脂润滑，通过润滑油管路定期从外部打入轴承内，过剩及陈旧油脂的溢出通过排油管排出。

轴承组采用风冷式冷却，使用两台冷却风机（功率各为 11kW），并互为备用。从冷却风机打出的高压冷空气，通过冷却系统管路进入轴承内，用来冷却轴承并使之与热源隔离，环绕轴承箱之后排出。

为监控轴承温度，轴承处配置温度控制器及双支铂热电阻以显示轴承温度、报警及连锁停机。

通过改变进口导叶安装角来改变风机的特性，以适应锅炉负荷的改变。当气流旋转方向与风机旋向相同时为正预旋，性能曲线呈下降趋势；反之为负预旋，性能曲线呈上升趋势。

导叶的调节是靠电动执行器来实现的,其调节范围是 −75°(闭)～+30°(开),最大到 +30°;电动执行器要根据导叶的调节范围进行机械限位,用来保护导叶调节机构,防止调节联杆和导叶等部件受到损坏。

（二）引风机的运行维护

1. 起动

（1）起动前的准备工作

1）按辅机通则进行起动前检查。

2）关闭引风机出口挡板,开启入口挡板,并置入口导叶开度最小。

3）确认对应侧空气预热器烟气出、入口挡板在开启位置。

4）起动一台冷却风机,其运行应正常,另一台投入备用。

（2）引风机正常起动

1）确认引风机满足起动条件。

2）起动一台引风机。

3）确认出口挡板联开,否则应手动开启。若 1min 内出口挡板不能开启,立即停止引风机运行。

4）调节吸风入口导叶,使炉膛负压保持在 100Pa 左右,将入口导叶投入自动。

5）用同样方法起动另一台引风机,注意起动前必须确认此风机无倒转,否则要采取停转措施后方可起动。入口导叶投自动前应与第一台引风机开度基本一致。

（3）引风机顺序控制起动步骤

1）起动引风机冷却风机。

2）关闭出口挡板,开启入口挡板,置入口导叶开度最小。

3）起动电动机。

4）开出口挡板,释放入口导叶,起动结束。

起动时必须**注意**:入口导叶、出口挡板实际开度与反馈一致,严禁风机带负荷起动。

2. 运行维护

1）引风机正常运行中,每班应按规定对其就地检查,确认其运行正常。

2）检查引风机冷却风机运行正常,入口滤网无堵塞。

3）调节引风机负荷时,尽量缓慢均匀,两台风机的负荷偏差不应太大,防止风机进入不稳定工况状态下运行。

4）风机轴承温度小于 70℃。

5）电动机轴承温度小于 85℃,电动机定子绕组温度小于 135℃。

3. 停运

（1）正常停运

1）将待停引风机入口导叶由"自动"方式切换至"手动"方式。

2）逐渐将待停引风机的入口导叶关闭,此时应注意炉膛压力的变化。

3）停引风机。

4）风机停运约 3h 后停止冷却风机。当引风机轴承温度升到 60℃时,冷却风机应自动重新起动。

（2）顺序控制停运

1）关入口导叶。

2）停引风机。

3）本侧引风机停运，另侧引风机运行，连锁关停运行侧引风机出、入口挡板。引风机全部停运，联锁开启入口挡板。

（3）停运注意事项　确认燃油系统可靠隔离后，方可停运全部引风机。

（4）引风机手动紧急停运条件

1）引风机保护拒动。

2）引风机电流突然升高并超过额定值时。

3）引风机或电动机着火。

4）发生其他危机人身及设备安全的情况。

思考题及习题

5-1　给水系统的主要功能是什么？主要组成有哪些？

5-2　为什么给水泵要设置再循环装置？

5-3　汽动给水泵及其前置泵的起停条件有哪些？

5-4　给水泵组起动前应做哪些检查工作？

5-5　正常运行时，给水泵组主要的监视项目有哪些？

5-6　凝结水系统的主要作用是什么？

5-7　凝结水系统向哪些用户提供水源？

5-8　循环水系统的主要作用是什么？

5-9　改进型 2BW4 353—0EK4 真空泵组有哪些主要性能特点？

5-10　轴流式送风机起动前的准备工作有哪些？

5-11　引风机手动紧急停运条件有哪些？

第六章　泵与风机的检修

第一节　检修的基础知识

为保证泵与风机运行的安全可靠性，必须对其进行检修。所谓检修，就是指通过检查和修理以恢复或改善泵与风机设备原有性能的工作。按设备使用状况来分，检修工作分为预防性检修和事后检修；按规模来分，检修工作分为大修、中修和小修。泵与风机检修工作的内容因检修类型而异。

一、检修常用工具

泵或风机检修常用的工具有扳手、螺钉旋具、电动工具、锤子、撬棍、顶拔器等，以及起重工具和测量工具。

（一）手工工具

1. 扳手与螺钉旋具

扳手的作用是用来拆装不同直径的螺母。因功能以及螺母种类的不同，扳手有许多种类。泵与风机检修常用的有固定开口扳手、梅花扳手、套筒扳手、活扳手、扭力扳手、内六角扳手等。使用中，可以根据不同的场合选用不同的扳手。活扳手可以调节开口尺寸，常用在不能确定工作对象、数量不多或螺母尺寸不规范的场合。其他各种扳手都是固定尺寸的，需根据工作对象的规格选用。对于螺栓拧紧力矩有特殊要求时，需使用能显示或调节扭力的扳手，即扭力扳手，如图6-1所示，使用时预先设置扭力矩，通常连接套筒使用。扭力扳手还可以用于测试加固力矩和破坏力矩。

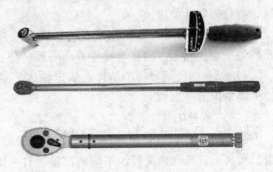

图 6-1　扭力扳手

螺钉旋具的作用是用来拆装小直径螺钉。常用的有一字形和十字形两种，使用时按螺钉尺寸、开口形式选用。

2. 顶拔器

顶拔器是一种拆卸套装件的专用工具，有三爪和两爪之分，在泵与风机检修中常用来拆卸带轮、轴承、联轴器及齿轮等。常见的顶拔器形式有螺杆式、可张式和液压式。图6-2所示为螺杆式顶拔器。

3. 千斤顶

千斤顶是一种便携式起重设备，在泵与风

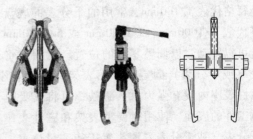

图 6-2　顶拔器

机检修中主要用在小高度范围内顶升重物、校正设备安装位置、校正设备构件变形等场合。其常见形式有液压千斤顶、螺旋千斤顶和齿条千斤顶等形式。液压千斤顶的起重量为 0.5 ~ 500t。

使用千斤顶顶升重物时应注意以下几个方面：

1）千斤顶必须垂直于地面和被顶面使用。底部要置于平整坚固的地方，若地面松软，应铺设垫板。顶头和重物接触处应垫木块，以防止滑移而发生事故或损坏被顶重物。

2）千斤顶不允许长时间作为支撑物使用，应在顶起重物后立即在重物下方垫入垫块，防止千斤顶失控或倾倒。

3）千斤顶的压把不允许加长使用以防止超载。使用中要注意千斤顶升高限制，禁止超限使用。

4）使用多个千斤顶共同顶起一个重物时，各个千斤顶要同时升高，使每个千斤顶均匀承载。

4. 链条葫芦

图 6-3 为一种常用的便携起重工具，叫做链条葫芦或倒链，是一种应用行星轮减速原理的手动设备。在检修现场，主要用来起吊重物、拉紧绳索等。其起重量为 0.5 ~ 10t。

使用链条葫芦时要注意以下几个方面：

1）使用前需仔细检查确认各部件灵敏无损。

2）不允许多个人同时用力拉动手链，并且正确估计重物重量，避免超负荷使用。

3）在使用过程中要注意检查制动机构是否能自锁。手链拉动要均匀平稳，施力方向要与链轮方向一致，防止手链脱槽。

4）起重到位后要将手链栓在固定物体上或主链上，防止因自锁失灵发生滑链事故。

图 6-3　链条葫芦

（二）测量工具

泵与风机检修中常用的测量工具有百分表（或千分表）、游标卡尺、螺旋千分尺、卡钳、塞尺、直尺和角尺等，不同的测量项目采用不同的测量工具。

百分表（或千分表）是用来测量工件表面形状误差的量具。其工作原理是将测量的直线位移通过齿轮和齿条的传动，带动表盘指针的转动，指示测量值。百分表和千分表的原理相同，区别在于可测量的精度不同。百分表的表盘上每格代表 1/100mm，常用的千分表的表盘上每格代表 1/1000mm、2/1000mm 或 5/1000mm。表盘可以转动，以调整零点的位置。使用时将百分表（或千分表）固定在专用表架和磁性表座上。磁性表座内设有强力永久磁铁，可将其吸附于铁质工件的表面。使用时调整表架和磁性表座，将百分表（或千分表）测头置于待测量位置，测量杆垂直于被测工件表面，如图 6-4 所示。

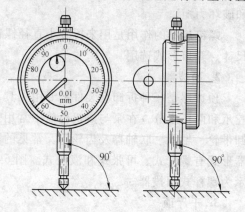

图 6-4　百分表的使用

使用百分表（或千分表）时要注意以下几个方面：

1）使用前需将表测量杆推动或拉动 2～3 次，确认表指针能返回原处，否则不能使用。

2）在测量时，将表夹持在表架上。表架要牢固稳定，否则需要用压板将表架固定在机体上，测量过程中要保持表架始终不产生位移。

3）测量杆的中心线应垂直于测点平面，若测量轴类，测量杆的中心线应通过轴心。

4）测量杆接触测点时，应使测量杆压入表内一小段行程，使测头始终与测点紧密接触。

5）测量杆被压入表内，指针顺时针转动，其度量值表示被测工件沿测头滑过时，测点比原来位置高出的尺寸，反之则表示测点低于原位的尺寸。

在泵与风机的检修过程中，用塞尺测量动静间隙或检查配合面之间的接触情况。塞尺是由一组特定厚度的钢片组成，每个钢片上都标有厚度值，如图 6-5 所示。在使用时，先将塞尺和被测部件表面擦拭干净，再选用适当厚度的一片或多片尺片插入被测间隙。通过调整尺片的组合，使尺片在间隙内既能活动，又能感受到一定的阻力，此时若增加一级尺寸则无法插入，那么插入的所有尺片厚度之和即为间隙值。

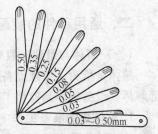

图 6-5　塞尺

使用塞尺时应注意如下问题：

1）使用塞尺的力度大小由手感掌握，要把握合适，插入过松过紧都会增加误差，力度过大会使塞尺损坏。

2）使用多片尺片测量时，一般应控制在 3～4 片以内，超过 3 片时，每增加一片就要加 0.01mm 的修正值。为保护塞尺，薄尺片应夹在两片厚的之间使用。

3）塞尺用完后，应擦拭干净，涂少许机油防锈。

（三）电动工具

泵与风机检修工作中常使用一些小型的手持电动工具，最常见的有手电钻、角向砂轮机。此外还有电动扭力扳手、电锤等。

1. 手电钻

手电钻的种类和规格较多，具有使用方便灵活的特点，在检修工作中应用广泛。其主要用途是较小孔径的钻孔（一般在 19mm 以下），还可以用做其他需旋转运动的手工操作。

2. 角向砂轮机

在泵与风机的检修中，角向砂轮机主要是用于磨削金属表面，去除飞边毛刺、清理焊缝、除锈、抛光等，也可以用来切割小尺寸的钢材。

3. 电动扭力扳手

在紧固或拆卸较大尺寸、数量很多同规格螺栓或对拧紧力矩要求严格的螺栓时，常使用电动扭力扳手，如图 6-6 所示。该电动扭力扳手可以无冲击连续旋转，其智能力矩控制系统可以在使用时预先设定力矩，也可根据螺栓大小推荐力矩值。维修大型水泵、风机时使用电动扭力扳手，使工作效率非常高，同

图 6-6　电动扭力扳手

时紧固螺栓的质量也会提高很多。

使用电动工具应注意的事项：

1）要注意用电安全，使用电动工具时最好要佩戴绝缘手套。应定期检测电动工具绝缘性能，经常检查电缆线、开关是否完好，防止漏电发生事故。

2）电动工具要靠人力手持操作，其力度要掌握合适，防止反扭力或反冲击力对人员的伤害。尤其是使用大功率电动工具和高空作业时，必须有可靠的防护措施。

3）电动工具使用过程中如果发生因吃力过大而使转速降低现象，应立即减小施加压力。如果电动工具卡住停转，应立即关闭电源。工作时性能不正常或有异常响声的电动工具坚决不能使用。

二、通用部件的装配工艺

（一）解体与组装一般要求

解体是指为了处理设备内部部件的缺陷，对设备进行拆卸的过程，可分为部分解体和全部解体。设备解体是检修工作的开始。

1. 解体前的准备工作

检修是建立在对设备的结构和工作原理充分理解的基础上的工作，需要检修人员熟悉设备的各种零件用途、它们之间的配合关系以及装配方法。设备解体前应了解设备的技术规范和参数，并对设备做好检修前交底工作。交底工作包括：设备运行状况、历次主要检修经验和教训、检修前主要缺陷等。具体准备工作还包括：人员准备、工具准备、工作票准备、材料准备、备件准备和施工现场准备。根据检修项目和类别的不同，具体准备的内容有所不同。

2. 解体

设备的解体顺序必须根据设备结构、部件装配方式确定。对于主设备上连接的附属设备，如果不影响主设备的解体工作，可不拆卸或整体拆卸。在解体时对安装位置有要求的零件，应做好位置标记。常用的方法是在零件的结合面的侧面用錾子或钢号打上记号。记号不能打在配合面上，也不要用粉笔、样冲做记号。如果零件上已有正确的记号，就不需要再打。对于有间隙和紧力要求的、或有组装尺寸要求的零件组合体，拆卸时应测量其值并做好原始记录。对于难拆卸的连接，应使用加热法或专用工具进行拆卸，需进行敲击时，应使用铜棒，或其他软质材料，不许用锤子直接击打。如果有必须拆卸而又拆不下来的零件，则可以采用破坏性拆卸方法，拆卸时应尽量保全价值高、制造困难或没有备品的零件。对于拆卸后的零件应分类放置并妥善保管，对于需修复的零件应及时安排修理，对于精密的长轴和细长杆件应竖直吊放或多点支架水平放置。

3. 组装

设备的组装顺序原则上可按解体的相反步骤进行。在组装过程中，应详细地测量各部件的配合间隙，并做好记录，必须严格按技术要求逐项进行检查，防止有错装漏装的零件。对于不符合技术要求的情况要重新装配。

组装完毕经检查无误，再对设备进行调整和试验。在确定无问题后，方可试车。试车工作要按照从低速到高速、从空负荷到满负荷的顺序进行。在试车过程中，要特别注意声音、振动、温升及各种仪表的指示，如发生异常现象，应停机检查。待试车合格后方可修饰外表，并办理移交手续。

在检修工作中，要求工作场地整齐、清洁，防止因现场凌乱影响检修质量，甚至发生人身事故。检修项目必须按规程进行，正确地使用工具，操作要仔细认真，严禁野蛮作业。

（二）轴套装件的拆卸与组装

在泵与风机检修时，对于紧配合安装在轴上的叶轮、滚动轴承、平衡盘、联轴器、齿轮等轴套装部件，在拆卸或组装之前，要将套装件清洗干净并在轴和轴孔的配合面上涂抹少许润滑油，再根据轴与孔的配合松紧度确定拆装的操作方法。

1. 常温下操作方法

1）使用丝杆或顶拔器拆装轴套装件。如图 6-7 所示，在拆卸套装部件时，可以使用丝杆之力将轴套装件平稳地拉出或顶出。对于拆卸之初静摩擦力较大的轴套装件，可以在丝杆拉紧（即套装件受到一定的拉力）的情况下，垫上软金属垫用锤子在套装件上对称振打，当套装件松动后，不可继续锤击，用丝杆将其拉出或顶出即可。进行组装的过程与拆卸相反，操作要点是类似的。在操作过程中，为保持作用在套装件上的力均匀，拧紧螺母时要轮换进行，着力点要相对于轴对称且尽量靠近轴心，同时，顶在轴上的力要作用在轴中心且保持在轴向，如图 6-7 所示。

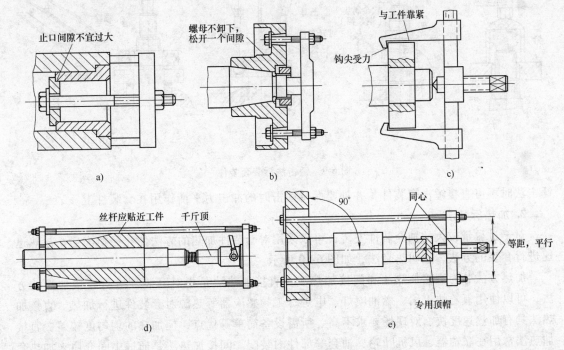

图 6-7 使用丝杆或顶拔器拆装轴套装件

2）使用压力机拆装轴套装件。这种方法所需注意事项和上述方法基本相同。拆装滚动轴承的作用力应直接作用于配合圈的端面上，不可通过滚动体传递作用力，也不可以作用于轴承的保持架、密封圈和防尘盖上。对于装拆轴上的轴承，如果拆装力作用于轴承外圈，会损坏轴承的滚动体和滚道，并使轴承内圈变形而增加安装或拆卸的阻力，如图 6-8 所示。

3）对于有间隙过渡配合的轴套装件，可以采用锤击法进行安装，如图 6-9 所示。使用

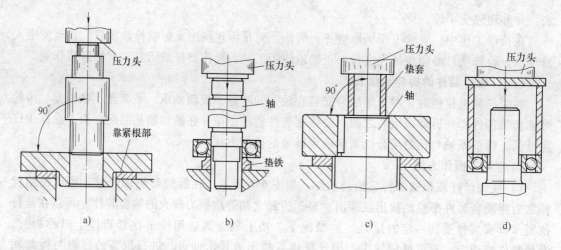

图 6-8　压力机拆装套装件

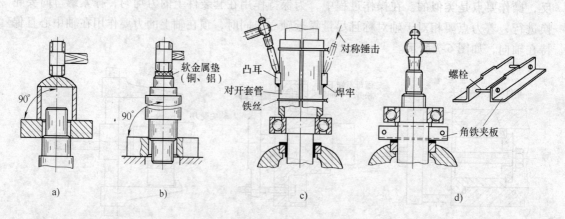

图 6-9　锤击法拆装套装件

锤击法时不可直接锤击套装件，并且要保持锤击时的冲击力平衡作用在套装件上。

2. 加热拆装法

对于过盈量较大的轴套装件安装，可以采用对套装件加热的方法使孔径扩大后，趁热迅速进行套装的方法，也叫热套法，如图 6-10 所示。

加热方法分为直接加热法和间接加热法。直接加热法是指对套装件进行直接加热的方法，可以使用氧乙炔火焰、燃油喷灯、电炉、工频感应器等热源对套装件进行加热。直接加热法具有加热速度快、对现场要求不高、所需设备简单等优点，但加热的均匀度较差。直接加热法常用在联轴器、风机叶轮、轴套等部件的装配。间接加热法是通过中间介质来加热套装件的方法，一般使用已报废的润滑油作为加热介质。间接加热法对部件的加热均匀，可用于精密度较高的套装件，如滚动轴承、齿轮等部件的装配。

加热所需的温度与孔径、过盈量、金属热胀系数和金属材料允许的温度极限等有关，一般滚动轴承允许加热的温度上限为 120℃。

对于过盈量较大的套装件拆卸，同样也可使用加热法。除了高精度或有特殊要求的套装件的拆卸需要使用间接加热法之外，一般使用氧乙炔焰或喷灯直接加热套装件。加热时要使套装件均匀受热，并需对轴做隔热处理。在拆卸时，必须预先在套装件上施加拆卸应力，如

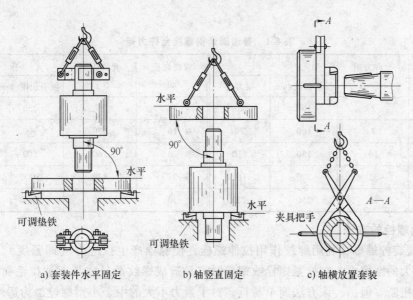

a) 套装件水平固定　　　　　b) 轴竖直固定　　　　　c) 轴横放置套装

图 6-10　热套法

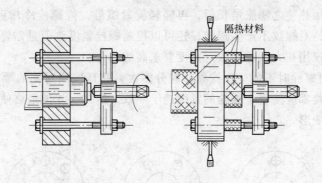

图 6-11　加热拆卸套装件

图 6-11 所示，将顶拔器的螺杆拧紧，加热套装件时的膨胀，可使套装件松动，此时应迅速用顶拔器将其拉出。如果拆卸不成功，需待套装件和轴都冷却后再对套装件进行加热，重新拆卸。

（三）螺纹联接及螺栓的拆装

螺纹联接是构件之间最常见的一种连接方式。除少数构件采用螺纹直接连接外，绝大多数的构件是通过螺栓紧固件进行连接的。

1. 螺栓的紧度

螺栓的紧度是指螺栓被拧紧后产生的内应力，即螺栓作用在构件上的压紧力。在构件装配时，施加在螺栓或螺母上的扭力矩，有一部分用来克服摩擦阻力（约占总扭力矩的一半），其余的形成了螺栓紧力。

螺栓的紧度必须适当，过紧会使螺栓损坏或使连接件变形；拧紧力矩不够则起不到紧固作用。泵与风机检修中，一般的螺栓拧紧所需力矩都是凭经验掌握；少数有紧固力矩要求的，常在检修规程中列出，操作时需使用扭力扳手。螺栓所允许的扭力矩与螺栓直径、金属弹性极限强度、螺纹类型等有关。表 6-1 所示为 M30 以下规格普通碳素钢螺栓允许力矩。

表 6-1 普通碳素钢螺栓允许力矩

螺纹直径 /mm	允许力矩 /N·m	举 例		螺纹直径 /mm	允许力矩 /N·m	举 例	
		扳手长度/mm	用力/N			扳手长度/mm	用力/N
4	2	100	20	14	87	250	350
6	7	100	70	16	130	300	430
8	16	150	110	20	260	500	5000
10	32	200	160	24	440	1000	440
12	55	250	220	30	850	2000	430

2. 拧紧螺栓的方法

1）直接旋拧螺母，利用螺纹作用拉伸螺栓，使螺栓产生拉应力（即紧度）。这种方法需要克服很大的摩擦力，在拧紧螺栓或螺母时容易造成螺纹滑丝或牙面被拉毛而损伤螺纹，甚至将螺栓扭断。但是，该方法简单易行，对于紧力不大的中、小型螺栓最为适用。

2）冷态下，先使用拉伸器将螺栓拉至预定的应力，使螺栓产生相应的伸长量，再旋紧螺母。或者将螺栓加热使之膨胀增长后，再轻轻旋紧螺母，待螺栓冷却后产生一定的紧力。使用该方法紧螺栓，对螺纹不产生损伤，还可以控制螺栓紧度，但是需要专用设备和计算螺栓伸长量，故一般仅用在大型螺栓或对紧度要求高的场合。

3）在拧紧成组螺栓时不能一次拧紧，应分多次，并且按照对称的顺序进行，如图 6-12 所示。每次拧紧螺栓都应使每个螺栓的紧度趋于一致，这样，才能最终使各个螺栓的紧度一致、被紧部件不会变形。

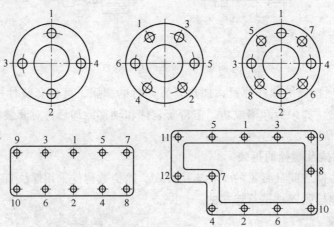

图 6-12　螺栓紧固顺序

3. 螺纹联接的防松措施

采用螺纹联接时，如果仅依赖螺纹的摩擦锁紧固定螺栓，则在运行过程中会因振动等原因使螺栓滑动，而造成连接松弛。因此固定运动部件的螺栓一般都需要采取防松措施，主要方式如图 6-13 所示。另外，由于金属有应力松弛现象，经过一段时间运行的螺栓紧固力会降低，尤其是处于高温下工作的螺栓。对于承受较大拉力的螺栓，运行一定时间后，需要对螺栓进行再次紧固。

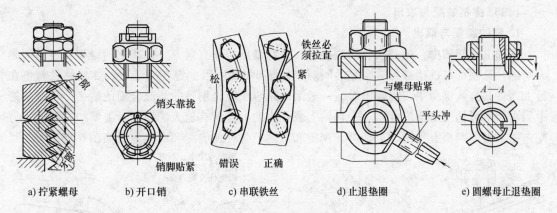

| a) 拧紧螺母 | b) 开口销 | c) 串联铁丝 | d) 止退垫圈 | e) 圆螺母止退垫圈 |

图 6-13　螺纹联接的防松

4. 螺纹联接的拆卸

螺纹联接在拆卸时常遇到螺纹锈蚀、卡死、螺栓杆断裂及滑丝等情况，需要根据具体情况选择拆卸方法。对于一般锈蚀的螺纹，可先用煤油或松动剂将其浸透，待铁锈松软后再拆卸。若锈得过死，则可用锤子敲打螺母的六角面，振松后再拆。用喷灯或氧乙炔焰将螺母加热，加热要迅速，边加热边用锤子敲打螺母，待螺母热松后，立即拧下。或用平口錾子剔螺母，如图 6-14a 所示，被剔下的螺母不应再重新使用。对于已断掉的螺栓，可在断掉部分的中心钻一适当直径的孔，再用反牙丝锥取出，如图 6-14b 所示。也可用钢锯沿着外螺纹切向将螺母锯开后再剔，如图 6-14c 所示。对于内六角螺钉，或一字、十字螺钉旋具口被拧滑的螺钉，可在螺钉头上焊六角螺母进行拆卸，如图 6-14d 所示。

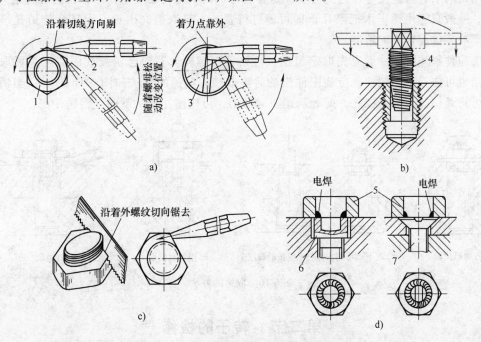

图 6-14　螺纹联接件锈死后的拆卸方法

1—六角螺钉或螺母　2—平口錾　3—圆基螺钉　4—反牙丝锥　5—六角螺母

6—内六角螺钉　7—平基螺钉

（四）键销装配与取出

1. 键的装配与取出

在轴上的键槽中，键必须与槽底接触，并与键槽两侧有紧力。轴孔上的键应与键槽两侧无间隙，且顶部与键槽必须有明显的间隙，如图 6-15a 所示。键在安装时，要用软材料垫在键上，将其打入键槽中，键取出时，一般采取用錾子轻轻剔键的非配合面的端头，将键从槽中剔出，不可伤及两侧配合面。一旦轴上或孔内的键槽有较大的损伤，需要加宽键槽，另配新键。键的类型有平键、半圆键、楔键和滑键，各种的装配和取出方法如图 6-15 所示。

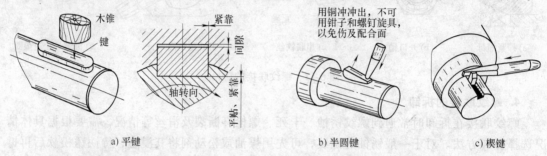

a) 平键　　　　　　　　　　b) 半圆键　　　　　　　　c) 楔键

图 6-15　键的装配与取出

2. 销的装配与取出

销的类型有圆柱形和圆锥形两种。销孔必须用铰刀铰制，销与孔的配合必须有一定的紧力。销的配合段接触面积不得少于 80%，可以用红丹检查配合情况。销的装配应在零件上的紧固螺栓未拧紧前将销装上。装销时，先将零件上的销孔对准，再将销涂上机油装入。不许利用销的下装力量使零件达到对位，这样会造成与下销孔发生啃伤。锥销的装配紧力不宜过大，一般只需用锤子木把敲几下即可。打得紧，不仅取销时困难，而且会使销孔口边胀大，影响零件配合面的精度。

装配件解体时，一般应先取定位销，再松紧固螺栓。若销已锈死或因装配过紧取不出时，则也可先松紧固螺栓，待装配件松动后再取销。取销的方法如图 6-16 所示。当销锈死时，可将其钻掉，重新铰孔，配制新销。对穿销，可以用冲子从下向上将销冲出。

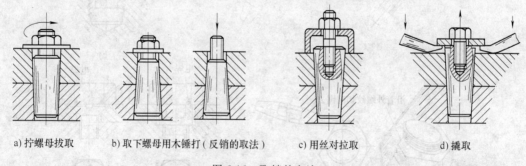

a) 拧螺母拔取　　b) 取下螺母用木锤打（反销的取法）　　c) 用丝对拉取　　d) 撬取

图 6-16　取销的方法

第二节　转子的检修

转子是泵与风机内转动部件的总称，包括轴、轴套、叶轮、平衡盘、推力盘及联轴器等。转子部分的检修技术要求较高，其检修质量对整个泵与风机的运行至关重要。

一、晃动与瓢偏

在转动中，转子的外圆面对轴心线的径向圆跳动称为晃动，晃动的幅值称为晃动度，简称为晃度；在转动中，转子端面沿轴向的跳动称为瓢偏，转子端面外缘瓢偏的幅值称为瓢偏度。转子的检修，要求晃度与瓢偏在允许的范围内，否则泵与风机会发生严重振动、动静部件摩擦等现象，严重者可造成轴承损坏、动静部件"咬死"等现象，而使泵与风机无法运行。

（一）晃动

1. 晃动的形成原因

转子的晃动分为轴的晃动和轴套装件的晃动。轴的晃动是由轴弯曲造成的，详见后面相关内容的叙述。轴套装件（主要是指叶轮、轮毂、平衡盘等）晃动的原因包括：制造方面的误差、运行中摩擦和温度不均导致的变形、检修时配合面的损伤等。

2. 晃动的测量方法

首先将转子放置在 V 形架上并保持水平状态，对待测部件沿圆周八等分，标记序号并做好记录准备。测量表面必须选在同轴心的经过精加工的表面，其表面应清洁、无锈、无伤痕。然后将百分表固定，将测量杆垂直对准测量位置，如图 6-17a 所示。

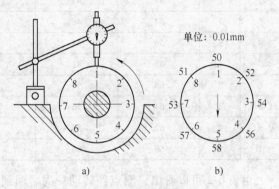

图 6-17　测量晃动的方法

测量时先将转子转动一周，检查表架是否牢固，观察百分表指示是否正常，即同一测点的示值应一致或误差在 0.005mm 之内。然后将测量点调整到 1 点，按次序测量并记录。以图 6-17b 为示例可知，相对点百分表读数差的最大值即为该测件的晃度。

（二）瓢偏

轴套装件瓢偏的成因与形成晃动的原因基本相同。测量瓢偏需要采用两只百分表，这是因为在测量过程中，转子可能沿轴向有一定的移动，用两只表测量轴向圆跳动是为了在计算时抵消轴向窜动对测量的影响。因为轴向窜动对于两只表的影响是一样的，而端面的轴向圆跳动仅表现为两只表的差值。具体测量方法如下。

用测晃动相同的方法支撑固定转子和百分表，将待测部件沿圆周 8 等分并标记序号，如图 6-18 所示。两只表测量位置固定在同一直径上的对称位置，并且尽量靠近边缘。被测表面须是洁净无锈的精加工表面。百分表的调整与前述相同。测量数据的记录方法有两种，即图记录法和表记录法。

使用图记录法，首先记录两只表的读数，如图 6-19 所示，然后计算同一位置记录值的平均值，瓢偏度即为相对点的两表平均值之差，最大瓢偏位置在 1 – 5 方向。

表记录法就是将两只表所测量的数据填入表 6-

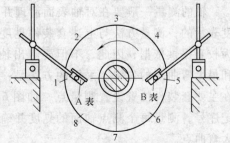

图 6-18　测量瓢偏的方法

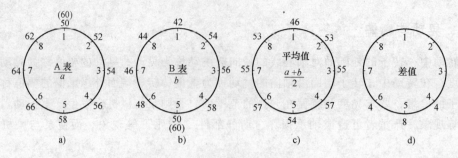

图 6-19　瓢偏测量的记录与计算

2 中，以图 6-19 数据为例计算，见表 6-2。

表 6-2　瓢偏测量记录及计算举例　　　　　　　　　（单位：0.01mm）

等分位置		A 表（a）	B 表（b）	$a-b$	瓢偏度计算
1	5	50	50	0	
2	6	52	48	4	
3	7	54	46	8	
4	8	56	44	12	$\text{瓢偏度} = \dfrac{(a-b)_{max} - (a-b)_{min}}{2}$
5	1	58	42	16	
6	2	66	54	12	$= \dfrac{16-0}{2} = 8$
7	3	64	56	8	
8	4	62	58	4	
1	5	60	60	0	

　　由表 6-2 可以看出，测点经转动一周后回到 1 – 5 测点位置时，两只表的读数由 50 变为 60，这表明在转动过程中发生了轴向窜动，窜动量为 10，但是两只表的差值并没有变，这正是使用两只表测瓢偏的原因所在。

二、轴弯曲

　　泵与风机的轴经过长期使用后，会因运行中的摩擦、受热不均、检修中拆卸或保管不当等原因发生弯曲，尤其是细长轴更容易发生弯曲。轴弯曲会造成转子不平衡、动静部件摩擦和泵与风机振动严重超标。所以，在泵与风机检修过程中，需要测量轴的弯曲度，对于弯曲度超过允许值的轴要进行校直操作。

1. 轴弯曲的测量

　　轴的测量一般要在对轴表面清理并对轴颈损伤修复后进行。轴弯曲的程度是用轴的晃度表示的，测量方法与上述套装件晃度的方法基本相同。轴弯曲测量的一个重要目的是为校直提供依据，因此，不但要测出轴弯曲量（轴晃度）而且还需要测出轴弯曲的方向和最大弯曲点的位置。采用的方法是：用多只百分表，相距 250 ~ 300mm 设置测量点，或在主要套装件位置设置测量点，如图 6-20 所示。在轴端面沿圆周方向进行 8 等分，并标记序号，测量每个测点轴面的晃度并确定最大值的方位。应用图 6-20 所示方法确定轴最大弯曲点。

　　图 6-20 的曲线仅表示 1 – 5 轴面上轴弯曲的情况，实际中，轴弯曲有可能在多个方向上

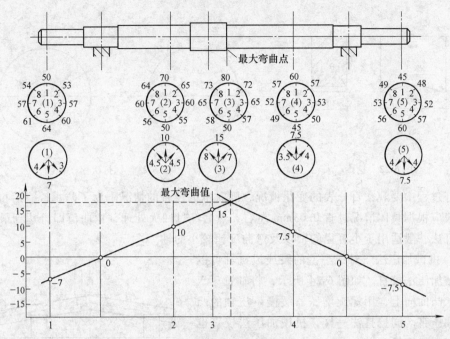

图 6-20 轴弯曲的测量

存在，这种复杂的轴弯曲校直工作会异常困难且效果也不理想。所以，对于价值不高的轴，发生复杂的弯曲时，一般不修复而是直接报废。

2. 轴的校直

校直应在处理完轴的其他缺陷后进行。校直前还需要确定钢材的种类和所采用的热处理工艺，对于淬火的轴校直前应进行退火处理。具体的校直方法的选择要根据轴的材质、硬度和弯曲情况进行。

（1）捻打法 通过捻打轴的凹面，使局部金属延展使轴直过来，如图 6-21 所示。捻打校直时，将弯曲轴置于固定的支架上，使弯曲处凸面向下，并用硬木或纯铜棒在凸面处垫实，然后用捻棒捻打弯曲处的凹面。捻棒一般用硬质钢材制成，捻棒要做成弧状，且没有棱角，这样能同轴面吻合，以免捻打损伤轴面，如图 6-22 所示。捻棒同轴圆弧吻合后，用 1～2kg 的锤子锤打捻棒，锤打的范围为轴圆周的三分之一，捻打位置按图 6-23 所示的顺序进行。

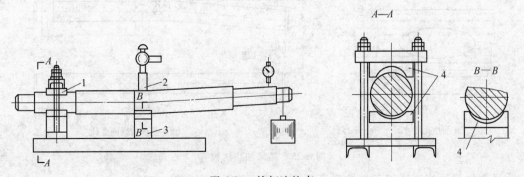

图 6-21 捻打法校直
1—固定架 2—捻棒 3—支持架 4—软金属

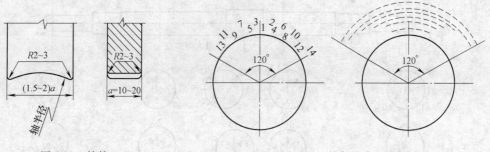

图 6-22 捻棒　　　　　　　　图 6-23 捻打次序及范围

捻打过程中要观察百分表的变化情况，随时掌握校直的情况。为了防止校直后再发生弯曲，一般应根据具体情况过直 0.03mm 左右，然后经过回火处理，弯曲值即可达到最小。

捻打法一般适用于小直径的轴以及弯曲度比较小的轴。

（2）机械加压法　对于小型的泵或风机轴可以采用机械加压法校直。如图 6-24 所示，将轴置于 V 形块上，凸面向上，用螺旋增压器缓慢下压轴的凸面，将轴压直。同捻打法一样，机械加压法校直也需要一定的过直量。

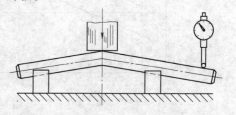

图 6-24 机械加压法校直

（3）局部加热法　局部加热法是通过加热弯曲轴的凸侧，使局部金属膨胀而被压缩，冷却后使轴校直的方法，如图 6-25 所示。加热部位选在轴的最大弯曲点的凸侧，加热时需在轴上包覆石棉布隔热，加热局部开有加热孔，如图 6-25a 所示。校直时采用喷灯等火焰加热，加热温度为 600～700℃，使轴产生一定量的过变形，图 6-25b 所示。加热后用石棉布覆盖加热孔进行保温，让轴自行冷却，如果冷却过于急剧，可能会使轴产生裂纹。如果校直未达到目标值，可沿轴向稍移动加热孔后重复上述过程。

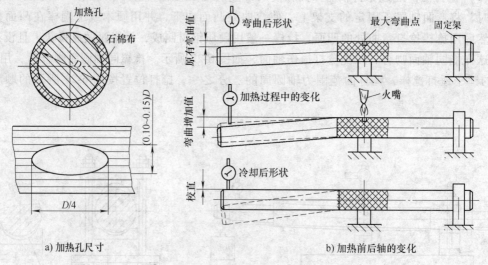

a) 加热孔尺寸　　　　　　　　　　b) 加热前后轴的变化

图 6-25 局部加热法校直

局部加热法校直适用于弯曲程度不大的碳钢和低合金钢轴。

（4）局部加热加压法　此方法类似于局部加热法，不同的是在加热之前利用加压工具使轴的弯曲部位产生预应力，当用火焰加热局部时，这个预应力起到促进金属塑性变形的作用。轴上施加的压力必须待轴冷却后去除，如图 6-26 所示。

　　如果轴的校直没有达到要求，可再使用局部加热法或重复使用局部加热加压法校直，但同一部位加热次数一般不宜超过 2 次。

　　此方法较容易达到弯轴校直的效果，但是被校直的轴稳定性较差，在将来运行中可能向原来的方向再次发生弯曲。

　　（5）内应力松弛法　此方法是将最大弯曲处的一段轴在整个圆周

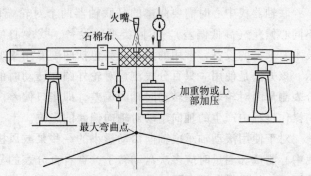

图 6-26　局部加热加压法校直

上进行加热，使温度缓慢上升至低于回火温度 30 ~ 50℃。然后在靠近最大弯曲点的凸侧施加压力，使轴产生一定量的弹性变形。随着加热的持续，金属内应力渐渐降低，同时弹性变形逐渐转变为塑性变形。这种在金属变形量保持不变的情况下内应力随时间而下降的现象即为应力松弛。

　　内应力松弛法校直的装置如图 6-27 所示。校直时用顶丝顶起承压支架，用以支撑校直时的作用力。加热装置将轴加热至预定温度并进行保温，再用千斤顶在不超过金属的弹性极限条件下施加压力。在加压的同时注意观察轴的挠度变化，初期轴变形较快，当轴挠度的变化不明显时，即可停止加压，然后松开千斤顶和支撑架顶丝，将轴落在滚动支架上，每隔 5min 盘动 180°。待轴均匀冷却后，再测轴弯曲。校直后应有 0.04 ~ 0.06mm 的过直量，校直后需经稳定性回火处理，回火处理后过直量将减小。如果一次校直未达到要求，可稍提高加热的温度和压力，进行第二次校直。

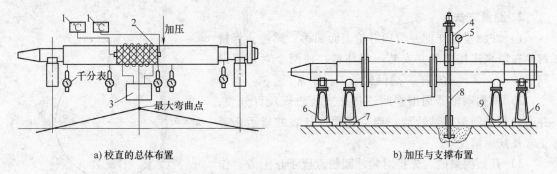

a) 校直的总体布置　　　　　　　　　　b) 加压与支撑布置

图 6-27　内应力松弛法校直装置

1—热电偶温度表　2—感应线圈　3—调压器　4—千斤顶　5—油压表　6—滚动支架
7—活动承压支架　8—拉杆　9—固定承压支架

三、联轴器找中心

　　为使相连接的泵与风机和原动机的轴转动灵活、不受阻，两段（或多段）轴应该同心，即每段轴的中心线重合，或处于同一条连续的曲线上。若相连接的两段轴的中心偏差过大，运转时则必然会引起设备超常振动。对于使用联轴器联接的轴，找中心就是通过调整设备位置，使联轴器端面平行、外圆同心，来达到使轴同心的目的。

1. 测量工具

联轴器找中心时需要测量的是联轴器两个对轮端面的不平行偏差（张口偏差）和外圆不同心偏差（高低偏差）。不同类型的设备，找中心使用的测量工具不同，对于结构复杂、技术要求高的设备，常用的测量工具包括两副专用支架（桥规）、三只百分表，如图6-28所示。该方法是使用一只百分表测量对轮外圆在转动时的径向偏差，即高低偏差；使用两只百分表测量两对轮端面在转动时轴向偏差，即张口偏差。测量张开偏差使用两只表的目的是抵消操作过程中产生的轴向窜动对轴向偏差的影响。

对于使用滚动轴承或轴向窜动量小的一些泵或风机，也可用一副支架、两只百分表进行找中心测量。测量时应多次盘动转子，查看百分表的复位情况，确认轴向窜动在可以忽略的范围内。如果设备没有足够的空间让百分表通过，则可以使用如图6-29所示的桥规，用塞尺进行测量。

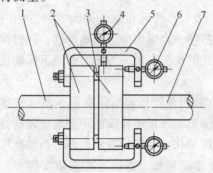

图 6-28　联轴器找中心及测量工具

1—基准设备轴　2—联轴器　3—联接销

4、6—百分表　5—专用支架　7—被调设备轴

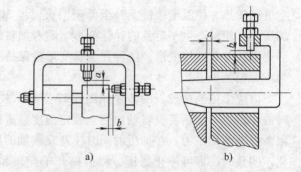

图 6-29　塞尺测量法找中心

2. 测量方法

1）在测量操作前要清理对轮表面油污、锈迹。保持对轮在原来连接位置并安装一根柱销，使两个对轮可以同步转动。试转动转子，确保轴承工作正常。

2）根据联轴器周围空间选择并安装桥规及百分表，并调整测量间隙。试转动一周，查看百分表的指示是否正常及复原情况。

3）开始测量时，先将对轮外圆测点置于正上方，作为 0° 测位，测量端面张口偏差并记作 a_1 和 a_1'，测量外圆的高低偏差并记作 b_1；再盘动转子 90°，测量端面张口偏差 a_2、a_2' 和外圆高低偏差 b_2；然后再测 180°、270° 位置的外圆和端面的偏差。用图记录法记录测量数据，如图6-30所示。

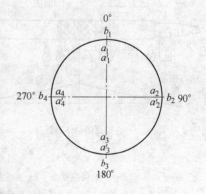

图 6-30　中心记录图

4）端面张口偏差由上下方向和左右方向两组数据得出，即上下方向为 $\dfrac{a_1 + a_1'}{2} - \dfrac{a_3 + a_3'}{2}$，左右方向为 $\dfrac{a_2 + a_2'}{2} - \dfrac{a_4 + a_4'}{2}$；外圆的高低偏差，上下方向为 $\dfrac{b_1 - b_3}{2}$，左右方向为 $\dfrac{b_2 - b_4}{2}$。

3. 调整方法

通过上述测量结果，可以知道相邻两段轴的对中心的情况。图 6-31a 为测量数据举例，依此分析得出对轮中心的数据和轴中心的状态，如图 6-31b、c 所示。

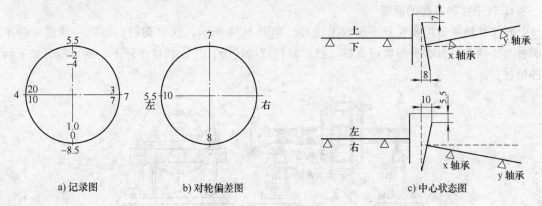

a) 记录图　　　　　b) 对轮偏差图　　　　　c) 中心状态图

图 6-31　中心状态分析图

泵与风机轴中心的调整一般是以泵或风机为基准设备，通过调整原动机（电动机）的空间位置进行的。根据图 6-31c，用几何计算方法算出电动机轴承或机座螺栓孔处应移动的距离和方向，找中心调整时按这个计算值调整电动机位置。上下高度的调整是通过增减电动机机座下垫片厚度实现的。对于中、小型泵与风机水平位置的调整，可以利用顶丝和百分表，边测量边调整电动机位置，直到满足要求为止，如图 6-32 所示。

下面以图 6-33 所示情况来说明调整量的计算。先计算出 x 轴承和 y 轴承为消除端面张口所需的调整量，根据相似三角形原理，近似有 $\dfrac{\Delta x}{a}=\dfrac{l_1}{D}$；$\dfrac{\Delta y}{a}=\dfrac{l}{D}$。

则两轴承处的调整量分别为 $\Delta x=\dfrac{l_1 a}{D}$；$\Delta y=\dfrac{la}{D}$。

然后再考虑消除外圆高低偏差，据图 6-33 所示，只需将 x 轴承和 y 轴承处加上 b 即可，即总调整量为 $\Delta x+b$；$\Delta y+b$。

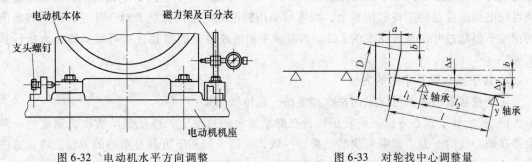

图 6-32　电动机水平方向调整　　　　　图 6-33　对轮找中心调整量

四、转子找平衡

转动机械的转子如果其质量中心与转动中心不重合，在运行时会在转子上产生离心力，这一离心力通过支撑轴承以振动的形式表现出来。尤其是高速运行的转子，即使其转子的质量偏心很小，也会造成较大的振动。因此，转子质量的不平衡是造成转动设备振动最常见的原因之一。对转子进行质量平衡校验工作叫做转子找平衡。转子找平衡方法又分为找静平衡和找动平衡两种。

（一）转子找静平衡

1. 转子找静平衡的原理

转子找静平衡需要在静平衡台上进行，如图 6-34 所示。找平衡时，将转子放置于静平衡台上，轴颈处由水平的轨道支撑。然后轻轻转动转子，并让其自由停下，则可能有如下两种情况：

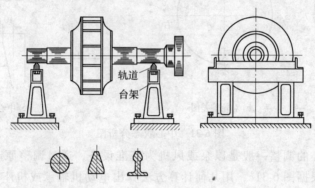

轨道
台架

图 6-34　静平衡台及轨道截面形状

一种是转子的重心在轴心线上，转子可以在任意位置停下来，此时即为平衡状态；另一种是转子的重心不在轴心线上，转子会因偏心而产生转动力矩，驱使其向重心较低的方向转动，当转子不平衡力矩大于轨道上轴的滚动摩擦力矩时，转子将停止于使重心在轴心线下方，这种静不平衡称为显著不平衡；如果转子不平衡力矩小于轨道上轴的滚动摩擦力矩时，不平衡力矩不能驱使转子转到重心在轴心线下方的位置，这种静不平衡称为不显著不平衡。

找静平衡首先要在静平衡台上测出所需平衡重和加重位置，测量时可用试加重的方法，即将重块临时固定于转子上或直接贴上油灰。加重需逐渐加大，直至使转子产生一定的转动角度，然后取下重块称量平衡重。校正静平衡的基本原理是在转子的偏重的一侧减去、或在相对的另一侧加上一定的平衡质量，使其产生的转动力矩与不平衡力矩相抵消。所加平衡重块可用电焊固定在转子特定位置上，减重可采用铣削或磨削的方法，对于叶轮，铣削或磨削的深度不得超过叶轮盖板厚度的1/3。如需改变加重或减重的半径，则可根据等效力矩计算配重。

2. 转子找显著不平衡的方法

转子找显著不平衡可以采用两次加重法，具体做法是：

1）找出转子重心方位。将转子放置在静平衡台的轨道上，往复滚动数次，偏重的一侧会停在轴心线的下方。如果每次的结果均一致，则转子的正下方就是重心的方位。将该方位定为 A，A 的对称方位为 B 即为加试加重的方位，如图 6-35a 所示。

2）第一次试加平衡重。如图 6-35b 所示，将 AB 转到水平位置，在 B 方向半径为 r 处试加一平衡重 S，使 A 点向下转动 30°~45°角。然后称出 S 重，再将 S 恢复原位置。

3）第二次试加平衡重。如图 6-35c 所示，将 AB 调转 180°，使 AB 为水平位置，并在 S 上试加平衡重 P，加上 P 后使 B 点向下转动，转动角度与第一次加重时相同。然后取下 P 称重。

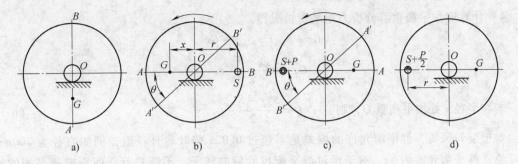

图 6-35　两次加重法找转子显著不平衡

4）计算应加平衡重。第一次加重的剩余不平衡力矩为 $Gx - Sr$，第二次为 $(S+P)r - Gx$。因两次加重产生的转角相等，故其转动力矩也相等。因两次加重过程中转子的滚动条件近似相同，其摩擦力矩可视为已抵消，即 $Gx - Sr = (S+P)r - Gx$。由此可求出原不平衡力矩 Gx 为

$$Gx = \frac{2S+P}{2}r \tag{6-1}$$

所加平衡重 Q 应满足力矩平衡，即 $Qr = Gx$，若加重点在半径 r 处，所以

$$Q = \frac{2S+P}{2} \tag{6-2}$$

根据上述计算的结果，所需加平衡重在 OB 方向、半径 r 处，其值为 Q。

5）校验。将 Q 加在试加重位置后，若转子能在轨道上任一位置停住，则说明该转子已不存在显著不平衡。如果改变加重或减重的半径，则可根据等效力矩法计算其对应的半径。

3. 找转子不显著不平衡

下面介绍试加重周移法找转子不显著不平衡。

1）将转子圆周分成若干等分（通常为 8 等分），并将各等分点标上序号。

2）如图 6-36a 所示，试加重先从 1 点开始。将 1 点的半径线置于水平位置，并在 1 点试加平衡重 S_1，使转子向下转动一角度 θ，然后取下称重。用同样方法依次找出其他各点试加平衡重。在试加重时，必须使各点转动方向和转动角度一致，加重半径一致。

3）以测出的加重量 S 为纵坐标，加重位置为横坐标，绘制曲线图，如图 6-36b 所示。曲线交点的最低点为转子不平衡重 G 的方位。曲线交点的最高点是应加平衡重的位置。

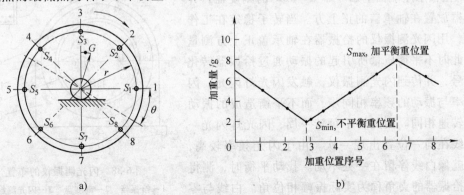

图 6-36　试加重周移法找转子不显著不平衡

4）计算应加平衡重。分析力矩平衡情况得

$$Gx + S_{\min}r = S_{\max} - Gx$$

$$Gx = \frac{S_{\max} - S_{\min}}{2}r$$

若在半径 r 处加平衡重 Q，则　　$Q = \frac{S_{\max} - S_{\min}^{\cdot}}{2}$　　　　　　　　(6-3)

对于泵与风机，静平衡允许的偏差是不超过 0.025 倍叶轮外径值，例如直径为 200mm 的叶轮，静平衡允差为 5g。对于经过静平衡校验后的转子，不能进行任何影响静平衡的修理。

找转子静平衡的常用方法有多种，除了使用加重法之外，常用的还有秒表法等（参见其他书籍，由于篇幅的限制，本书不做介绍）。

（二）转子找动平衡

1. 转子动平衡的概念

静平衡的转子仅表示整个轴系相对于轴的质量分布是均衡的，并不意味着在各个垂直于轴心的平面内的质量分布均衡。例如多级泵转子，若两个叶轮质量中心都不与轴心重合，并且叶轮因偏心而产生的径向力可以互相抵消，则这两个叶轮是静平衡的。但是这两个叶轮在轴旋转时产生会一个力偶，如图 6-37 所示，这个力偶作用于轴上可以造成轴系的转动。由于这种不平衡力偶只是在转子转动时产生，所以这种不平衡叫做动不平衡。

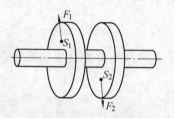

图 6-37　动不平衡原理

在多级泵安装时，应先对每个叶轮找静平衡，转子组装后，应对整个转子找动平衡。对于质量分布较集中的转子（如单级泵或风机）或低速转子，一般不需要找动平衡，只需静平衡合格即可。

找动平衡的方法有多种，主要有测相法、划线法、两点法和三点法等。对于泵与风机的现场检修，常采用测相法找动平衡。这种方法所使用的工具是一套灵敏度高的闪光测振仪。

2. 测相法找动平衡

闪光测振仪的布置如图 6-38 所示。测量前在轴端面上画一径向白线（即在轴的圆周面或在轴端面半径方向），在轴承座端面上贴一个 0~360° 的刻度盘，并将拾振器放置在轴承盖的正上方。当转子稳定在工作转速时，用闪光测振仪的拾振器在轴承盖正上方测量振动。此时不平衡质量所引起的振动通过拾振器转化为电信号，并传到闪光测振仪，触发闪光灯闪光。闪光的频率与振动的频率相同步，而不平衡造成的振动频率与转速相同。因此转子每转一周，闪光灯闪光一次，白线在同一位置出现一次。由于闪光频率较高，看起来就像白线停留在一处不动。找动平衡时，测得白线与拾振器的夹角称为实际振幅相位角。白线与零刻度之间的夹角称为相对相位角，即图 6-38 中的 α_0。

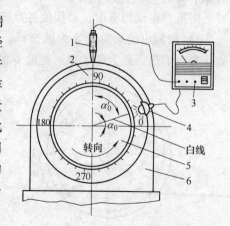

图 6-38　闪光测振仪的布置
1—拾振器　2—刻度盘　3—闪光测振仪
4—闪光灯　5—轴端头　6—轴承座

由于振幅与不平衡质量成正比，故标在白线位置的相对相位振幅，既反映了不平衡质量的数值，也反映了不平衡质量所在的位置。

一般来说，转子在转动时不平衡质量力与振幅并不同步，在轴承处的振动矢量较不平衡质量力要滞后一个相位角，叫做振动相位角。这个相位角不随不平衡质量改变，如果知道了这个角度，也就找到了不平衡质量的位置。然而这个角度是无法直接测量的，但振幅与转子上特定的不平衡质量点的相对相位却是能够测量的。

如果在转子上增加或减少质量，则合成后的不平衡质量的方向就会改变，开始闪光的时间也随之改变，因此白线出现的位置，即相对相位发生改变。相对相位变化的角度就是不平衡离心力变化的角度。随着不平衡质量变化，振幅数值也发生变化，由此可以找出不平衡质量的大小和位置。图 6-39 所示为测相法校验动平衡的矢量图。

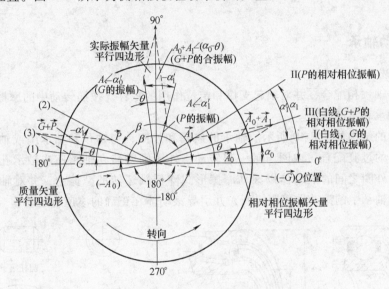

图 6-39　测相法的布置

假设原有不平衡质量 G 的位置为（1），以 G 标示，可测得白线位置"Ⅰ"，按测得的振幅数值在"Ⅰ"位置标示 G 的相对相位振幅 A_0。若在（2）位置加试加质量 P，则此时的真实不平衡质量应是 G 与 P 的合成，可用质量矢量平行四边形法则求得，以 $G+P$ 标示，其位置为（3），此合成质量矢量的相位角比原不平衡质量 G 的相位角减小（滞后）了 θ。此时测得白线位置就应在"Ⅲ"，根据前述不平衡质量位置变化及白线位置相应变化的规律，白线"Ⅲ"的相对相位角必定比白线位置"Ⅰ"的相位角增加（超前）了 θ。

测相法找动平衡操作时，先按图 6-38 布置，然后起动转子至工作转速，测出以相对相位表示的原始不平衡振幅矢量 A_0。然后在转子上于任意位置上加一个试加质量 P，起动转子至工作转速（与第一步起动后的转速相同），测得合成不平衡振幅矢量 A_{01}，将合成振幅矢量 A_{01} 与原始振幅矢量 A_0 用作图法绘出由试加质量 P 所引起的振幅矢量 A_1，因为合成不平衡矢量 A_{01} 是由实际不平衡质量与试加质量 P 合成不平衡质量所引起的。

测量所得的振幅 $A_0 + A_1$ 是合成质量引起的振幅，可以认为是 G 的振幅与 P 的振幅所合成的，用 A_0、$A_0 + A_1$ 及 θ 这三个已知数所作出矢量平行四边形，称为相对相位振幅矢量平行四边形。由于 $G+P$ 比 G 的相位角滞后 θ，而相对相位合成振幅 $A_0 + A_1$ 比 A_0 的相位角超

前 θ，与质量平行四边形改变的方向相反。在拾振器位置所作的实际振幅矢量平行四边形与质量矢量平行四边形改变方向相同。利用相对相位振幅与质量两个矢量平行四边形的比例关系，可以从已知的试加质量 P 算出不平衡质量 G 的数值。从 P 所在位置及测得的两次白线位置（"Ⅰ"和"Ⅲ"）算出平衡质量的位置。

在 A_0 矢量的反方画 $-A_0$，求出 $-A_0$ 与 A_1 的相对相位差 $\beta = \alpha_0 + 180° - \alpha_1$（角度以刻度盘为准）后，将试加质量 P 的位置逆刻度转 β 角，即得到应加平衡质量 Q 的位置。平衡质量值可由 $Q = P\dfrac{A_0}{A_1}$ 计算得出。

第三节　轴承与密封装置的检修

一、滚动轴承

（一）概述

轴承是与轴颈相配合，并对轴起支撑和定位作用的零件。按照转动中的摩擦性质，轴承可分为滑动轴承和滚动轴承。

滚动轴承的结构如图6-40所示。轴承的内圈和外圈，与轴颈和轴承座或轴承孔之间采用有一定紧力的过渡配合。内圈与轴一起转动；外圈则安装在轴承座或轴承孔内起支撑作用。轴承内、外圈之间的滚动体以滚动摩擦形式降低轴运转的摩擦力，并对轴给予稳定支撑。保持架将轴承中的滚动体等距隔开，并引导滚动体在正确的滚道上运动。

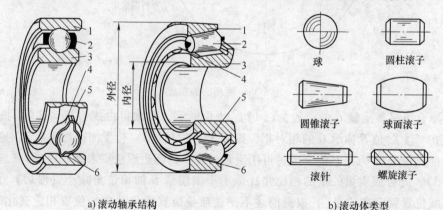

a)滚动轴承结构　　　　　　　　　　b)滚动体类型

图6-40　滚动轴承结构及滚动体类型

1—外圈　2—滚动体　3—内圈　4—保持架　5—内滚道　6—外滚道

滚动轴承具有摩擦小、效率高、轴向尺寸小、装拆方便的优点，在非大型重载的泵与风机上应用非常广泛。

（二）滚动轴承的固定和密封装置

滚动轴承与轴以及轴承孔或轴承座分别固定，其固定形式如图6-41和图6-42所示。

一般的泵与风机轴需要两个以上的轴承组成一个轴承组，负担支持整个转子的作用。为适应温度变化，泵与风机轴的固定必须留有一定的膨胀间隙，如图6-43所示。

泵与风机的轴承一般安装在轴承箱或轴承座内，为防止轴承内润滑剂向外泄漏，以及外

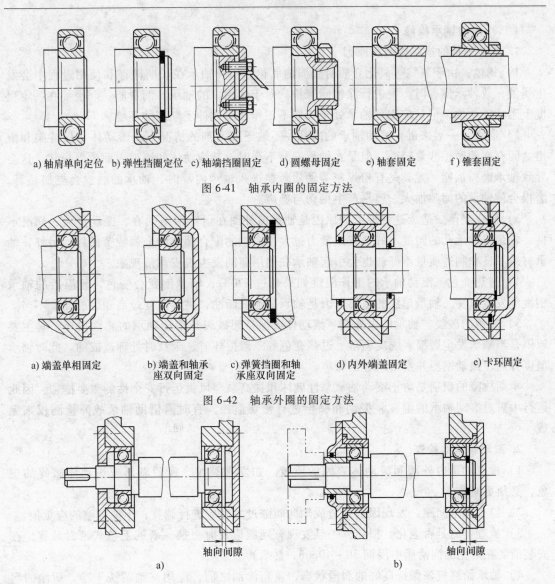

a) 轴肩单向定位　　b) 弹性挡圈定位　　c) 轴端挡圈固定　　d) 圆螺母固定　　e) 轴套固定　　f) 锥套固定

图 6-41　轴承内圈的固定方法

a) 端盖单相固定　　b) 端盖和轴承　　c) 弹簧挡圈和轴　　d) 内外端盖固定　　e) 卡环固定
　　　　　　　　　　座双向固定　　　　承座双向固定

图 6-42　轴承外圈的固定方法

a)　　　　　　　　　　　　　　　　b)

图 6-43　轴承组合的轴向定位

界的灰尘、水分、腐蚀性介质和杂物等进入轴承内，通常需要密封装置，这种密封叫做油封，其结构如图 6-44 所示。

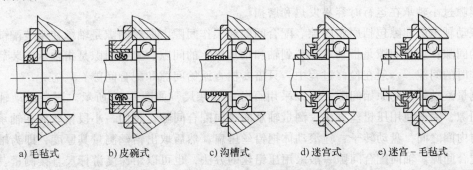

a) 毛毡式　　b) 皮碗式　　c) 沟槽式　　d) 迷宫式　　e) 迷宫－毛毡式

图 6-44　滚动轴承的密封装置

（三）滚动轴承检修

1. 滚动轴承的损坏类型及原因

1）锈蚀。由于氧气等氧化介质对金属的氧化作用，轴承在长期储存和使用过程中会发生锈蚀，故轴承储存时需要进行涂油脂保护。对于使用中的轴承，润滑脂、润滑油在一定程度上阻止了锈蚀，但是应避免轴承处于长期不工作状态或处于潮湿的环境。

2）磨损。一般来讲，滚动轴承的内部在不缺乏润滑剂的情况下，滚动体与保持架和滚道之间存在的摩擦非常轻微。但是在轴承安装不当时，其滚动体和滚道表面受力异常，这会导致轴承磨损加剧。尤其是有粉煤灰等硬质颗粒进入轴承内部时，轴承的磨损会更加显著。磨损会使轴承的间隙加大，容易产生振动与噪声。

3）脱皮剥落。造成这种现象的原因是轴承内外圈在运转中不同心、振动过大、润滑不良、轴颈或轴承孔的圆度不好、安装紧力过大所产生的配合部位的金属疲劳破坏。另外，轴承材质不良和制造质量不好，也会引起轴承在使用期间发生脱皮剥落现象。

4）过热变色。滚动轴承的工作温度如果超过170℃，轴承钢就会变色，超温后的轴承钢性能发生改变。轴承超温的主要原因是轴承缺油或断油，供油温度过高和装配间隙不当。

5）轴承的破裂。轴承的内外圈、滚动体或保持架破裂是滚动轴承的恶性损坏，其主要原因是当轴承发生磨损、脱皮剥落、过热变色等一般损坏时，未及时处理造成的。此时轴承温度升高、振动剧烈并发出刺耳的噪声。

早期故障的识别是防止滚动轴承恶性破坏和提高泵与风机运行安全性的重要措施，因此运行中需对滚动轴承的温度、振动和噪声进行密切监控，有时需借助轴承故障检测仪来完成。

2. 滚动轴承的检查

1）检查轴承内外圈和滚动体表面的质量。如发现裂纹、疲劳剥落或滚动体破碎的现象，必须更换。

2）检查轴承间隙。发现因磨损造成轴向间隙过大时应进行调整，不能调整的应更换。

3）检查密封是否老化、损坏，一旦发现有问题应及时更换。新的毛毡式密封装置，在安装前要在熔化的润滑脂中浸润30~40min，然后再安装。

4）轴承始终应该保持良好的润滑状态，重新涂油之前，应用汽油清洗干净，所涂的润滑脂应为轴承空隙的2/3。

3. 间隙的测量和调整

滚动轴承的滚动体和内外圈之间要有一定的间隙，间隙过大会造成轴承在运行时产生振动；间隙过小轴承在运行时容易发热和磨损。

滚动轴承的间隙包括原始间隙、配合间隙和工作间隙。原始间隙是轴承在未装配前自由状态的间隙；配合间隙是指轴承安装到轴和轴承座上的间隙；工作间隙是指轴承安装后，轴承工作时的间隙。一般在检修过程中，只需要检查原始间隙和配合间隙。

测量滚动轴承的原始间隙，可以采用百分表和塞尺，如图6-45所示。测量滚动轴承的配合间隙，一般使用压铅丝方法。测量轴承的径向配合间隙，是用一小段铅丝放在轴承的滚动体与内圈之间，盘动转子，让滚动体把铅丝压扁，然后取出铅丝测量其厚度，即为轴承的径向配合间隙。轴向配合间隙一般采用压铅丝的方法，也可以用深度游标尺直接测量。压铅丝测量轴向间隙的方法是，选择适当直径的铅丝并剪成8段，依次用牛油粘放在轴承座端面或轴承的外圈上，均匀地拧紧轴承座的端盖螺栓，然后拆下轴承盖取出铅丝，用千分尺测量铅丝的厚度，即为轴向配合间隙。

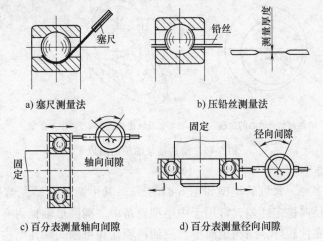

a) 塞尺测量法　　　　　　　b) 压铅丝测量法

c) 百分表测量轴向间隙　　　　d) 百分表测量径向间隙

图 6-45　滚动轴承的间隙测量方法

对于向心轴承，径向配合间隙是制造厂确定好的，一般用户是无法调整的。轴向配合间隙的调整可以通过调整垫片的方法来实现。

4. 滚动轴承的安装与拆卸

滚动轴承的拆装方法在本章第一节的轴套装件拆卸与组装部分有所介绍，这里不再赘述。对于装拆滚动轴承需要注意的问题，强调如下几点：

1）安装前应准备好所需要的量具和工具，应检查轴承及轴装配段的尺寸以及表面粗糙度。滚动轴承的配合紧力一般为 0.02 ~ 0.05mm，安装时不宜直接用轴承试装。

2）新轴承一般都有保护用油脂，安装前需要将油脂及滚道内的颗粒物清洗干净。

3）在装拆滚动轴承时，使用的方法应根据轴承的结构、尺寸及配合性质而定。拆装时的作用力应直接作用于相应的轴承套圈的端面上，不可通过滚动体传递作用力，也不能作用在保持架、密封圈或防尘盖等容易变形的零件上。

二、滑动轴承

（一）概述

在发电厂中，大型的泵与风机一般采用滑动轴承。和滚动轴承相比，滑动轴承更适宜承受重载和冲击载荷，具有噪声低和较好的抗振、减振性能，并且其运行可靠，寿命长。

滑动轴承也有其不足之处，滑动轴承摩擦耗功较高，对轴的精度和轴颈表面粗糙度要求高，在维修时对轴瓦刮削工艺的要求高。另外，使用滑动轴承需要专用的供油系统，这使得系统更复杂，增加了维修工作量，并且对润滑油也有较高的要求。

下面以圆筒形轴瓦为例来说明滑动轴承的工作原理。轴颈和轴瓦之间存在一个楔形间隙，当轴转动时，润滑油被轴面带入楔形间隙。随着楔形通道变窄，油压力增大，并且油压随着转速的增加而增加。当油压的作用足以克服轴颈上的载荷时，轴就被顶起，如图 6-46 所示。随着轴颈被抬高，楔形间隙加大，使润滑油压降低，当油压的作用和轴颈上的载荷相平衡时，轴颈便稳定在平衡位置上。随着转速的变化，轴颈中心沿着图 6-46c 所示的轨迹移动。

滑动轴承运行中必须有供油系统不间断地向轴承内供给润滑油，油膜在运行中产生的热

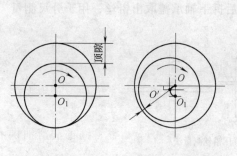

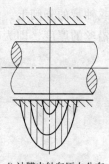

a) 轴静止状态　　　b) 运动状态轴心的位移　　c) 轴心运动轨迹及油膜内径向压力分布　　d) 油膜内轴向压力分布

图 6-46　滑动轴承油膜的形成

量由循环润滑油带走。

轴瓦的类型有多种，常见的类型如图 6-47 所示。其中圆筒形轴瓦结构简单，仅有一个油楔，工作时轴的径向稳定性差，常用于中小型设备中。椭圆形轴瓦内有两个油楔，轴瓦运行时的稳定性和可靠性较好，结构也简单。三油楔轴瓦和可倾式轴瓦结构复杂，但其轴系的稳定性好，常用在给水泵等大型设备上。

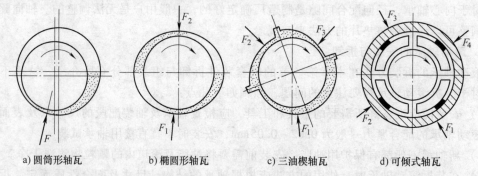

a) 圆筒形轴瓦　　　b) 椭圆形轴瓦　　　c) 三油楔轴瓦　　　d) 可倾式轴瓦

图 6-47　轴瓦的类型

（二）滑动轴承的一般结构

以可调式球面滑动轴承为例（如图 6-48 所示），其结构主要由以下部件组成。

1）轴承座。分独立式、与主机联体式两类，多为铸铁件（普通铸铁或球墨铸铁）。

2）轴承盖。又称轴瓦盖。它与轴承座构成轴承的主体，起着固定轴瓦的作用，通过轴承盖可调整对轴瓦压紧的程度（即轴瓦紧力）。

3）轴瓦。轴瓦分为分体式及整体式两种，由单一金属铸造，如铜瓦、生铁瓦等。通常动力设备的轴瓦为双层结构，即在轴瓦体（简称瓦胎）内孔上浇铸一层减磨衬层。减磨衬层的材料一般选用轴承合金，又称乌金或巴氏合金，其类型有铅基合金和锡基合金两种。

4）球形瓦与瓦枕。它们是轴瓦与轴承座之间的一种连接装置，一般的滚动轴承中没有这一装置。对于较

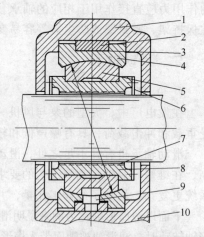

图 6-48　可调式球面滑动轴承结构图
1—轴承盖　2—调整垫铁　3—调整垫片
4—瓦枕　5—轴瓦壳体（球面瓦体）
6—油档　7—轴承合金　8—轴瓦
9—进油孔　10—轴承座

长的轴，为适应旋转时可能出现的挠动，才在轴瓦与轴承座之间增加一套能做微量转动的球形装置。

5）调整垫铁。它的作用是在不动轴承座的情况下，能够微调轴瓦在轴承座内的中心位置。在调整垫铁的背部装有调整垫片，通过增减垫片的厚度，即可达到调中心的目的。

6）挡油装置。它固定在轴瓦的两端，其内孔与轴颈保持一定间隙。它的功能是阻止润滑油沿轴向外流，起着轴封的作用。

7）润滑油供油系统。重要的动力设备的滑动轴承均采用独立的、可靠性高的润滑油供油系统，以确保不间断地向轴瓦供油。

（三）滑动轴承的常见缺陷

滑动轴承在工作中，由于润滑和轴承本身等原因，常会造成轴承的一些缺陷，对轴承的安全运行造成威胁。滑动轴承的缺陷主要表现在轴承合金层表面磨损、产生裂纹、局部脱落、脱胎、腐蚀及熔化等。其中最常见的是轴承合金层表面磨损，后果最严重的是轴承合金熔化。这就要求在检修工作中对轴承进行仔细检查，及时发现所存在的缺陷，确保符合工艺要求。轴承合金表面的磨合印痕应无异常情况，合金层磨损后的厚度应符合工艺要求。检查合金层脱胎的方法是，将轴瓦浸入煤油后擦净表面，然后挤压瓦胎，用涂白粉或贴干净纸的方法查看瓦胎与合金层接合处是否有煤油渗出，若有则说明渗油处有缝隙，即该处脱胎。如发现合金层磨损过多，存在砂眼、气孔、杂质、脱胎及裂纹等应进行补焊或进行轴瓦重新浇铸。

（四）轴瓦刮削的要求

滑动轴承的合金表面必须与轴颈有效地配合，对于新浇铸的、补焊过合金层的、间隙和接触区不正常的轴瓦，需要按照滑动轴承的特殊工艺要求进行刮削。刮削工具一般是采用三角刮刀。刮削的目的是保证轴承运转时润滑所需要的间隙和轴瓦的几何形状，包括油窝、油口和合金层表面的特殊要求。图6-49所示为滑动轴承下瓦的形状和与轴颈的接触面。轴转动时，润滑油经油口进入油窝，油窝可以使油散开，有利于油膜的形成和对轴瓦的冷却。轴承上瓦的刮削主要是为了保证工作间隙。

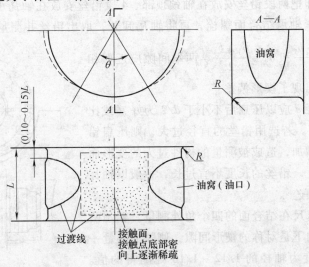

图6-49 下瓦刮削后最终的形状

　　在静止状态，一般的滑动轴承下轴瓦与轴颈的接触角为 60°~70°，在现场是通过测量轴瓦上接触区弧长来检查轴瓦与轴颈的接触区域。在轴承下瓦的接触面上应为点接触状态，对于高转速设备接触点的密度为每平方厘米不少于 3 点，对于中速设备每平方厘米不少于 2 点，非接触面不允许有接触点。检查轴瓦和轴颈接触情况的方法是：将红丹粉用机油调和后涂于轴承合金表面或轴颈表面，再将轴瓦放置在轴颈或假轴的表面进行研磨，观察研磨后的合金表面。在适合的光线条件下，观察到的亮点即是接触点。在刮削时用刮刀将不需要的接触点（高点）刮削掉。

（五）滑动轴承间隙和紧力的调整

1. 径向间隙（顶隙、侧隙）

　　在静止时，轴颈落在下瓦上，轴颈顶部的间隙称为顶隙；在轴瓦水平结合面处轴颈两侧的间隙称为侧隙。图 6-50 表示了圆形与椭圆形轴瓦的径向间隙的要求。轴瓦顶隙可以用压

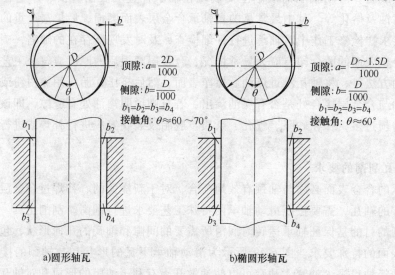

顶隙：$a=\dfrac{2D}{1000}$

侧隙：$b=\dfrac{D}{1000}$

$b_1=b_2=b_3=b_4$

接触角：$\theta\approx60°~70°$

顶隙：$a=\dfrac{D~1.5D}{1000}$

侧隙：$b=\dfrac{D}{1000}$

$b_1=b_2=b_3=b_4$

接触角：$\theta\approx60°$

a) 圆形轴瓦　　　　　b) 椭圆形轴瓦

图 6-50　圆形与椭圆形轴瓦的径向间隙

铅丝的方法测量，即把两段铅丝安放在轴颈顶部、4 段铅丝安放在轴瓦水平结合面上，如图 6-51 所示，然后拧紧轴承结合面螺栓，再将轴瓦卸开，取出铅丝并测量厚度，为轴瓦两端的顶隙，即 $a_1-\dfrac{b_1+b_2}{2}$ 和 $a_2-\dfrac{b_3+b_4}{2}$。两端间隙应近似相等，否则说明轴瓦出现了楔形偏差。

　　选择铅丝的直径 d 应以压扁后不小于 $d/2$ 为好（或比顶部间隙大 0.5mm）。若选用铅丝的直径过大，则压扁铅丝所需的螺栓紧力增加，造成被测量的构件过大的变形而影响测量值的准确性。铅丝的长度不宜过长，一般以轴瓦长度的 1/5~1/6 为宜。

　　轴瓦的侧隙用塞尺在结合面的四个角处测量。轴颈两侧的间隙从轴中心向下是对称的楔形间隙，侧隙的测量一般是将塞尺插入深度为轴径的 1/12~1/10 处测得的值。下瓦两侧的楔形间隙应基本对称，对称程度的检查也要用

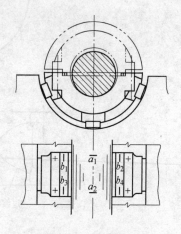

图 6-51　顶隙的测量

塞尺沿四个瓦口插入进行。

2. 轴瓦紧力

所谓轴瓦紧力，是指轴承盖对轴瓦的压紧力，实质就是在压紧轴瓦时轴承盖的弹性变形。其作用主要是保证轴瓦在运行中的稳定，防止轴瓦在转子不平衡力的作用下产生振动。轴瓦紧力的测量与轴瓦顶隙的测量方法相同，只是放铅丝的位置不同。测量轴瓦紧力是将铅丝放在轴承座的结合面和轴瓦的顶部处，如图 6-52 所示。轴瓦紧力值等于两侧铅丝厚度的平均值与顶部铅丝厚度的平均值之差。

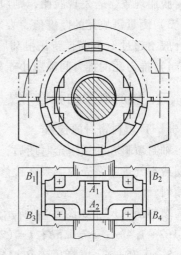

图 6-52 轴瓦紧力的测量

轴瓦紧力应符合制造厂的规定，对于圆筒形轴瓦，紧力值一般为 0.05 ~ 0.15mm，球形轴瓦紧力不宜过大，以免球面失去调心的作用，通常取紧力值为 0.03mm 左右。轴瓦两侧的紧力值尽量一致，否则整个轴瓦就会偏离原来的中心，而影响到轴颈与下瓦的接触状态，对于这种情况，可以对瓦顶部的垫铁做适当调整。

上述紧力值适用于在运行中轴瓦与轴承盖温差不大的轴承。如果在运行中轴瓦与轴承盖温差较大，则应考虑温差对紧力的影响。

（六）滑动推力轴承的检修

大型的泵与风机一般都需要设置推力轴承来克服轴向力，图 6-53 为某给水泵采用的滑动推力轴承的结构图。瓦块均匀地分布于撑板上，固定件可以使瓦块自由倾斜但不会从撑板上掉下来。工作时推力瓦块与固定于轴上的推力盘保持一定的轴向间隙，承担部分轴向力，轴向力的其余部分由平衡盘或平衡鼓承担。

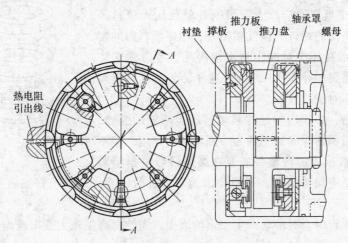

图 6-53 给水泵滑动推力轴承结构

滑动推力轴承检修的要点如下：

1）推力盘的瓢偏度一般要求小于等于 0.02mm，盘面应光滑、无磨痕或腐蚀痕迹。

2）检查各瓦块合金面的工作印迹及磨损程度。不同瓦块的工作印迹大小应一致，如不一致，则说明工作中的瓦块承受的负载不均，应查明原因；同时还应检查瓦块上的合金层是否有脱胎现象，若发现脱胎，则应更换或重新浇铸合金。

3）测量每块瓦的厚度值，要求各个瓦块厚度值的差不超过 0.02mm；瓦块上合金层厚度一般不超过 1.5mm，新瓦粗刮后应留 0.10mm 左右的修刮量。

4）推力瓦的推力间隙应小于转子与静子之间的最小轴向间隙。

三、轴封装置的检修

（一）填料密封的检修

轴封填料在使用一定时期后，其弹性和润滑作用就会丧失，如不及时更换就会造成液体外漏或空气进入泵壳内。泵在检修时需要更换填料，运行时如发生严重泄漏，也需要随时更换填料。

填料函的尺寸如图 6-54 所示，一般要求为：$D = (1.2 \sim 1.4)d$；$\varepsilon = 0.5E$；$t = (2 \sim 2.5)E$；$\delta_1 = \delta_2 = 0.5 \sim 0.75$mm。填料压盖和填料挡圈的内圆表面和轴或轴套必须保持同心，间隙 δ_1 和 δ_2 应该严格地符合所要求的标准，过小会造成动静部件的摩擦，过大则填料函内的填料有可能被挤出。如果填料函的尺寸不符合要求，则必须进行修整或更换。

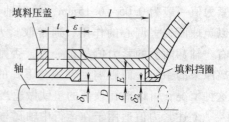

图 6-54　填料函的尺寸

在更换填料时，首先应拆开填料压盖，用取盘根工具或铁丝钩取出填料及水封环，清洗压盖和水封环，卸下水封管，然后再装入新填料，并检查各部件的间隙。填料的种类很多，应根据泵的工作温度、压力、介质的性质和泵轴的轴面线速度选取。在切取填料时，应保证规格和切取长度准确无误，切口应整齐，无松散的石棉头，接口应成 30°～45°角，如图 6-55 所示。每个填料圈应涂上润滑剂并单独压入填料函内。压装时，填料圈的切口必须互相错开，相邻填料圈的接口应交错 120°。水封环应对准密封水进出孔，考虑到安装后填料被压缩，需要向外移 3～5mm，这样，装上填料压盖后，水封环就基本对正位置了。

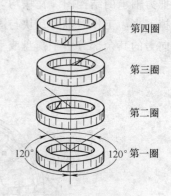

图 6-55　填料圈接口

装完填料以后，必须均匀地拧紧填料压盖两侧的螺栓，填料压盖压入填料函的深度，一般为一圈填料的高度，但不能小于 5mm。填料压盖的调整一般要在泵运行后根据泄漏情况进行，泄漏量应保持滴落，一般要求为每分钟数十滴。调整应仔细进行，防止压盖压偏。

填料密封在运行时会对轴套产生一定的磨损，当轴套磨损较大或出现沟痕时，应更换轴套。

（二）机械密封的检修

1. 机械密封的清理与检查

1）机械密封的工作原理要求机械密封内部无任何杂质，在组装机械密封前要彻底清理动环、静环、轴套等部件。

2）检查密封面是否平整，动静环表面是否存在划痕、裂纹等缺陷，这些缺陷存在会造成机械密封严重泄漏，必要时可以在组装前做水压试验。

3）检查密封轴套是否存在毛刺、沟痕等缺陷，对于具有泵送机构的机械密封还要检查螺旋泵的螺旋线是否存在裂纹、断线等缺陷。

4）检查所有密封胶圈是否存在裂纹、气孔等缺陷，其直径是否在允许范围内。

2. 机械密封组装技术尺寸校核

1）测量动静环密封面的尺寸。当选用不同的摩擦材料时，硬材料摩擦面径向宽度应比软的大 1～3mm，否则易造成硬材料端面的棱角嵌入软材料的端面上去；静环的内径一般比轴径大 1～2mm，而对于动环，为保证浮动性，内径比轴径大 0.5～1mm，用以补偿轴的振动与偏斜，但间隙不能太大，否则会使动环密封圈卡入而造成密封能力的破坏。

2）机械密封紧力的校核。机械密封的紧力也叫端面比压，紧力过大，将使机械密封摩擦面发热，加速端面磨损，增加摩擦功率；紧力过小，容易泄漏。紧力的大小是在机械密封设计时确定的，在组装时的测量方法是先测量安装好的静环端面至压盖端面的距离，再测量动环端面至压盖端面的距离，两者的差即为机械密封的紧力。

3）测量补偿弹簧的长度是否发生变化。长时间运行后弹簧性能发生变化将会直接影响机械密封的紧力，在检修中需要对此进行修正。

4）测量静环防转销的长度及销孔深度，防止销过长导致静环不能组装到位。这种情况出现会损坏机械密封。

3. 机械密封安装与拆卸的注意事项

机械密封安装时应注意：

1）确定机械密封的安装位置，要在转子与泵体的相对位置固定之后进行。安装前要认真检查密封零件数量，动、静环有无损伤、裂纹和变形等缺陷。

2）在联轴器找正后均匀地上紧轴承压盖，注意防止法兰面偏斜。用塞尺检查压盖与轴或轴套外径的间隙（即同心度），间隙要均匀，偏差值不超过 0.10mm。

3）弹簧压缩量要按规定进行，不允许有过大或过小现象，允差为 ±2.0mm。压缩量过大，会增加动静环端面比压，加速端面磨损；压缩量过小，动静环端面比压不足则不能密封。

4）动环在安装后能在轴上灵活移动（把动环压向弹簧后，能自由地弹回）。

机械密封拆卸时应注意：

1）机械密封的拆卸顺序与安装顺序相反。

2）在拆卸机械密封过程中应仔细，不可动用锤子、扁錾等以免破坏密封元件，如因有污垢不能拆下，也不能强行拆卸，应清洗干净再进行拆卸。

3）当泵的两端都有机械密封时，在装配和拆卸过程中必须互相照顾。

4）对于工作过一段时间的机械密封，如果压盖松动后密封面发生移动，则应更换动静环零件，不应重新上紧继续使用。因为在松动后，摩擦副原来运转轨迹会发生改变，接触面的密封性难以保证。

4. 机械密封的试运行

1）泵起动前，需检查机械密封的冷却和润滑系统，保证其完善畅通；应清洗泵及管道系统，以防铁锈等杂质进入密封腔内。

2）泵安装完毕后，用手盘动联轴器，检查轴是否轻松旋转，如果盘动时阻力太大，则需检查有关安装尺寸是否正确。

3）泵起动前，应使密封腔内充满液体，对于设有密封水系统的，应在泵起动前投入。

4）泵在投入运行后，应观察密封部位的温升是否正常，是否有泄漏现象。如有轻微泄漏，可以磨合一段时间，泄漏量会逐渐减少。如运转 1~3h 后，泄漏量仍不减少，则需停车检查。

第四节　泵 的 检 修

由于不同类型泵的结构不同，其检修程序和具体项目也不相同，故需分别介绍。前述各节已将检修工作中的主要项目做了介绍，在此主要是以检修程序和特殊要求的讲解为主。

一、单级离心泵的检修

下面以 IS 型单级单吸机械密封清水泵为例介绍单级离心泵的检修过程。

1. 检修前的准备

检修前应对设备运行状况、历次主要检修经验和教训、检修前主要缺陷等进行交底；做好施工现场准备工作，包括清理布置泵检修场地、准备各种检修专用工器具、办理工作票、验证安全措施的执行等。

2. 水泵的解体

先由电气人员拆下电动机接线。

泵体的拆解顺序应按照结构进行。在拆卸过程中一般都需要进行联轴器对轮间距、转子的轴向间隙的测量，并做好记录。联轴器的拆卸要使用顶拔器取下，对于联轴器联接螺栓和其他配合部件要做好标记。从轴承室中抽出泵轴时若有困难，可以用纯铜棒敲击轴头，但力度不能过大，防止伤及泵轴。

3. 清理检查、测量各部件间隙和尺寸

清理检查叶轮和泵壳内表面有无裂纹、汽蚀、冲刷，密封环处有无严重磨损或锈蚀；将轴承体清理干净，用细砂纸清理泵轴，检查泵轴有无裂纹、磨损；检查轴承滚动体与内外圈、滑道有无锈蚀、坑点、裂纹，用压铅丝法检查其间隙是否合格；检查机械密封动环、静环端面是否有磨损或划伤，弹簧是否疲劳或损坏；检查两侧轴承压盖密封毡条是否完整；检查拆卸下的螺栓完好情况。修复、更换不符合质量标准或损坏的零部件。

测量主要项目包括：轴弯曲、叶轮与密封环径向间隙、轴与轴套的径向间隙、转子组装后的晃动度、机械密封的压缩量等。对于振动超标的泵，应对叶轮做静平衡试验。

4. 泵体的组装

泵体组装的顺序大体上与解体顺序相反。泵体组装前应检查所有零部件表面，应光滑无毛刺。轴承的安装要使用规定的方法，并按紧力要求紧固压盖螺钉。机械密封的安装要按照定位尺寸装在轴套上，测量转子的推力间隙，调整好机械密封的压缩量，注意不要漏装 O 形密封圈。泵体组装时应更换泵壳结合面的密封垫。联轴器中心应符合标准，联轴器对轮间距应为 2~3mm。

由于不同类型泵的结构不同，其检修程序和具体项目也不相同，故需分别介绍。前述各

节已将检修工作中的主要项目做了介绍，在此主要是以检修程序和特殊要求的讲解为主。

二、多级离心泵的检修

多级离心泵的结构复杂，形式多样，故检修工作内容和程序的针对性较强。在此仅以双壳体圆筒形多级离心泵为例介绍多级离心泵的检修。该形式水泵广泛应用在大、中型火力发电厂，作为锅炉给水泵，具有一定的代表性。例如，国产 300MW 火力发电机组配套的给水泵，常选用型号为 FK6D32（DG600—240）的多级离心泵，该泵有 6 级叶轮，轴封采用迷宫式密封，由平衡鼓平衡轴向力。其设计参数为 $n = 5410 \text{r/min}$，$H = 2381 \text{m}$，$q_v = 597 \text{m}^3/\text{s}$，$N = 4354 \text{kW}$。

对双壳体圆筒形给水泵解体检修前的准备工作如下：

对泵体进行任何维修作业之前，必须确保泵壳内无压力，并隔离给水泵。然后切断电动机电源及润滑油系统电源；切断所有仪表的电源。关闭中间抽头阀门，打开放水阀和排气管，放空筒体内的水，切断冷却水源。拆下两端轴承支架和轴封上的所有影响拆卸工作的仪表、测量装置和小口径管，拆下平衡室回水管，拆下联轴器罩壳并断开联轴器。

（一）双壳体圆筒形给水泵解体

1. 抽出芯包

1）使用专用工具拆下大端盖双头螺栓上的大螺母。

2）如图 6-56a 所示，用螺栓将拆卸板紧固在传动端轴承座上，旋入第一级拆卸管，将拉紧螺栓旋紧至轴端上，再装压紧板、垫圈，并用螺母拉紧芯包。将槽钢支承板固定在泵座上，调整滚筒起顶组件的高度，使其与拆卸管接触。将起重吊耳装至大端盖上，并系上绳索，慢慢升起吊钩拉紧吊索。用提供的专用工具拆下端盖螺母，用起顶螺钉顶出芯包直到滚筒起顶组件碰到套环为止。

3）如图 6-56b 所示，固定在扁担两头的绳索，一端系在大端盖吊耳上，另一端系在拆卸管上，使扁担及芯包保持在水平位置，连接第二级拆卸管，并改变定位套环位置，继续缓慢地抽出芯包直至套环处。依次连接下一级拆卸管，逐步移出芯包，直至第一级拆卸管露出筒体，并稳定地支承好芯包。在进口端盖处装起重吊耳，用桥式起重机吊住芯包，将绳索套在筒体螺栓及第二级拆卸管上，吊住拆装组件，脱开第一、二组拆卸管。

4）如图 6-56c 所示，吊开芯包，移至检修作业区域，搁置在合适的支架上。

2. 拆卸轴承组件

在芯包解体时，应把芯包固定并支撑好，拆卸轴承要在水平位置进行，应特别注意的是，在整个拆卸过程中，芯包的重量不能由轴来支撑。

1）拆下拆卸工具、起吊工具和起重吊耳。按照图 6-57 所示的安装位置装上芯包支撑板使其紧贴在进口端盖上，用 4 根两端有螺纹的拉杆固定芯包组件，再在大端盖上安装起重吊耳。

2）拆卸传动端轴承。拆下拉紧芯包的螺母、垫圈和压紧板及轴头上的双头螺栓，旋下第一级拆卸管，拆下固定在传动端轴承支架上的拆卸板。轴承盖装上吊环，拆下轴承盖螺母、螺栓及定位销，用起顶螺钉顶起轴承盖并小心地移开。取下轴承压盖，拆下径向轴承和挡油圈，用顶拔器取下半联轴器、键及其固定螺钉，然后拆下轴承支架。在轴上标好抛油环位置后松开螺钉，拆下抛油环，再拆下传动端托板。

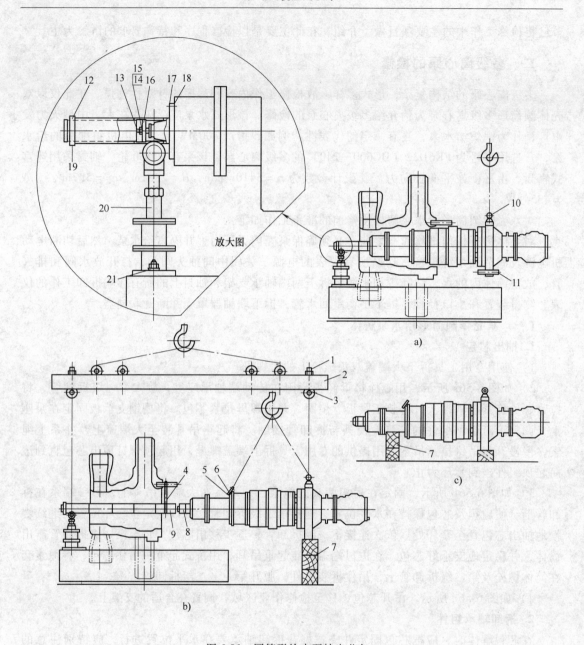

图 6-56　圆筒形给水泵抽出芯包

1—螺母　2—扁担（槽钢）　3—吊环　4—绳索　5—螺栓　6—起重吊耳　7—道木
8、9—拆卸管　10—大端盖起重吊耳　11—起顶螺栓　12—紧定螺钉　13—双头
螺栓　14—螺母　15—垫圈　16—连接片　17—管子连接板　18—螺栓
19—套环　20—滚筒起顶组件　21—螺栓

3）拆卸自由端径向和推力轴承。卸下端盖和 O 形圈，支架盖装上吊环，卸下紧固螺母、螺栓和定位销，用起顶螺钉顶起轴承支架盖并小心地移开；拆下紧固螺母、拔出定位销、拆下轴承压盖、拆下上半部的径向轴承和挡油圈；拆下推力轴承罩，顶起轴，将下半部径向轴承和挡油圈翻转到上面并拆下。推力轴承的结构如图 6-53 所示，拆卸时应先将测温探头、导线拆下，然后卸下推力轴承撑板，拆下自由端轴承支架的紧固螺栓、螺母及定位

销，拆下轴承支架。用加热法并使用专用工具拆下推力盘及键。

3. 内泵壳解体

1）吊起芯包至垂直位置，放到支撑架上，如图 6-57 所示。

2）拆下拉紧螺杆与大端盖的螺母和垫圈，拆下拉杆，将大端小心地吊离泵轴并移开。注意保护平衡鼓或平衡鼓衬套。用专用扳手拆下平衡鼓螺母、止动垫圈，并取出平衡鼓密封压圈及密封圈；用加热法拆下平衡鼓，拆下平衡鼓键和碟形弹簧，并保存好。

3）拆下螺钉，取出末级导叶，用加热法拆下末级叶轮，并在叶轮上做好标记以便于安装，拆下叶轮键和叶轮卡环；拆下第四、五级内泵壳的紧固螺钉，拆下第五级内泵壳及导叶；用加热法卸下第五级叶轮、键及卡环。

4）重复前面的步骤直到轴上仅留下首级叶轮。在轴端拧上起重吊耳，装上起吊工具，然后松开传动端定位螺母，拆下定位螺母、夹紧板、双头螺杆，小心地将轴从进口端盖吊开；将轴水平支撑，用火焰加热首级叶轮的轮毂，拆下首级叶轮、键，再将进口端盖从支架上吊开。

（二）清理检查和修理

对于解体后的泵芯所有部件都应清洗和检查，测量所有部件的间隙。对于间隙已达最大允许间隙或下次大修前可能达到最大允许间隙的配合部件，则应更换该部件。

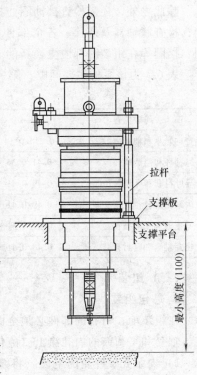

拉杆

支撑板

支撑平台

最小高度（1100）

图 6-57 内泵壳解体

1）清理检查泵轴，测量泵轴弯曲度及变形。对于泵轴弯曲、变形过大，表面有损伤、裂纹、毛刺的应修理或更换。

2）检查叶轮有无磨蚀痕迹，特别是叶片顶部，检查叶轮内孔有无因拆卸所产生的损伤、毛刺，确保内孔光滑无变形。叶轮的磨蚀痕迹无法处理时应更换。

3）检查叶轮口环（密封环）、导叶及内泵壳衬套，测量叶轮口环和对应的导叶或内泵壳衬套间的径向间隙。叶轮口环与导叶、内泵壳衬套有磨损的应修光或更换，间隙超过允许范围的应更换。

4）检查平衡鼓及平衡鼓衬套并测量间隙。平衡鼓及平衡鼓衬套有磨损应修复，间隙超过允许范围应更换。

5）检查密封轴套和密封衬套有无损坏；测量密封轴套和密封衬套的径向间隙，若间隙值超过允许值，则应更换新密封轴套或衬套。

6）清洗并检查径向轴瓦和推力瓦块有无损坏或磨损痕迹。其巴氏合金表面上不应有可观察到的磨损，否则应修复或更换；检查润滑油密封圈有无损坏或磨损，必要时更换新的。

7）如果转子更换了叶轮、平衡鼓及半联轴器，则应按要求进行动平衡检查。对转子动平衡的要求是，其动平衡（单位为 $g \cdot mm$ 时）的数值应小于 m/n，其中 m 为转子质量

（g），n 为泵的转速（r/min）。校验动平衡可通过去除叶轮盖板上的金属来达到，但是在叶轮前后盖板任一点的厚度不能少于 6.5mm，去除部分应在直径 260～290mm 的扇形范围内，且弧长不超过叶轮周长的 1/10。

除此之外，还需检查挡油圈、挡水圈等小部件；检查所有双头螺栓、螺母、螺钉、键及销；检查联轴器及螺栓。各个部件如有损坏或缺陷，应修复或更换。所有接头垫片、O 形圈、挡圈等在组装时都应更换新的。

表 6-3 为该泵的主要间隙，第一组为新件的间隙值，第二组为应该更换新件的间隙值。

表 6-3　各部件间隙标准 （单位：mm）

间隙位置	第一组	第二组	间隙位置	第一组	第二组
径向轴承和轴	0.215/0.14	0.26	末级导叶和大端盖间（轴向）	1.23/0.27	
抛油环和挡油圈	0.41/0.35	0.47	总轴向间隙（在推力轴承上）	0.4	根据检查
导叶衬套和叶轮轴颈部	0.49/0.41	0.675	内泵壳和叶轮	4	
内泵壳衬套和叶轮进口颈部	0.49/0.41	0.675	导叶和叶轮	4	
平衡鼓和平衡鼓衬套	0.49/0.41	0.675	转子总的轴向窜动（推力瓦块不装时）	8	
密封轴套和密封衬套	0.48/0.41	0.67			

（三）组装

1. 芯包组装

在组装前，所有的部件必须全面地清洗，所有的内孔和油路必须清洗，在轴、叶轮的内孔、轴套和平衡鼓的内孔涂上二硫化钼干粉。

1）内泵壳、叶轮的组装。将泵轴水平支承在支架上，热装首级叶轮、键，并靠紧轴肩。将进口端盖吊放到支撑台上的支撑板上，在轴自由端装上轴吊耳，吊起泵轴，将其竖直穿入端盖的衬套中，并去掉轴端吊耳。将预先装配好的导叶与内泵壳吊装到进口端盖上，定位销就位，用内六角螺钉固定在进口端盖上。用百分表和起吊转子的方法测量总窜动量，其值应为 8～10mm。然后，装上次级叶轮的卡环和键，按上述方法装上次级叶轮、内泵壳和导叶，并检查轴总窜动量的变化。依次装上各级叶轮、内泵壳和导叶，连接螺钉必须用新的锁紧片固定。在轴上热装平衡鼓及键，趁热装上平衡鼓螺母将其拧紧，当组件冷却后，拧下平衡鼓螺母，放上新的密封圈、密封压圈及锁紧垫圈，用专用扳手旋紧平衡鼓螺母，然后用止退垫圈锁住。在芯包支撑板上装上拉杆，小心地将大端盖放下并穿过泵轴和拉杆，装上垫圈并旋紧螺母。在传动端装上轴定位装置及芯包起吊装置，将芯包吊至水平位置并放在支架上，然后拆去轴定位装置。

2）安装密封轴套、密封衬套，把自由端及传动端的密封箱体装入，用螺栓紧固衬套，旋紧抛水环螺母及锁紧螺母，装上托板，用螺栓紧固。

3）安装传动端轴承。装上抛油环并固定在轴上，安装传动端轴承支架，紧固螺母，安装下半部径向轴承。为保证转子与静止部分的同心度，在轴颈上安装百分表测量抬轴量，抬轴量应为总抬轴（没安装下轴瓦时的）的一半。然后，安装上半部径向轴承、径向轴承压盖及上半部挡油圈，装上定位销，用螺母紧固轴承压盖；装上支架盖，用定位销、螺栓、螺母将其定位并紧固在轴承支架和进口端盖上。

4）安装自由端轴承。先将抛油环安装固定到轴上，再安装轴上的推力盘键，用加热法将推力盘装到轴上，装上锁紧垫圈后用专用扳手拧紧推力盘螺母。然后将自由端轴承支架定位及紧固在大端盖上。安装径向轴承并测量抬轴量，使抬轴量为总抬轴量的一半；安装推力瓦撑板，使之与推力盘相接触；再将轴承端盖固定到轴承支架上，并检查轴向间隙。检查时，将轴向传动端顶紧，使得推力盘紧贴在内侧推力瓦块上，用塞尺测量外侧推力轴承撑板衬垫（调整垫）与端盖间的间隙，然后再将推力轴承罩安装到轴承支架上。

2. 安装芯包

1）芯包水平放置，将拆卸板安装在传动端轴承支架上，旋入第一级拆卸管，将拉紧螺栓旋入至轴端，再装压紧板、垫圈并用螺母拉紧芯包（螺母不宜拧得太紧，消除间隙即可）。拆下芯包上的调节螺栓螺母、拉杆和进口端芯包支撑板。

2）在大端盖、进口端盖上分别装上新的 O 形圈，在进口端盖与筒体的配合面上安装新的镀铜低碳钢接口垫。

3）在大端盖和进口端盖上安装吊耳，把芯包吊至装配现场。连接上第一和第二级拆卸管，将槽钢支承板及滚筒起顶组件固定在泵座上，使拆卸管置于滚筒起顶组件上。

4）拆去进口端盖上的吊耳，用桥式起重机起吊并保持芯包水平，将芯包小心地推入筒体内，并确保各 O 形圈和密封件不受损坏；拆下每级位于滚筒起顶组件处的拆卸管，直到第一级拆卸管位于滚筒起顶组件上。调整起顶组件，使泵对中，继续将芯包推入筒体，直到端盖套上双头螺栓。

5）当大端盖装贴在筒体上时，拆下端盖上的吊环，拆下起顶组件、槽钢扁担，从轴端处拆下压紧板，旋下第一级拆卸管，拆下紧固拆卸板的螺钉，取下拆卸板。

6）在大端盖双头螺栓上装上螺母，先用手拧紧螺母，再用液压扳手拧紧所有大螺母，然后装上保护帽。

三、轴（混）流泵的检修

大容量火力发电厂的循环水泵一般采用轴流泵或混流泵，其特点是扬程不高，但流量很大。用做循环水泵的轴流泵和混流泵，在结构上基本相同。近年来新投产的 300MW 机组配套的循环水泵一般采用单吸开式叶轮、转子可抽出的立式混流泵。图 6-58 为型号 72LKXAL-24A 的混流泵的结构图，用做某 300MW 机组的循环水泵。该泵的转子在泵体不拆卸的情况下，可单独抽出进行检修。泵的吸入口垂直向下，出水口水平布置，位于基础层之下。从电动机端往下看，泵顺时针旋转，泵的轴向力由电动机上的推力轴承承担。现以该泵的解体大修为例介绍其检修问题。

（一）检修的准备和注意事项

1）在泵进口侧放下闸板门，出水阀应可靠隔绝、不泄漏，集水井内的存水应抽光，检修时发现泄漏要及时处理。

2）现场准备两只干净的空油桶，将轴承室的存油抽至空油桶中。

3）拆下轴承室及冷油器的冷却水管，吊出冷油器，拆除轴承室油位计。

（二）泵的解体

1. 解体前的测量

1）将电动机轴头平面清理干净，用水平仪按东西、南北两个方向测量轴头水平，在测量位置做好标记并记录测量结果，以便检修后复测。

2）进入循环水泵吸入口内，测量叶片与泵壳之间的间隙并做好记录。

3）卸下泵轴填料压盖，取出填料，均匀放置楔形铁块并塞实；将联轴器对轮相对位置做好标记，松去对轮螺栓，测量泵轴提升量并做好记录。

4）在电动机轴头及电动机靠背轮两处放置百分表，测量转子的晃动并记录测量结果。

5）松开电动机支座上的连接螺栓，做好标记后，将电动机吊出，放置在专用架上；将电动机侧半联轴器用两只千斤顶顶起，旋下对轮螺母，平稳放下对轮。

2. 泵的解体

1）清理电动机支座上的法兰，用长平尺架在法兰面上，在两个方向上测量支座的水平，做好记录；将支座与泵盖板的联接螺栓拆除，做好连接标记后，将支座吊出。

2）旋下泵轴顶端调整螺母，吊出泵侧对轮；取出楔形块，吊出填料函体；拆卸泵支撑板与泵盖板之间的联接螺栓，将泵盖板与导流片吊出，吊出时要注意保持平衡。

3）将润滑水上、下接管间的连接螺栓拆除，吊出上接管；将套筒联轴器吊起，取出套筒联轴器内的连接卡环，将上轴吊出到检修场地。

4）将润滑水下部内接管与导叶体联接螺栓拆下，把中间轴承与下内接管一起吊出。

5）对导叶体外壁与筒体间结合处进行清理并用煤油浸泡，然后将下轴连同导叶体、叶轮缓慢地吊出，放置在专用的钢架上。

6）卸下叶轮固定装置，吊出下轴并摆放在枕木上。将导叶体与叶轮室之间做好标记，拆除联接螺栓，逐件

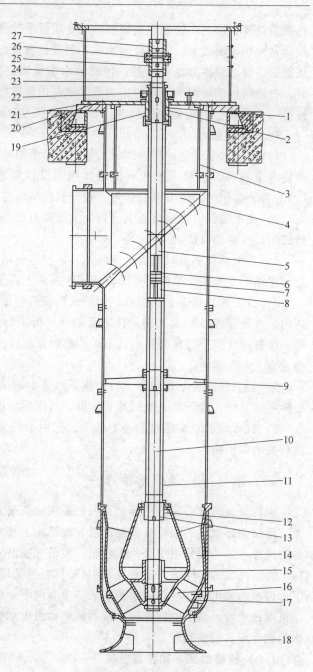

图 6-58 混流泵结构图

1—上轴套 2—上橡胶导轴承 3—导流片接管 4—导流片
5—上主轴 6—套筒联轴器 7—套筒联轴器连接卡环 8—内接管（上） 9—中间轴承座 10—下主轴 11—内接管（下） 12—下橡胶导轴承 13—下轴承室（Ⅰ） 14—导叶体 15—下轴承室（Ⅱ） 16—叶轮 17—叶轮室 18—吸入喇叭口 19—填料函体 20—泵支撑板 21—泵盖板 22—分半填料压盖 23—轴承螺母 24—电动机支座 25—泵联轴器 26—调整螺母 27—电动机联轴器

吊出导叶体和叶轮。

（三）部件的清理、检查

1. 清理、检查泵轴

1）检查下主轴工作段表面镀铬层是否有脱胎或剥落，有无裂纹和划伤沟槽，键与键槽配合是否完好；检查轴端螺纹是否完好，与螺母配合松紧是否合适。

2）可根据泵使用时的情况决定是否测量轴弯曲。

3）清理、检查轴套。轴套表面镀铬层应完好、无剥落等影响使用的现象，否则应更换。

2. 清理、检查橡胶轴承

该混流泵的支持轴承为橡胶轴承，其外壳材质为铸铁，内衬是经硫化处理的黑色橡胶。将橡胶轴承清理后，检查轴承内衬橡胶有无脆裂、脱壳、冲刷及损伤，测量橡胶轴承的内径及对应的轴套外径，如间隙大于标准值则应更换轴承。

3. 套筒联轴器的检查

外观检查应光滑无毛刺，工作面应光洁、无裂纹及划伤沟槽，键与键槽配合良好、无松动；测量泵轴外径与套筒联轴器工作面内径并做好记录。

4. 叶轮的检查

清理叶轮表面污垢，检查外观，表面应完整光滑，无严重冲损、裂纹及汽蚀。

5. 导流板及泵壳的检查

导流板表面的外观应无裂纹、冲蚀、汽蚀等缺陷，无明显的变形；泵壳流道内壁应光滑无严重冲蚀，无砂眼及裂纹，各筒体结合面应光滑、平整无渗漏。

6. 轴承室导瓦及推力瓦块的检查

检查导瓦及推力瓦块的乌金瓦面应光滑无损伤，瓦面无裂纹，乌金面无脱壳、碎裂；检查导瓦及推力瓦与推力头的磨合情况，接触面积应大于70%，否则应进行研刮处理；测量推力瓦块的厚度并做好记录；检查导瓦的上、下托板及绝缘板。

（四）泵的组装与调整

泵的组装步骤大体上与解体时相反。组装就位后需调整的项目有：

1）测量电动机轴头的水平，如水平不合格，则应调整电动机基座垫片，直至合格。

2）测量电动机转子的晃动，检修前后测量位置应保持一致。要求电动机联轴器径向圆跳动小于等于0.05mm，如不合格，则需对电动机及转子进行调整。

3）将联轴器联接螺栓拧紧，测量泵轴提升高度并进行调整。

4）进入泵的吸入口测量叶轮与泵壳的间隙并做好记录。如叶片与泵壳间隙不合格，可通过改变泵轴的提升高度进行间隙调整，间隙合格后，测量并记录泵轴的提升高度。

5）用0.10mm塞尺片轴向塞入导向轴承两侧间隙，旋紧调整螺钉，当两侧塞尺片松紧相同且刚好抽出时，将调整螺钉上的锁紧螺母旋紧，抽出塞尺片。

第五节　风机的检修

一、离心式风机的检修

由于各种离心式风机的结构上比较接近，其检修内容和程序也基本相同。

（一）检修前的准备

1）检修前应了解应修风机的性能和检修工艺，并向运行人员了解运行中存在的问题以及日常的缺陷，检查上次检修的台账记录。

2）在开工前做一次详细的检查，包括：风机轴承温度和振动情况、电动机和基础的振动情况和运行参数，以及风机外壳与风道法兰的严密性及其锈蚀情况。

3）准备好专用的工具、配件和所需的材料，办理工作票并落实安全措施。

（二）离心式风机的解体与检查维修

离心式风机检修工作的主要内容包括：风机叶轮及机壳检查及各部间隙测量调整；轴承箱解体；主轴和轴承各部检查及其间隙的调整；轴承箱内部清理，并更换润滑油；联轴器找中心等。

现以 MF9—10—12 型风机为例，叙述离心式风机的检修工艺。在火力发电厂中，该型号风机被用做中速磨煤机的密封风机。

1. 轴承箱解体、检查和调整

1）切断电动机电源，拆除冷却水管路和轴承温度表，放尽润滑油。

2）拆下联轴器螺栓，拆除轴承箱上下盖之间的定位销及连接螺栓，拆除轴承侧压盖螺栓，吊出轴承箱上盖。

3）测量并记录轴承上下压盖所加垫的厚度，检查轴承完好程度并侧量记录游隙、轴向间隙和紧力，并加合适的垫进行调整。

4）各零部件清理检查，若不合格，则修复或更换。如更换了轴承，则需重新测量游隙。

5）装复轴承箱上、下压盖及轴承侧压盖，更换轴承密封的羊毛贴并压紧密封压盖，装复轴承温度表及冷却水管路，加入干净的机械油。

6）按要求进行联轴器找正。

7）电动机试转（确定电动机转动方向正确），连接联轴器对轮，装保护罩。

8）起动风机，进行不少于 4h 的风机试运行。要求轴承三向振动值达标，两侧轴承的温升不大于 40℃，润滑油和冷却水均无泄漏。

2. 主要部件的检修

1）叶轮应无裂纹、无瓢偏现象，对于振动过大的叶轮，可视情况进行动平衡校验；机壳应无裂纹，叶轮与机壳的间隙应均匀无碰撞摩擦现象；检查机壳与主轴间密封羊毛毡，不合格的应更换。在风机装复机壳封闭前一定要检查，确保机壳内无杂物。

2）叶轮和轮毂有超过允许的瓢偏、磨损或配合间隙过大且无法修复时，需要更换。更换叶轮时，先将连接叶轮和轮毂的铆钉割去，再将铆钉冲出，取下叶轮后将轮毂结合面修平。安装叶轮一般采用热铆法，即将铆钉加热至 800～900℃ 后趁热插入铆钉孔内，然后用专用工具铆合，冷却后用小锤敲打钉头，检查铆合质量。

轮毂与轴一般为过盈配合，更换轮毂时如果在常温下拆装困难，可以用加热法拆卸。安装新轮毂要在轴检修后进行。过盈量要符合原图样要求。新轮毂装上后要测量晃度和瓢偏。

3）检查风机主轴，应无裂纹、腐蚀及磨损，轴颈的圆度应符合要求且无拉毛现象。如果轴在机壳轴封处有明显摩擦痕迹，说明其运转时的晃动超过允许值，需要检查弯曲度。

4）检查、调整风机进出口管路，风机与管路的橡胶软接头应无破损，否则应更换；调整集流器对口间隙、径向间隙。集流器应伸入叶轮口约 9mm。

5）轴承的检修用本章第三节要求进行。

（三）离心式风机的组装

组装的顺序大体上与解体顺序相反。在转子吊装就位后即可进行叶轮在机壳内位置的找正。转子的找正既可通过调整轴承座来进行，也可以通过微调机壳的位置进行。在连接风机进出口管道时，如果有错位则不允许强拉，以免造成机壳和管道的变形。联轴器找中心时，要保证主轴的水平位置，一般对水平度的要求为 0.1mm/m。

二、轴流式风机的检修

目前，在 300MW 以上的火力发电机组中，送、引、一次风机采用的主要形式为轴流式，一般送风机为动叶可调式轴流式风机，引风机为静叶可调式轴流式风机。本书以引进德国 TLT（TURBO－LUFTTECHNIK GMBH）公司技术生产的 FAF 型锅炉送风机为例，介绍其检修相关问题。

检修工作开始前需进行相应的准备。

（一）风机转子的拆卸

1. 风机机壳上半部的拆卸

在拆卸机壳前需要先将叶片关闭。然后拆卸围带、机壳体水平法兰和吊环范围内的隔声层，卸下机壳连接螺栓和定位销，借助机壳上半部的水平法兰上的顶开螺钉将上半部机壳顶起，用绳索将上半部机壳平稳吊起，直至机壳移动时不会碰到叶片为止，然后横向移出，并放在木垫板上。

2. 转子的拆卸

从液压调节装置上拆离调节轴、指示轴和其他固定装置，拆卸液压装置和主轴承箱上的油管路；拆下轴承温度计，松开中间轴和风机侧的联轴器连接螺钉；在进气箱内托住中间轴，松开电动机侧的联轴器，将主轴承箱和机壳之间的连接螺栓卸下，将转子（包括轴承箱）吊起，如图 6-59 所示，然后将转子放置到专用支架中。转子吊起时应保持水平平稳，注意防止叶片受损。

（二）叶轮的解体

1. 液压调节装置的拆卸

拆除轮毂盖连接螺钉，卸掉轮毂盖并做好标记；松开 4 只液压缸装置调整螺钉，将液压缸支承座旋

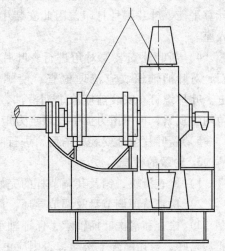

图 6-59　转子的起吊

上吊耳环，用绳索吊住，拆除液压支承座连接螺钉，将液压支承座拆下；拆除液压缸与调节盘连接螺钉，从主轴的轴衬中将液压缸及控制头抽出；取下调节盘组件。

在电厂的检修中，一般不对液压缸进行解体检修，需要解体时必须返回风机制造厂维修。

2. 轮毂的拆卸

拆下叶轮并帽连接片及螺钉，旋松叶轮并帽并取下，拆下主轴轴衬挡圈，在轮毂上旋上

两只专用吊耳，将轮毂吊好。用叶轮拆卸的专用液压工具将叶轮平稳拉下，并水平放置。拆下调节连杆锁紧螺母，并取下调节杆。旋松叶柄螺母，拆卸叶柄轴，包括叶片、叶柄轴承及平衡重锤，拆下叶柄轴套。注意：轮毂内部拆下的零部件应按记号分类放置。

（三）叶轮的检修

1. 叶片的检查

1）为了及时发现叶片存在的缺陷，可在大、小修中对叶片分批进行抽查。方法可采用着色探伤法，进一步全面检查叶片工作面及叶根部分是否产生裂缝、气孔、砂眼等缺陷。

2）由于叶片螺钉在长期拉应力作用下会拉长，使螺钉紧固力下降，所以每次检修都必须对叶片螺钉进行力矩复测，注意拆下的叶片螺钉不可再使用。

3）叶片间隙测量检查。将叶片位置调到近似开足的位置，测量叶顶部与外壳间间隙，找出最长叶片与外壳最小间隙；在外壳某一定点上，测量每一块叶片间隙，并做好记录。找出最长叶片，把外壳等分8点，然后用最长叶片测量各点的叶片与外壳的间隙，找出叶轮外壳最狭窄处，在此处测量出每块叶片的间隙并做好原始记录。

2. 叶片的更换

1）首先拆卸机壳上盖，依次将液压调节装置拆卸至滑块，旋松叶柄螺母。叶柄固定装置如图6-60所示。

2）用内六角扳手卸下叶片螺钉，拆下旧叶片。要按对角拆卸旧叶片，以免叶轮不平衡。

3）新叶片经过了制造厂的力矩称重、装配、计算平衡、叶片编号打印，因此安装中叶片要对号入座。

4）新叶片安装要对角进行，叶片螺钉全部换新，对叶柄轴螺纹应清理检查，使螺钉能随手旋进。叶片螺钉在安装前应涂上润滑油，安装时要对角均匀预紧，再用扭力扳手按预定力矩对角扳紧。

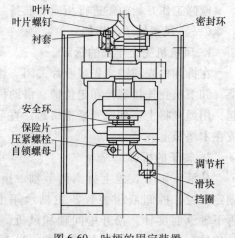

图6-60 叶柄的固定装置

5）新叶片全部安装完毕后，进行叶片间隙测量调整，最后装复其余部件。

3. 轮毂的检查

1）检查滑块、销及其调节杆的完好情况，如磨损严重、碎裂裂纹等情况应更换。

2）检查清理调节盘及调节导环，调节盘表面应无裂缝，配合面光滑无毛刺。

3）检查和清洗叶柄轴承，保证轴承的完好，否则应予以更换；检查清理叶柄轴套，保证其完好，与孔配合不松动，否则应更换。

4）检查叶柄上螺纹与螺母、叶柄上叶片螺钉孔的螺纹应完整；叶柄无弯曲、无磨损、表面光滑，与轴套配合转动灵活。叶柄清理干净后涂上防锈油剂。

5）平衡重锤表面应无缺陷，轴孔光滑，与叶柄配合不松，键槽完整，配合良好。

6）清理轮毂、轮毂盖、液压缸支承座，检查表面应无裂缝等缺陷，各结合面应平整无毛刺，螺纹完整。

4. 轮毂的安装

1）轮毂所有零部件的安装过程与拆卸顺序相反进行。

2）在安装前必须对各部件进行认真的清理检查，特别是各光滑结合面、配合面及清洗过的零部件加涂防锈油剂。

3）轮毂上各部件的安装必须按照制造厂打下的相配记号进行。

4）各部件的紧固连接螺钉，需按规定的拧紧力矩紧固。

5）叶柄轴承装配时必须重新添加润滑油脂。

6）液压缸与控制头的同心度误差不大于 0.03mm。

（四）轴及轴承箱的检修

1. 轴承箱解体检修

轴承箱的解体检修是在转子及叶轮拆卸解体后进行的，应放尽轴承箱内剩油，并将箱体外部清洗干净。用加热法将电动机侧联轴器拉下，然后拆下前后轴头锁紧并帽，取下螺栓垫圈；拆除轴承箱前后两端盖与箱体连接螺钉，并做好记录，取下挡油圈；将主轴连同轴承一起从箱体中抽出，放于专用架子上。用加热法从主轴上拉下所有轴承。

2. 主轴的检查

测量主轴的同心度，各配合段圆度应不大于 0.02mm，轴面应完整、无裂纹等缺陷，与轴承、轮毂配合过盈度为 0~0.02mm。轴与联轴器、键槽与键的配合不松，各螺纹段螺纹应完整无损伤。

3. 轴承的检查

将拆下的轴承用汽油清洗干净。检查轴承内外圈、滚柱（珠）不得有锈斑、剥皮、麻点、裂缝等缺陷，保持架完整，外观无变色，否则应予更换；用塞尺或用压铅丝法测量轴承径向游隙，做好记录。

4. 轴承箱体、端盖检查

将轴承箱清洗干净并检查箱体，轴承箱应完整、无裂缝等缺陷，结合面平整，紧固螺钉孔的螺纹完整；清理并检查端盖平面，结合面应平整，回油孔应畅通，油封无老化现象，否则应更换；轴承外圈与轴承箱体配合面应光滑完整、配合无间隙。

5. 轴承箱的组装

将组装的各零部件清洗干净，然后用加热法将各零部件依次快速套入轴上，注意轴承一定要靠紧轴肩，装入推力轴承时要注意推力方向。装配好的轴承组件必须待冷却后装进箱体，轴承外圈应涂上润滑油，安装时注意前后方向、位置正确。安装箱体前后端盖时应按原记号进行，四周间隙应均匀，涂上密封胶，然后均匀紧固螺钉。结合面应严密不渗油。

（五）联轴器、中间轴的解体检修

1. 联轴器拆卸检查

该风机的联轴器可用压缩联轴器弹簧片方法使中间轴定心凸肩从联轴器中分离退出，如图 6-61 所示。联轴器、中间轴拆卸之前要做好记号，联轴器连接螺钉螺纹应完整，不弯曲，弹簧片完好无磨损。电动机及风机侧半联轴器拆装可用加热法进行，联轴器孔应光滑无毛刺，键与键槽、轴与联轴器配合应恰当。紧固联轴器连接螺钉应按说明书规定的力矩进行。

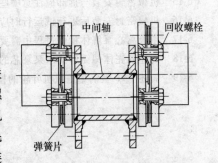

图 6-61　联轴器及中间轴的拆卸

2. 联轴器、中间轴对轮中心找正

松开回收螺栓，将电动机及风机侧半联轴器压缩弹簧片放回，使中间轴凸肩插入联轴器内。连接紧固螺栓时注意半联轴器与中间轴法兰连接位置应按原平衡标记号对接。用两只百分表及表架，分别进行电动机、中间轴、主轴转子对轮中心找正，找中心允许误差为0.1mm。

（六）动叶角度校验调整

在风机装复完毕，并且液压润滑油系统安装试运正常的条件下，可进行动叶角度校验调整。

先开启液压润滑油泵，调整好油压，将控制头调至动叶片全开位置，并将关死限位紧固螺钉松开，再将控制头调节轴与调节机构连杆相连接。手摇动叶电动执行机构，使液压调节装置发生动作，使叶片根部对准轮毂上原有刻度盘值，调到动叶全开位置（+25°）。然后旋紧开足限位支头螺钉，用同样方法调整动叶关煞位置（−30°）。然后转动动叶，校验调整动作过程，确认无误后，将控制头指示轴与调节机构连杆相连接，并调整机壳外部动叶片指示实际刻度。

思考题及习题

6-1 使用百分表（千分表）或塞尺对工件进行测量时应注意哪些问题？

6-2 拆卸轴套装件一般有哪些方法？在拆卸困难的情况下，是否可以使用锤击法拆装？

6-3 如何用加热法安装滚动轴承？

6-4 拧紧法兰螺栓时一般应按照怎样的顺序？为什么？

6-5 何谓晃动？何谓瓢偏？它们是何原因形成的？有哪些危害？对于离心泵的叶轮，如何测量其晃动和瓢偏？

6-6 轴弯曲如何测量？校直轴弯曲的方法有哪些？

6-7 联轴器找中心的意义何在？怎样进行联轴器找中心？

6-8 何谓转子的静平衡？怎样找显著不平衡和不显著不平衡？

6-9 何谓转子的动平衡？怎样用测相法找转子的动平衡？

6-10 滚动轴承损坏类型及原因是什么？

6-11 如何测量滚动轴承的紧力？如何测量滚动轴承的轴向间隙？

6-12 如何给滚动轴承添加润滑脂？

6-13 滑动轴承的轴承合金有哪些类型？什么叫脱胎？如何检查轴瓦是否脱胎？

6-14 轴瓦刮削的目的是什么？检修工作中对滑动轴承的间隙有何要求？怎样测量间隙？

6-15 机械密封安装与拆卸应注意哪些问题？安装时如何测量机械密封的紧力？

6-16 机械密封安装后进行试运行时应注意什么？

6-17 单级离心泵解体检修过程中需要测量哪些项目？

6-18 简述双壳体圆筒形给水泵泵芯的解体检修过程。

6-19 简述 FAF 型锅炉送风机叶轮的检修过程。

附录 泵与风机性能实验

一、离心泵性能实验

离心泵是叶片式泵的一种，流体进入离心泵后，主要沿径向流动，高速旋转的叶轮对流体做功，提高流体的压力和动能，其性能稳定，应用原理较简单，因此，离心泵使用最广泛。

（一）实验目的

1）测定离心泵特性曲线。

2）验证离心泵汽蚀特性。

3）验证离心泵起停特性。

4）验证离心泵串并联运行特性。

（二）实验原理

1. 离心泵的基本方程

$$H = \frac{1}{g} u_2 v_{2u}$$

2. 离心泵并联基本特点

$$Q = Q_1 + Q_2 \tag{A-1}$$

$$H = H_1 = H_2 \tag{A-2}$$

$$h_w = h_{w1} = h_{w2} \tag{A-3}$$

3. 离心泵串联基本特点

$$Q = Q_1 = Q_2 \tag{A-4}$$

$$H = H_1 + H_2 \tag{A-5}$$

$$h_w = h_{w1} + h_{w2} \tag{A-6}$$

（三）实验装置

实验台的结构如图 A-1 所示。

实验台主要由水泵 1（用以测泵特性及串并联实验）、水泵 2（用以测泵的汽蚀余量和串并联实验）、水箱、文丘里流量计、计量水箱、真空表、压力表、管道及阀门等组成。水泵 1 的驱动电动机，其转子的轴固定的轴承上，其定子是悬浮的，在测定水泵特性曲线时，电动机通电，定子和转子产生感应力矩，使转子旋转，驱动泵的叶轮转动；同时，定子也由于反力矩而转动，利用定子上的力臂测力矩。其端点顶在电子磅秤上（或在其力臂端点上加砝码使其平衡），限制其转动，从而测定出电动机的工作力矩 M；再用转速表测出电动机的转速 n（转速表自备），学生实验时，也可用电动机标牌上给出的转速，其误差小于 2%。即可算出泵的输入功率 N。实验时，利用各阀门的开、关和调节，形成水泵 1 的单台泵工作回路，在不同流量下，测定一组相应的压力表、真空表、和流量计的差压计的读数（或利用计量水箱和秒表来计量），以及电动机的转速 n、测力矩力臂、平衡重量 G，即可得出一组水泵的流量 q_v、扬程 H、实用功率 N 等数据，可以绘出泵的 q_v—H，q_v—N 和 q_v—η 等特

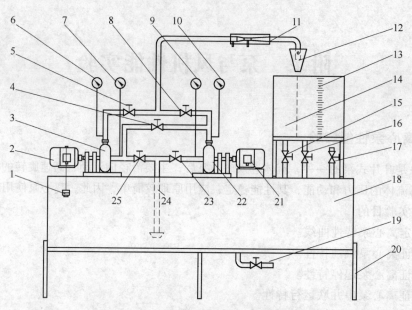

图 A-1　实验台的结构示意图

1—平衡砝码　2—电动机（1）　3—水泵（1）　4—串联管路及阀门　5—出水阀（泵 1）
6、10—压力表　7、9—真空表　8—出水阀（泵 2）　11—文丘里流量计　12—转向漏斗
13—计量水箱　14—调试排空水箱　15、19—排水阀　16—测量水箱放水阀　17—进、
排气阀　18—水箱　20—实验台支架　21—电动机（2）　22—水泵（2）
23—进水阀（水泵 2）　24—吸水管　25—进水阀（水泵 1）

征曲线。进行泵的汽蚀实验时，利用相应阀门的开、闭和调节，形成水泵 2 的单泵工作回路，并使水箱成为基本的封闭的容器，水泵抽水时，使水箱由于水的抽出而产生真空，从而使泵的进口压力减少，直到发生汽蚀，测出泵的汽蚀余量 ΔH。再进行泵的串联或并联实验，测定串联和并联时水泵的运行特性。

（四）实验内容

1）泵的特性实验。

2）水泵的汽蚀实验。

3）两台泵的串联运行实验。

4）两台泵的并联运行实验。

（五）实验须知

1. 实验台的主要指标和参数

1）离心泵的相关参数如下（根据具体的实验台不同而不同）：

型号：　　　　　　　　　　　　最大扬程：　　　　　m

最大流量：　　　　m³/h　　　　泵进口管径 d：　　　　mm

电动机额定功率：　　　kW　　　电动机额定转速：　　　r/min

2）文丘里管流量系数 $K = 0.98$。

2. 安装说明

实验台为整体发运，包装在一个木箱内。开箱时，请仔细拆除包装定位支撑、固定压板和捆绑绳索等，避免损坏实验台及其附件。实验台应安放在平整的地面上。

在接电运转前，必须做好下列准备工作：

1）仔细检查各阀门、接头和表头等有无松动，如有松动，应加以紧固。

2）用橡胶管将文丘里管的测压口与压差计相连接。

3）将测力矩力臂用限位装置锁住。

4）将水箱注满水，并使泵内全部充满水。完成上述安装工作以后，即可接电试运转。起动水泵，观察有无漏水现象，如漏水，则应设法处理。

5）实验台应接地，以保安全。

（六）步骤和数据记录

1. 泵的特性实验

（1）实验前准备

1）将水箱注满水。

2）拧开泵 1 的充水孔盖，向水泵充水，直到泵体内充满水为止（此时，应关闭进水阀 25）。

3）关闭阀门 23、4、8，打开阀门 5。

（2）进行实验

1）起动泵 1，泵运转后，即打开阀门 25，再关闭阀门 5。此时，流量为 0，为空载状态。测读压力表 6、真空表 7 的读数，并测出电动机转速 n（转速表由用户自备）和测力矩力臂所受的平衡力（或所加的平衡砝码）G。

2）打开阀门 5 至一定开度，水泵开始给水，再测读压力表 6、真空表 9、流量计的读数，并测定电动机的转速 n 和平衡力 G。泵的流量也可用计量水箱和秒表（用户自备）来测量。

3）逐步开大阀门 5，改变泵的流量（一般改变 10 ~ 15 次），在每一流量下，测量并记录上述实验数据。

这样，可以测得相应于不同流量下的实验数据，从而就可以绘出泵的特性曲线。

2. 水泵的汽蚀实验

（1）实验前的准备

1）将水箱注满水，直至进、排气阀 17 溢出水为止，关闭进、排气阀。

2）向水泵 2 充水，此时，应关闭阀门 23。

3）关闭阀门 25、4、5、15，打开阀门 8、16。

（2）进行实验

1）起动水泵 2，泵运转后，即打开阀门 23。

2）调节阀门 8，调至某一流量 q_{v1}。

3）在此流量下，将阀门 16 由开启向关闭方向逐步调节，使水箱内的真空度逐步增大，每调节一次，同时测读流量计读数、真空表 9 的读数 H_s 和压力表 10 的读数 H（扬程）。继续调节阀门 16，直至压力表 10 的指针发生剧烈颤动或急剧下降为止（即发生汽蚀）。这样，可以读出一组实验数据，并确定在此流量下的汽蚀余量 Δh。

4）将阀门 8 调至另一开度，重复上述步骤，测定此流量 q_{v2} 下的汽蚀余量 Δh_c。

如此，进行 3 ~ 5 个流量下的实验，测得 3 ~ 5 组实验数据，即可测定泵的汽蚀特性曲线。

3. 两台泵的串联运行实验

1) 在相同流量下，测出单台泵运行时的泵 1 和泵 2 的扬程 H_1 和 H_2。其实验步骤和方法可参照泵的特性实验方法。

2) 在与单台泵运行时相同的流量下，测出两台泵的串联时的扬程 $H_串$，可以得出 $H_串 = H_1 + H_2$。具体步骤如下：

a) 打开阀门 23，15，关闭阀门 25、4、5、8、16。

b) 接通电源，首先起动泵 2，运行正常后，打开阀门 4，再起动泵 1，待运行正常后，然后打开阀门 5。

c) 调节阀门 5，使流量指示与单台泵运行时相同。

d) 在压力表 6 和 10 上测读扬程 $H_串$ 和 H_2 的数值。

4. 两台泵的并联运行实验

1) 在相同的扬程下，测出单台水泵进行时泵 1 和泵 2 的流量 q_{V1} 和 q_{V2}。

2) 在与单台泵运行时相同的扬程下，测出两台泵并联时的流量 $q_{V并}$，得出 $q_{V并} = q_{V1} + q_{V2}$。具体步骤如下：

a) 开阀门 23、25、15，关闭阀门 4、5、8、16。

b) 起动水泵 1 和水泵 2，运行正常后，打开阀门 5、8。

c) 调节阀门 5、8，使压力表 6、10 的扬程一致，并与单台泵运行使相同。

d) 用流量计或计量水箱进行流量 $q_{V并}$ 测量。

注意： 上述泵的串、并联运行实验，可以进行多个流量下的串联运行实验和多个扬程下的并联运行实验，以观察和验证泵的串、并联运行时的基本规律。

泵的串、并联实验也可以参照离心泵的启、停及串并联实验台实验指导书介绍的方法进行实验，给出单泵运行时的 q_V—H 特性曲线及双台泵串、并联运行时的 q_V—H 特性曲线，以观察验证泵的串、并联运行时的基本规律。

（七）实验结果处理和分析

1. q_V—H 曲线

根据实验内容要求，在相应位置建立能量方程。

利用阀门调节流量，测定 H、q_V 的数值。q_V 用计量水箱和秒表测定；H 值可由下式计算：

$$H = M + V + Z + \frac{v_2^2 - v_1^2}{2g} \tag{A-7}$$

式中，H 为压力表读数（MPa）换算成水柱高（m）；V 为真空表读数（MPa）换算成水柱高（m）；Z 为压力表至真空表接出点之间的高度（m）；v_1、v_2 为泵进口流速，一般进口和出口管径相同，即 $d_2 = d_1$，则 $v_2 = v_1$，所以

$$\frac{v_2^2 - v_1^2}{2g} = 0$$

逐次改变阀门的开度，测得不同的 q_{V1} 值及其相应的水头 H_1 值（M_1 和 V_1 值），在 q_V—H 坐标系中得到相应的若干测点，将这些点光滑地连接起来，即得水泵的 q_V—H 曲线。

2. q_V—N 曲线

测定泵在不同流量 q_{V1} 时的输入功率 N_1（为电动机的输出功率），绘制 q_V—N 曲线。

泵的输入功率 N_1 为

$$N_1 = M_1 \omega_1 = F_1 L \frac{2\pi n_1}{60} = (G_1 - G_0) L \frac{2\pi n_1}{60}$$

或

$$N_1 = \frac{(G_1 - G_0) L \times 2\pi n_1}{1000 \times 60}$$

式中，M_1 为相应工况下的感应力矩；ω_1 为相应工况下电动机（泵）的旋转角速度；n_1 为相应工况下电动机（泵）的旋转速度（r/min）；F_1 为相应工况下力臂上的作用力；L 为力臂长度（m）；G_1 为相应工况下的砝码总重；G_0 为空转情况下平衡时的初始砝码重量。

逐次改变阀门的开度，测得不同的 q_{V1} 值及其相应泵实用功率 N_1 值，在 Q_V—N 坐标系中得到相应得若干测点，将这些点光滑地连接起来，即得水泵的 q_V—N 曲线

3. q_V—η 曲线

利用 q_V—H 和 q_V—N 曲线，任取一个 q_{V1} 值可以得出相应的 H_1 和 N_1 值，由此可得该流量下的相应效率 η_1 值，即

$$\eta_1 = \frac{\rho g q_{V1} H_1}{1000 N_1} \tag{A-8}$$

取若干个 q_{V1} 值，并求得相应 H_1 和 N_1 值，即可算出其相应的 η_1 值，在 q_V—η 坐标系中可光滑地连出泵的 q_V—η 效率曲线。

实验数据可记录在表 A-1 中。

表 A-1　实验数据

No.	M/MPa	V/MPa	G/kg	n/（r/min）	q_V/（m³/s）	备注
1						
2						
3						
4						
5						
6						

根据测试数据，在坐标系中点出测试点，最后光滑地绘制出 q_V—H、q_V—N 和 q_V—η 曲线，（可以在一张图上绘出）。

（八）实验台的保养和维护

1）水箱应保持清洁明亮。

2）流量计的差压计应注意防尘，以免影响测量精度；不用时，应盖上塑料布或特制小盖。

3）对于易锈零部件，应注意防锈。

（九）实验测试题

1）分析性能曲线的形状。

2）离心泵串联、并联实验性能曲线和理论性能曲线的比较。

二、离心式风机性能实验

离心式风机是叶片式风机的一种，流体进入离心式风机后，依靠离心力的作用流出获得能量。离心式风机广泛应用于通风除尘、空调制冷等系统中，在火力发电厂，离心式风机也被大量应用。

（一）实验目的

1）熟悉风机性能测定装置的结构与基本原理。

2）掌握利用实验装置测定风机特性的实验方法。

3）通过实验得出被测风机的气动性能（q_v—p、q_v—N、q_v—η 曲线）。

4）通过计算将测得的风机特性换算成无因次参数特性曲线。

5）将实验结果换算成指定条件下的风机参数。

（二）实验原理

离心式风机的基本方程为

$$p = \rho \ (u_2 v_{2u} - u_1 v_{1u})$$

（三）实验装置

根据国家标准 GB/T 1236—2000《工业通风机　用标准化风道进行性能实验》设计并制造了本实验装置。本实验装置采用进气实验方法，风量采用锥形进口集流器方法测量。实验装置示意图，如图 A-2 所示。

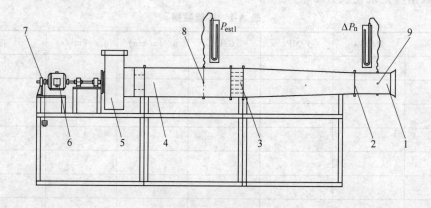

图 A-2　实验装置示意图

1—进口集流器　2—节流网　3—整流栅　4—风管　5—被测风机
6—电动机　7—测力矩力臂　8、9—测压管

该实验装置主要由测试管路、节流网、整流栅等组成。空气流过风管时，利用集流器和风管测出空气流量和进入风机的静压 P_{est1}，整流栅主要是使流入风机的气流均匀。节流网起调节流量的作用。在节流网位置上加铜丝网或均匀地加一些小纸片，可以改变进入风机的流量。用测功率电动机 6 来测定输入风机的力矩，同时测出电动机转速，就可得出输入风机的轴功率。

（四）实验内容

1）通过实验得出被测风机的气动性能（q_v—p、q_v—η、q_v—N 曲线）

2）通过计算将测得的风机特性换算成无因次参数特性曲线。

（五）实验步骤和数据记录

1. 实验步骤

1）将压力计（倾斜管压力计）通过联通管与实验风管的测压力孔相连接，在连接前检查测压管路有无漏气现象，应保证无漏气。

2）电动机起动前，在测力矩力臂上配加砝码，使力臂保持水平。

3）装上被测风机，卸下叶轮后，起动测功率电动机，再加砝码 $\Delta G'$ 使测力矩力臂保持水平，记下空载力矩。

4）装上叶轮，接好进风口与实验风管，转动联轴节，检查叶轮是否与进风口有刮碰摩擦现象。

5）起动电动机，运行 10min 后，在测力臂上加配砝码使力臂保持水平，待工况稳定后记下集流器压力 ΔP_n、进口风管压力 P_{est1}、平衡重量 G（全部砝码重量）和转速 n。

6）在节流网前加铜丝网或小纸片，使流量逐渐减小直到零，来改变风机的工况，一般取 10 个测量工况（包括全开和全闭工况），每一工况稳定后记下读数。

7）实验前后分别记录大气压力和温度。

注意：为节省时间，2）、3）和 4）三个步骤，一般已由指导老师事前准备好了，并给出了 $\Delta G'$ 数据。

2. 数据记录

实验数据记入表 A-2 中。

表 A-2 实验数据

测试工况	进口风管压力 p_{est1}		集流器压力 ΔP_n		平衡重量 G		转速 n
	mmH$_2$O	Pa	mmH$_2$O	Pa	kgf	N	r/min
1							
2							
3							
4							
5							
6							
7							
8							
9							
10							

（六）实验结果的处理和分析

1）测试数据的整理计算。

2）绘制被测风机的空气动力性能曲线。

3）将测得参数换算成无因次量，绘制无因次性能曲线。

4）将实验结果换算成指定条件下的风机参数。

风机测试数据整理计算：

进口面积 $A_1 = \pi D_1^2/4 =$ ___ m^2；出口面积 $A_2 =$ ___ m^2；风管常数 $l'/D_{1P} = 3$；集流器直径 $D_n =$ ___ m；集流器流量系数 $\alpha_n =$ ___；大气温度 $t_n =$ ___ ℃；大气压力 $P_a =$ ___ Pa；空载平衡重量 $\Delta G' =$ ___ N。

相关数据记入表 A-3 中。

表 A-3 风机测试数据整理计算记录表

序号	名称	符号单位		计算公式或来由	测 试 工 况									
					1	2	3	4	5	6	7	8	9	10
1	进口风管压力	P_{estl}	Pa	测得值										
2	集流器压力	ΔP_n	Pa	测得值										
3	平衡重量	ΔG	N	测得值										
4	转速	n	r/min	测得值										
5	大气密度	ρ_a	kg/m³	P_a/RTa										
6	进气压力	P_1	Pa	$P_a + P_{estl}$										
7	进气密度	ρ_1	kg/m³	P_1/RTa										
8	流量	q	m³/min	$66.643 \alpha_n \varepsilon_n d_n^2 \sqrt{\rho_a \Delta Pn/\rho_1}$										
9	进口动压	P_{d1}	Pa	$\rho_1(q/A_1)^2/7200$										
10	进口静压	P_{st1}	Pa	$P_{estl} - P_{d1}(0.025 l'/D_{1P})$										
11	出口动压	P_{d2}	Pa	$P_{d1}(A_1/A_2)^2$										
12	风机动压	P_d	Pa	P_{d2}										
13	风机静压	P_{st}	Pa	$(-P_{st1}) - P_{d1}$										
14	风机全压	P_o	Pa	$P_{st} + P_d$										
15	输入轴功率	N_{sh}	kW	$nL(G - \Delta G')/9550$										
16	全压内效率	η_{in}	—	$QP_0/(6 \times 10^4 \cdot N_{sh})$										
17	静压内效率	η_{stin}	—	$QP_{st}/(6 \times 10^4 \cdot N_{sh})$										
18	流量系数	ϕ	—	$Q/(60\pi D_{imp}^2 u_{imp}/4)$										
19	全压系数	ψ	—	$P_0/(\rho_1 u_{imp}^2)$										
20	静压系数	ψ_{st}	—	$P_{st}/(\rho_1 u_{imp}^2)$										
21	功率系数	λ	—	$1000 N_{sh}/(\pi D_{imp}^2 \cdot \rho_1 \cdot u_{imp}^2/4)$										

（七）实验测试题

1. 试根据你做出的实验结果指出该风机的额定工况和风机最佳工作区。

2. 分析风机的运行性能。

参 考 文 献

[1] 胡念苏. 汽轮机设备及系统[M]. 北京：中国电力出版社，2006.

[2] 西安电力高等专科学校，大唐韩城第二发电有限责任公司. 600MW 火电机组培训教材 汽轮机分册[M]. 北京：中国电力出版社，2006.

[3] 西安电力高等专科学校，大唐韩城第二发电有限责任公司. 600MW 火电机组培训教材 锅炉分册[M]. 北京：中国电力出版社，2006.

[4] 杨诗成，王喜魁. 泵与风机[M]. 2 版. 北京：中国电力出版社，2004.

[5] 吴民强. 泵与风机节能技术问答[M]. 北京：中国电力出版社，1998.

[6] 毛正孝. 泵与风机[M]. 2 版. 北京：中国电力出版社，2007.

[7] 华东六省一市电机工程（电力）学会. 锅炉设备及其系统[M]. 北京：中国电力出版社，2001.

[8] 华东六省一市电机工程（电力）学会. 汽轮机设备及其系统[M]. 北京：中国电力出版社，2000.

[9] 张燕侠. 流体力学泵与风机[M]. 北京：中国电力出版社，2007.

[10] 赵鸿逵. 热力设备检修基础工艺[M]. 2 版. 北京：中国电力出版社，2007.

[11] 电力行业职业技能鉴定指导中心. 水泵检修[M]. 北京：中国电力出版社，2006.

[12] 望亭发电厂. 汽轮机[M]. 北京：中国电力出版社，2002.

[13] 望亭发电厂. 锅炉[M]. 北京：中国电力出版社，2002.

[14] 万振家，陈海金. 锅炉辅机检修[M]. 北京：中国电力出版社，2008.

[15] 国电太原第一热电厂. 锅炉及辅助设备[M]. 北京：中国电力出版社，2005.

[16] 蔡增基. 流体力学泵与风机[M]. 5 版. 北京：中国建筑工业出版社，2009.

[17] 姬忠礼，等. 泵和压缩机[M]. 北京：石油工业出版社，2008.

[18] 杨诗称，王喜魁. 泵与风机[M]. 3 版. 北京：中国电力出版社，2003.

[19] 安连锁. 泵与风机[M]. 北京：中国电力出版社，2001.

[20] 吴达人. 泵与风机[M]. 西安：西安交通大学出版社，1987.

[21] 邢国清. 流体力学泵与风机[M]. 2 版. 北京：中国电力出版社，2009.

[22] 靳智平. 流体力学泵与风机[M]. 北京：中国电力出版社，2008.